새롭게 출제된 [illegible] 백편, 인절미 만들기 수록

[illegible]

떡제조기능사

2022

필기 / 실기

통합본

대한민국 조리기능장
전순주 편저

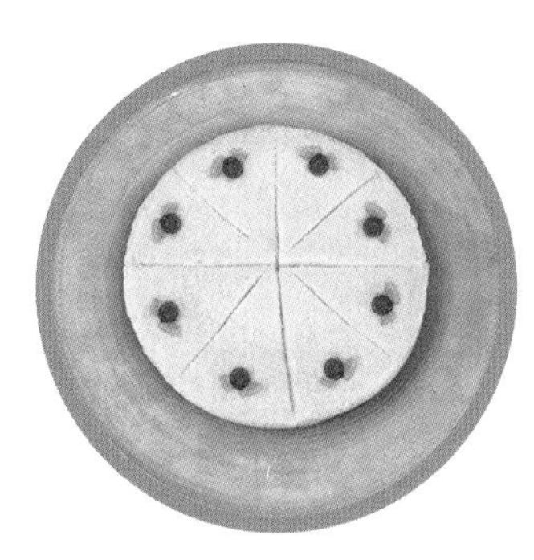

예문사

PROFILE

저자 약력

전순주

- 한국음식발전연구소 대표
- 조리기능장위원장
- 대한민국 한식대가
- (사)대한민국 한식포럼 부회장
- 대한민국 한식명장

학력
- 한성대학교 경영대학원호텔관광외식경영학과 석사
- Blue elephant cooking school 수료(태국)
- Ji xian cuisne technical ability training college 수료(중국)

경력
- 한국조리과학고등학교
- 경민대학교
- 서울호서전문학교
- 신한대학교
- 백석예술대학교
- 한국산업인력공단 일반취업교육
- 통일부 유튜브 '남북요리톡톡 시즌1' 남한대장금으로 출연
- 월드코라언 기자

수상
- 보건복지부장관상
- 국무총리 표창장
- 한국관광공사 표창장
- 영등포구청장 표창장
- 식품의약품안전처장상
- 국회의장상
- 문화체육관광부장관상
- 서울특별시장 표창장
- aT한국농수산식품유통공사 표창장
- 농림축산식품부장관상
- 서울특별시장상

심사
- 세계한식요리경연대회 심사위원
- 대구음식관광박람회 심사위원
- 허준동의보감약선요리 심사위원
- 대한민국국제요리경연대회 심사위원
- 영덕대게 세계요리경연대회
- 한국산업인력관리공단 실기 시험위원

자격증
- 대한민국 조리기능장
- 직업훈련교사 외 10개
- 한식산업기사
- 떡제조기능사

저서
- 한식조리기능사 실기
- 떡제조기능사 초단기 완성
- 학교 급식을 위한 다량조리 및 실습서

머리말

지난날 명절날이나 잔칫날에 떡시루에서 모락모락 김이 날 때면 온 동네가 떡 냄새로 푸근해지며 들뜨기 시작했고, 동네 꼬마들이 옹기종기 시루에 둘러 앉아 침을 삼키며 떡이 나오기를 기다리곤 하였습니다.

이렇듯 떡은 우리에게 친숙한 음식이며 정을 담아 나누는 음식으로 옛날부터 여러가지 맛과 모양으로 우리 곁을 함께 하였는데 이제는 바쁜 현대인들에게는 만들기가 번거롭다는 이유로 서양의 과자에 밀려 점점 잊혀져 가는 음식이 되어 가고 있습니다.

그래서 쌀을 주식으로 하는 민족으로서의 긍지를 살려 정이 있고 맛과 멋이 있으며 영양이 가득한 떡을 소개하고, 한국산업인력공단에서 실시하는 떡제조기능사 자격증을 취득할 수 있도록 떡에 대한 역사와 요점을 정리한 이론과 해설을 담고 실기 과정을 자세하게 사진으로 수록하여 여러분들께서 떡제조기능사 자격증을 취득하는 데 이해를 돕고자 하였습니다.

이 책이 떡제조기능사의 꿈을 가진 분들께 도움이 되길 바라며, 또한 떡 공부를 하시는 분들께서 우리나라의 떡을 세계에 알리는 데 선도자 역할을 해 주시길 바랍니다. 또한 이 책이 발간될 수 있게끔 주위에서 도와주신 예문사 임직원 여러분과 안상란 조리기능장님, 저의 떡 선생님이자 아직도 제 곁에서 좋은 친구로 계신 어머니와 사랑하는 가족들에게도 깊은 감사를 드립니다.

편저자 씀

가이드

떡제조기능사란?

곡류, 두류, 과채류 등과 같은 재료를 이용하여 각종 떡류를 만드는 자격으로, 필기(떡 제조 및 위생관리) 및 실기(떡제조 실무)시험에서 100점을 만점으로 하여 60점 이상을 받은 자에게 합격을 부여하며, 곡류, 두류, 과채류 등과 같은 재료를 이용하여 식품위생과 개인안전관리에 유의하여 빻기, 찌기, 발효, 지지기, 치기, 삶기 등의 공정을 거쳐 각종 떡류를 만드는 직무를 수행합니다.

시험안내

① **시행처** : 한국산업인력공단

② **시험과목**
- 필기 : 떡제조 및 위생관리
- 실기 : 떡제조 실무

③ **검정방법**
- 필기 : 객관식 60문항(60분)
- 실기 : 작업형(3시간 정도)

④ **합격기준** : 100점을 만점으로 하여 60점 이상 취득 시 합격(필기/실기 동일)

출제기준

■ 필기

주요항목	세부항목
1. 떡 제조 기초이론	1. 떡류 재료의 이해
	2. 떡의 분류 및 제조도구
2. 떡류 만들기	1. 재료준비
	2. 고물 만들기
	3. 떡류 만들기
	4. 떡류 포장 및 보관
3. 위생 · 안전관리	1. 개인 위생관리
	2. 작업 환경 위생 관리
	3. 안전관리
	4. 식품위생법 관련 법규 및 규정
4. 우리나라 떡의 역사 및 문화	1. 떡의 역사
	2. 시 · 절식으로서의 떡
	3. 통과의례와 떡
	4. 향토 떡

■ 실기

주요항목	세부항목
1. 설기떡류 만들기	1. 설기떡류 재료 준비하기
	2. 설기떡류 재료 계량하기
	3. 설기떡류 빻기
	4. 설기떡류 찌기
	5. 설기떡류 마무리하기
2. 켜떡류 만들기	1. 켜떡류 재료 준비하기
	2. 켜떡류 재료 계량하기
	3. 켜떡류 빻기
	4. 켜떡류 고물 준비하기
	5. 켜떡류 켜 안치기
	6. 켜떡류 찌기
	7. 켜떡류 마무리하기
3. 빚어 찌는 떡류 만들기	1. 빚어 찌는 떡류 재료 준비하기
	2. 빚어 찌는 떡류 재료 계량하기
	3. 빚어 찌는 떡류 빻기
	4. 빚어 찌는 떡류 반죽하기
	5. 빚어 찌는 떡류 빚기
	6. 빚어 찌는 떡류 찌기
	7. 빚어 찌는 떡류 마무리하기

4. 빚어 삶는 떡	1. 빚어 삶는 떡류 재료 준비하기
	2. 빚어 삶는 떡류 재료 계량하기
	3. 빚어 삶는 떡류 빻기
	4. 빚어 삶는 떡류 반죽하기
	5. 빚어 삶는 떡류 빚기
	6. 빚어 삶는 떡류 삶기
	7. 빚어 삶는 떡류 마무리하기
5. 약밥 만들기	1. 약밥 재료 준비하기
	2. 약밥 재료 계량하기
	3. 약밥 혼합하기
	4. 약밥 찌기
	5. 약밥 마무리하기
6. 인절미 만들기	1. 인절미 재료 준비하기
	2. 인절미 재료 계량하기
	3. 인절미 빻기
	4. 인절미 찌기
	5. 인절미 성형하기
	6. 인절미 마무리하기
7. 고물류 만들기	1. 찌는 고물류 만들기
	2. 삶는 고물류 만들기
	3. 볶는 고물류 만들기
8. 가래떡류 만들기	1. 가래떡류 재료 준비하기
	2. 가래떡류 재료 계량하기
	3. 가래떡류 빻기
	4. 가래떡류 찌기
	5. 가래떡류 성형하기
	6. 가래떡류 마무리하기
9. 찌는 찰떡류 만들기	1. 찌는 찰떡류 재료 준비하기
	2. 찌는 찰떡류 재료 계량하기
	3. 찌는 찰떡류 빻기
	4. 찌는 찰떡류 찌기
	5. 찌는 찰떡류 성형하기
	6. 찌는 찰떡류 마무리하기
10. 지지는 떡	1. 지지는 떡류 재료 준비하기
	2. 지지는 떡류 빻기
	3. 지지는 떡류 지지기
	4. 지지는 떡류 마무리하기
11. 위생관리	1. 개인위생 관리하기
	2. 가공기계 · 설비위생 관리하기
	3. 작업장 위생 관리하기
12. 안전관리	1. 개인 안전 준수하기
	2. 화재 예방하기
	3. 도구 · 장비안전 준수하기

CBT 모의고사 이용 가이드

STEP 1 로그인 후 메인 화면 상단의 [CBT 모의고사]를 누른 다음 수강할 강좌를 선택합니다.

STEP 2 시리얼 번호 등록 안내 팝업창이 뜨면 [확인]을 누른 뒤 시리얼 번호를 입력합니다.

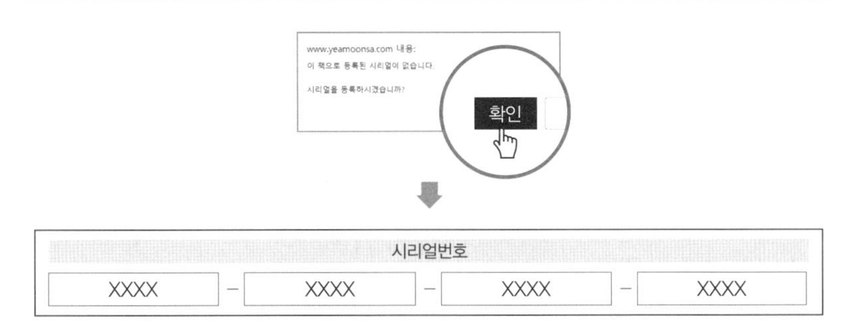

STEP 3 [마이페이지]를 클릭하면 등록된 CBT 모의고사를 [모의고사]에서 확인할 수 있습니다.

시리얼 번호
S203－720T－1P2N－240B

목차

PART 05 기출예상모의고사

PART 06 기출복원모의고사

PART 07 떡제조기능사 실기 대비

PART 1

Craftsman Tteok Making
떡 제 조 기 능 사

떡 제조 기초이론

CONTENTS

CHAPTER 01

떡류 재료의 이해

1 주재료(곡류)의 특성

맛있는 떡을 만들기 위해서는 좋은 곡물이 필요한데 그중에서 많이 쓰이는 것은 멥쌀 · 찹쌀이며 그밖에도 만드는 떡의 곡류에 따라 보리 · 밀 · 메밀 · 차수수 · 차조 등이 쓰인다.

1) 주재료의 종류

주재료	떡류
멥쌀	설기, 켜떡, 절편, 송편, 가래떡 등
찹쌀	인절미, 단자, 경단, 화전, 우찌지 등
보리	보리개떡
밀	백숙병, 밀쌈, 상화
메밀	빙떡, 총떡, 백령도김치떡, 돌레떡 등
차수수	경단, 부꾸미, 수수무살이 등
차조	오메기떡, 차좁쌀떡, 조침떡 등

2) 쌀과 찹쌀의 특성

쌀의 종류	쌀의 특성
멥쌀	• 배젖이 불투명하고 쌀알에 광택이 있다. • 녹말은 아밀로오스 20% 내외와 아밀로펙틴 80%로 이루어져 있다. • 도정 시 배아가 모두 제거된 것을 정백미라 하고 겨층과 배아의 70%가 제거된 것을 7분도미, 50%가 제거된 것을 5분도미라고 한다. • 요오드 반응에 청색(청자색)반응을 한다. • 찹쌀보다 호화가 빠르다.
찹쌀	• 배젖의 색이 유백색이다. • 녹말은 대부분 아밀로펙틴으로 이루어져 있어 차지며 멥쌀보다 소화가 잘 된다. • 요오드 반응에 적자색 반응을 한다. • 멥쌀보다 호화가 느리다.

3) 쌀의 종류

종류	형태	끈기
인디카형(인도형)	장립종으로 가늘고 긴 형태	없다
자바니형(자바형)	인디카형과 자포니카형의 중간형	적다
자포니카형(일본형)	단립종, 원립종으로 길이가 짧고 둥근 형태	있다

2 주재료(곡류)의 조리원리

1) 쌀의 종류에 대한 물의 분량

쌀의 종류	쌀의 중량에 대한 물의 분량	부피에 대한 물의 분량
백미	쌀 중량의 1.5배	쌀의 용량의 1.2배
햅쌀	쌀 중량의 1.4배	쌀의 용량의 1.1배
찹쌀	쌀 중량의 1.1~1.2배	쌀의 용량의 0.9~7배

2) 전분의 변화

호화	전분에 물을 넣고 가열하면 전분입자가 팽윤되어 점성과 투명도가 증가하고 콜로이드물질이 되면서 맛이 좋고 소화율도 높아지며 부드럽게 되는 현상 ※ 호화에 영향을 주는 요소 : 전분의 종류, 수분함량, 온도, pH, 염류와 이온
노화	호화된 α -전분을 낮은 온도에 방치하면 흐트러졌던 미셀구조가 규칙적으로 재배열되면서 다시 β -전분으로 변화되어 불투명해지며 단단하게 변하는 현상 ※ 노화에 영향을 주는 요소 : 전분의 종류와 농도, 수분의 함량, 온도, pH, 염류와 이온 ※ 노화 억제 방법 : 전분의 종류, 수분함량, 온도, 설탕의 첨가, 유화제의 사용
호정화	전분에 물을 가하지 않고 160~190℃의 온도로 가열하면 가용성의 덱스트린을 형성하는 현상 ※ 호정화의 종류 : 뻥튀기, 미숫가루, 비스킷, 베이킹 등
당화	전분이 산이나 알칼리, 효소 등에 의해서 가수분해되는 현상 ※ 당화의 종류 : 식혜, 물엿, 포도당
캐러멜화	당류를 고온에서 가열할 때 생성되는 갈색 색소로 인하여 독특한 맛과 냄새를 일으키는 갈변 현상 ※ 캐러멜화의 종류 : 착색료, 향료
겔화	아밀로오스 함량이 높은 전분을 가열하여 호화시킨 후 식으면 굳어져서 수분이 빠져나오지 못하고 반고체로 되는 현상 ※ 겔화의 종류 : 묵
발효	• 효모나 세균 따위의 미생물이 유기 화합물을 분해하는 과정 • 김치, 술, 된장, 간장, 치즈
당의 감미 정도	과당 > 전화당 > 포도당 > 맥아당 > 갈락토오스 > 유당

3 부재료의 종류와 특성

1) 부재료

주재료에 섞어 맛과 색, 향을 더할 때 사용하며 약리작용을 하기도 한다.

부재료의 종류	대추, 밤, 콩, 쑥, 도토리, 송기, 수리취, 단호박, 모시잎, 당귀잎, 토란, 석이버섯, 대추, 밤, 감, 인삼 등

2) 고물

고물은 떡의 맛과 색을 돋보이게 하고 떡의 노화를 지연시키는 역할을 하는데, 팥 · 콩 · 녹두 · 동부 · 깨 · 잣 등을 사용하며 시루떡을 찔 때 켜켜로 안쳐 쓰거나 떡 안에 소로 넣거나 경단에 묻히기도 한다.

고물의 종류	• 팥고물(거피팥고물, 거피볶은팥고물, 막팥고물, 붉은팥고물) • 콩고물(파란콩고물, 흰콩고물) • 녹두고물(거피녹두고물, 생녹두고물) • 깨고물(참깨고물, 흑임자고물), 대추채, 밤채, 석이채

3) 고명

음식의 모양과 빛깔을 돋보이게 하고 음식의 맛을 더하기 위하여 음식 위에 얹거나 뿌리는 것을 말한다. 고명은 제철에 나는 식용 꽃을 붙이거나 대추 · 밤 · 석이버섯 등을 채를 썰거나 정과를 만들어 떡 위에 얹어서 아름답고 품위 있는 떡을 만든다.

고명의 종류	진달래꽃, 국화꽃, 맨드라미, 배꽃, 대추채, 밤채, 석이버섯채, 호박씨, 호두, 콩, 잣, 사과정과, 딸기정과, 무정과, 인삼정과, 고구마정과, 당근정과 등

4) 천연색을 내는 재료

색	재료
노란색	치자, 울금, 송화, 단호박, 홍화
빨간색	오미자, 백년초, 비트, 지치, 딸기
녹색	쑥, 녹차, 솔잎, 파래, 연잎, 승검초
갈색	도토리, 대추, 감, 송기, 계피
보라색	포도, 오디, 자색고구마
검은색	석이, 흑임자, 흑미

5) 감미료 : 꿀, 설탕, 조청, 엿

6) 채소의 종류

구분	채소종류	비고
근채류	당근, 무, 우엉, 연근, 연근, 도라지, 토란, 감자, 양파, 마늘, 파	–
서류	고구마, 감자, 곤약	근채류에 속하나 서류로 따로 분리함
엽채류	양배추, 시금치, 상추, 파슬리, 셀러리, 근대, 콜리플라워, 브로콜리	–
과채류	완두, 녹두, 대두, 옥수수, 호박, 오이, 참외, 수박, 딸기, 토마토, 가지, 피망, 고추	–

4 과채류의 종류 및 특성

과채류는 과실과 종실(씨)을 식용으로 하는 것

종류	특성
호박	• 비타민 A의 전구체인 β –카로틴이 많다. • 배설을 촉진하고 혈중 콜레스테롤을 낮춘다. 예 호박죽, 엿, 볶음, 떡, 나물, 전, 수프, 파이
오이	• 96%가 수분이며 비타민 C가 함유되어 있다. • 종류에는 가시오이, 청장오이, 백다다기오이, 청다다기오이, 노각 등이 있다. • 무와 함께 먹으면 아스코르비나제로 인하여 비타민 C가 파괴된다. 예 샐러드, 볶음, 나물, 소박이, 생채, 장아찌
가지	• 수분과 칼륨이 다량 함유되어 있고 보라색 껍질에는 안토니아신이 풍부하여 혈관 노폐물 제거와 이뇨 작용을 한다. • 조리 시 기름과 함께 조리하면 리놀산과 비타민 E의 흡수를 도와준다. 예 나물, 볶음, 전, 튀김
참외	• 90%가 수분이고 칼륨과 비타민 C, 엽산이 풍부하여 이뇨작용을 하며 빈혈에 좋다. • 껍질의 노란색에는 베타카로틴이 들어있어 간기능을 개선하고 심장질환에 좋다. 예 생식, 장아찌
딸기	딸기는 100g에 35kcal의 열량을 내며 비타민 C와 B_1, B_2와 칼륨, 인, 나트륨이 들어있다. 예 딸기주스, 딸기잼, 생식, 과자
수박	• 수박은 수분이 92%이고 탄수화물이 8% 함유되어 있다. • 시트룰린이라는 아미노산을 함유하여 이뇨작용을 하며 신장염에 좋다. 예 화채, 생식, 장아찌(껍질의 흰 부분)

종류	특성
토마토	• 방울토마토, 찰토마토, 흑토마토, 대저토마토 등이 있다. • 칼로리는 낮고 칼륨의 함량이 높아 체내 나트륨의 배출이 쉽고 루틴 성분이 함유되어 있어 혈관을 튼튼하게 하며 혈압 강화에 좋다. • 견과류나 오일을 함께 조리하여 섭취하면 토마토의 비타민 A와 리코펜 성분의 흡수율을 높여준다. • 설탕을 뿌리면 토마토의 비타민 B 체내 흡수량을 줄인다. 예 소스, 샐러드, 주스
고추	• 비타민 A의 전구체인 베타카로틴과 비타민 C가 풍부하게 들어있다. • 매운맛 성분인 '캡사이신'이 비타민 C의 산화를 막아 다른 채소류보다 영양소 손실이 적으며 항산화 기능, 피로 해소, 활력 보충 등에 효과가 있다. 예 고춧가루, 고추장, 전, 튀김, 장아찌

5 견과류 · 종실류의 종류 및 특성

1) 견과류

① 의미 및 종류

의미	단단한 과피 안에 보통 한 개의 씨가 들어 있는 나무 열매의 종류
종류	밤, 호두, 은행, 잣, 도토리, 땅콩, 아몬드, 피칸, 캐슈넛, 개암, 마카다미아, 피스타치오

② 종류별 특성

종류	특성
밤	• 주요 영양성분은 탄수화물이며 철분, 칼슘, 칼륨, 인, 비타민 A, 비타민 B_1(티아민), B_2(리보플라빈), 니아신 등이 풍부하게 들어있다. • 비타민 B_1은 쌀의 4배나 되며, 특히 면역력을 높이는 비타민 C와 성장에 관여하는 비타민 D가 풍부하다. • 죽, 다식, 통조림, 고물 등으로 사용한다.
은행	• 대부분이 탄수화물로 이루어져 있다. • 징코플라톤이라는 성분이 있어 혈관계 질환 예방, 혈액 노화 방지, 진해와 거담작용에 효능이 있다. • 시안배당체와 메칠피리독신이라는 독성물질을 함유하고 있어 반드시 익혀 섭취해야 한다. • 신선로와 구절판 등 여러 음식에 고명과 부재료로 사용한다.
잣	• 잣에는 지방유가 약 74% 정도 들어 있고 그 주성분은 올레인산, 리놀렌산이다. • 철, 칼륨, 비타민 B_1 · B_2 · E가 풍부하며 자양강장의 효과가 있으며 폐의 기능과 장의 운동을 촉진하여 배변을 좋게 한다. • 송자 · 백자 · 실백이라고도 한다. • 각종 음식에 고명으로 쓰거나 죽을 끓이는 데 사용한다.

종류	특성
도토리	• 탄수화물이 주성분이다. • 도토리 속의 아콘산은 인체 내부의 중금속 및 여러 유해물질을 흡수, 배출시키는 작용을 한다. • 물에 우려 떫은 맛이 나는 탄닌을 제거하고 말려서 가루를 내어 묵이나 수제비 · 국수 · 떡으로 사용한다.
땅콩	• 주성분은 지방질이고 단백질, 당질, 섬유소, 회분 등이 함유되어 있으며 각종 아미노산과 무기질 영양성분인 칼슘(37mg), 인(275mg), 철(3mg), 칼륨(712mg), 나트륨(17.6mg) 등이 들어 있다. • 비타민 A와 B_1, B_2, B_6, E와 불포화지방산이 풍부하게 들어 있어 콜레스테롤을 낮추고 노화를 방지한다. • 볶음, 죽, 땅콩버터, 땅콩기름 등으로 쓰인다.
호두	• 주로 지방으로 이루어져 있고 오메가-3불포화지방산이 풍부하여 두뇌 건강과 피부에 도움을 준다. • 과자나 빵의 재료, 호두기름으로 사용한다.

2) 종실류

① 의미 및 종류

의미	종자를 식용으로 섭취할 수 있는 식물의 종류
종류	참깨, 들깨, 면실, 해바라기씨, 호박씨, 올리브, 달맞이꽃씨, 유채(카놀라)씨, 팜

② 종류별 특성

종류	특성
참깨	• 참깨종실에는 지방 52%, 단백질 20%, 탄수화물 20% 정도가 함유되어 있다. • 미량영양소로서 칼슘과 철분 및 비타민도 풍부히 함유하고 있다. 비타민 B_1과 B_2 등도 상당히 많이 함유하고 있으나 비타민 A와 C는 거의 함유되어 있지 않다. • 지방산 조성에는 올레산과 리놀레산이 대부분을 차지하고 있는데 올레산은 동맥경화의 원인이 되는 저밀도콜레스테롤(LDL)을 저하시키는 것으로 알려져 있다.
들깨	• 종실 중에는 43%의 기름과 18%의 단백질 및 28%의 탄수화물이 들어 있으며 기름은 양질의 불포화지방산인 올레산, 오메가-6계열의 리놀레산과 고도의 불포화지방산인 오메가-3계열의 α-리놀렌산 등이 90% 이상을 차지하고 있다. • α-리놀렌산과 등푸른 생선에 들어있는 EPA, DHA와 같은 오메가-3 계열지방산은 고혈압, 알레르기성 질환 등의 성인병을 일으키는 에이코사노이드 합성을 억제하고 학습 능력 향상 및 수명 연장 효과 등의 생체 조절 기능이 있다.

종류	특성
해바라기씨	• 해바라기씨는 지방과 단백질이 주성분이다. • 칼슘, 철분, 아연, 마그네슘과 같은 미네랄이 풍부하게 함유되어 있어 피로 해소, 골다공증 및 골연화증 예방, 빈혈 완화, 혈중 콜레스테롤 완화에도 도움을 준다. • 제과나 제빵의 부재료, 시리얼, 샐러드, 해바라기씨유로 사용한다.
호박씨	• 호박씨는 단백질과 지방산이 주성분이다. • 불포화지방산이 풍부하여 성장기 아동이나 청소년에게 좋으며, 혈액 내 콜레스테롤 수치를 낮춰주어 고혈압과 같은 성인병 예방이나 임산부에게도 좋다. • 샐러드, 빵, 수프, 스튜로 사용한다.

6 두류의 종류 및 특성

1) 의미와 종류

의미	씨를 식용하는 콩과의 식물을 통틀어 이르는 말
종류	크게 콩, 팥, 녹두로 나누어 볼 수 있으며 그 외에 완두, 강낭콩, 작두콩, 동부 등이 있음

2) 종류별 특성

종류	특성
대두	• 껍질의 색에 따라 황대두, 청대두, 흑대두로 구분된다. • 두류를 물에 담갔다가 가열하면 빠른 시간 내에 조리할 수 있으며 소화가 잘되고 콩의 비린내를 줄일 수 있다. • 날콩에는 단백질을 분해하는 효소인 트립신의 작용을 억제하는 성분인 트립신 저해제(trypsin inhibitor)가 들어 있기 때문에 설사를 하게 되므로 익혀 먹는 것이 좋다. • 두부, 된장, 청국장, 콩국, 콩가루, 두유, 유부, 콩나물, 과자 등을 만든다.
팥	• 팥은 68%가 당질이며 팥의 단백질은 파솔린으로 약 21% 정도가 들어있다. • 비타민 B_1이 많이 들어있어 각기병 예방에 도움이 된다. • 사포닌이 들어있어 설사를 하게 되므로 처음 팥을 삶은 물은 버리고 다시 물을 부어 끓이는 것이 좋다. • 떡소, 고물, 빵소, 양갱 등을 만든다.
녹두	• 주성분은 당질이며 펜토산, 덱스트린, 헤미셀룰로오스가 많다. • 녹두를 거피할 때는 제물(녹두를 담갔던 물)에 비벼야 껍질이 잘 벗겨진다. • 묵, 빈대떡, 떡고물, 녹두죽, 숙주나물 등으로 먹는다.

종류	특성
완두	• 당질이 주성분이며 칼륨과 엽산과 비타민 A가 풍부하다. • 미숙한 완두는 청완두라 하여 단백질과 당분이 많아서 통조림으로 사용한다(통조림 제조 시 $CuSO_4$ 처리로 비타민 C가 파괴됨). • 어린 꼬투리 완두는 비타민 C가 풍부하여 채소요리에 사용한다. • 앙금, 통조림 등으로 먹는다.
강낭콩	• 탄수화물과 단백질, 지질 등으로 구성되어 있고 칼륨, 인, 마그네슘, 칼슘, 철분 등의 무기질과 비타민 B_1, B_2, B_6, E, K, 나이아신, 엽산 등이 고루 들어있다. • 비타민 B 복합체가 다량 함유되어 있어 면역력을 높여주며, 필수아미노산이 풍부해 성장기 어린이에게 좋다. • 강낭콩은 색깔이 다양하다. • 떡소, 떡고물 등으로 먹는다.
동부	• 성분은 단백질 23.9%, 탄수화물 55%, 지질 2%이며, 칼슘 , 인 , 철 , 칼륨 , 비타민 B_1 및 비타민 B_2, 니코틴산이 함유되어 있다. • 떡소, 떡고물, 과자, 묵 등으로 먹는다.
서리태	• 검은콩의 한 종류로 겉은 검지만 속은 푸른색이어서 속청태라고도 불린다. • 안토시아닌이 풍부해 비만과 노화 방지에 효과가 있다. • 콩밥, 콩떡, 콩조림 등으로 먹는다.

7 떡류 재료의 영양학적 특성

재료	영양학적 특성
쌀	• 백미는 탄수화물이 75% 이상이고 7% 정도의 단백질과 지질, 인과 철, 비타민 등으로 구성되어 있으며 멥쌀은 아밀로펙틴과 아밀로오스로 구성되어 있다. • 현미는 탄수화물이 71.8%이며 단백질 7.4%, 지질 3.0%, 회분 1.3%를 함유하고 있다. • 쌀을 도정할 때 비타민 B 등은 겨층에 주로 함유되어 있어서 대부분 쌀에서 떨어져 나가게 된다.
찹쌀	• 현미찹쌀은 탄수화물 75.7%, 단백질 7.3%, 지방 2.8%로 구성되어 있고 백미찹쌀은 탄수화물 81.9%, 단백질 7.4%, 지방 20.4%로 구성되어 있다. • 구성 성분이 아밀로펙틴 100%로 되어 있다. • 떡을 만들면 점성이 강해지고 소화 속도가 빠르다.
보리	• 탄수화물 함량은 일반 영양 성분의 67~76%로서 대부분을 차지하며 전분질, 자당, 환원당 및 소당류, 가용성 검질, 헤미셀룰로오스(Hemicellulose), 셀룰로오스(Cellulose) 등으로 구성되어 있다. • 성인병과 암 예방에 좋은 베타글루칸, 식이섬유, 비타민 B, 기능성 아미노산 GABA 등이 풍부하다.
밀	• 단백질은 쌀의 2배에 해당하는 12.0g을 함유하고 있으며, 지질은 100g당 2.9g, 칼슘, 인, 철분도 쌀보다 훨씬 많이 들어 있다. • 글루테닌과 글리아딘으로 구성된 글루텐으로 빵을 만든다.

재료	영양학적 특성
메밀	• 단백질이 12~15% 들어있고, 필수아미노산인 라이신도 5~7% 함유돼 있다. • 비타민 B_1, B_2도 풍부하며 메밀에 많은 루틴(rutin)은 혈관의 저항력을 높여 고혈압이나 동맥경화를 예방하는 데 효과적이다.
차수수	• 철, 인과 같은 무기질과 수용성 식이섬유가 풍부하다. • 프로안토시아니딘이라는 성분이 방광의 면역 기능을 강화하고 염증을 완화하는 데 도움을 준다.
차조	• 아밀로오스 함량이 0~5%이고 대부분 아밀로펙틴으로 조성되어 있다. • 지방, 무기물, 섬유 등을 밀, 쌀, 호밀보다 많이 함유하고 있으며 비타민, 특히 티아민 함량도 쌀보다 월등히 높다
콩 (대두)	• 탄수화물 30.7g, 단백질 36.2g, 지방 17.8g, 비타민(비타민 B_1, B_2, 나이아신 등), 무기질(칼슘, 인, 철, 나트륨, 칼륨 등), 섬유소 등이 있다. • 콩에는 트립신억제인자와 피트산의 저해물질이 있기 때문에 발효 및 가열 등의 처리가 필요하다.
깨	• 주성분은 지방 약 50%, 단백질 약 25%이며 미량의 탄수화물과 비타민, 칼슘, 인 등을 함유하고 있다. • 필수아미노산인 라이신, 메치오닌, 히스티딘과 항산화물질인 리그난(세사민, 세사몰린)을 함유하고 있다.

CHAPTER 02

떡류 분류 및 제조도구

1 떡의 종류와 제조원리

1) 떡의 종류

떡의 분류	떡의 종류
찌는 떡류 [증병(甑餠)]	• 설기떡 : 백설기, 콩설기, 잡과병, 감설기, 쑥설기, 석탄병, 국화병, 꿀설기, 나복병, 송기떡, 감저병, 색편(무지개떡) • 켜떡 : 팥시루떡, 콩시루떡, 무시루떡, 호박편, 혼돈병, 깨찰편 • 빚어 찌는 떡 : 송편, 감자송편, 호박송편, 도토리송편 • 모양을 형성해 가면서 찌는 떡 : 두텁떡 • 부풀려 찌는 떡 : 증편, 상화
치는 떡류 [도병(搗餠)]	• 인절미(은절병, 인병)류 : 연안인절미, 쑥인절미, 수리취인절미 • 절편류 : 쑥절편, 수리취떡, 송기절편, 모시잎절편, 꽃절편, 달떡 • 가래떡류 : 조랭이떡, 산병, 환병, 어름소편, 골무떡 • 개피떡류 : 쑥개피떡 • 단자류 : 석이단자, 쑥단자, 도행단자, 유자단자, 토란단자, 건시단자, 각색단자
지지는 떡류 [전병(煎餠)]	• 화전류 : 두견화전, 장미화전, 국화전, 맨드라미전 • 주악류 : 은행주악, 석이주악, 결명자주악, 대추주악, 승검초주악 • 부꾸미류 : 찹쌀부꾸미, 찰수수부꾸미, 결명자찹쌀부꾸미 • 산승 • 기타류 : 메밀총떡, 서여향병, 섭산삼병, 곤떡, 토란병, 빙자병, 노티떡, 송기병, 빙떡
삶는 떡류 [경단(瓊團)]	경단 : 찹쌀경단, 감자경단, 꿀물경단, 찰수수팥경단, 오메기떡, 닭알떡, 잣구리

2) 제조원리

전분이 수분과 열에 의하여 팽창되면 전분입자가 가지고 있던 결정성은 잃게 되고 편광현미경으로 관찰되는 복굴절을 소실하여, X선 회절도도 호화전분의 것으로 변화된다. 전분분해효소에 의한 분해성은 호화됨으로써 현저히 상승하는데, 곡물의 호화현상은 떡을 부드러우며 소화되기 쉬운 음식으로 만든다.

씻기(수세)	쌀을 세척하는 과정으로 깨끗하게 씻어야 품질이 좋아지고 보관이 오래 간다.
불리기(수침)	쌀의 품종과 도정 기일, 수온 등에 따라 수분흡수율이 달라지는데, 호화가 잘될 수 있도록 10~12시간 정도 불려준다.

쌀가루만들기(분쇄)	불린 쌀의 물기를 빼서 가루로 빻는데, 너무 고운 가루는 전분입자만으로 되어 있어 열을 가하면 풀이 되므로 어느 정도 입자가 있는 것이 좋다(소금 넣기).
물주기	물과 찹쌀의 성질, 불린 콩류와 채소나 과실 등의 수분함량 등을 참작하여 수분을 보충한다.
체치기	설기류 등은 체를 내리는 과정에서 쌀가루 사이에 공기층이 형성되어 수증기가 잘 통하고 떡이 부드럽게 되며 식감이 좋아지게 된다.
부재료 첨가	섬유소가 많은 채소류나 부재료의 수분량에 따라 물을 가감해야 한다.
찌기(증자)	전분을 호화시켜 맛과 소화력이 좋아진다.
뜸 들이기	호화되지 못한 남은 전분입자를 완전 호화시킴으로서 떡맛을 좋게 한다.
반죽하기(혼합)	오래 치댈수록 기포가 형성되어 식감이 좋다.
치기	많이 칠수록 점성이 강해져서 쫀득한 맛을 가지며 노화를 늦춘다.
지지기 · 삶기	대부분 가루를 낸 찰곡식을 지지거나 삶을 때 기름이나 물의 열로 전분을 호화시킨다.

2 도구 · 장비 종류 및 용도

1) 기존 도구

도구	종류	용도
세척도구	이남박	쌀이나 보리쌀을 등 곡물을 씻거나 일 때 사용하는 둥근 나무바가지로 안쪽에 여러 줄의 골이 가늘게 패어있어 돌을 일기 편한 도구
	조리	가는 대오리나 싸리 등을 이용하여 만들어 쌀을 일거나 물기를 뺄 때 사용하는 도구
분쇄도구	방아(물레방아, 디딜방아, 연자방아)	곡물을 찧거나 빻는 도구
	돌확(확돌)	양념이나 소금을 찧거나 빻는 도구
	절구와 절굿공이	가루를 만들거나 떡을 칠 때 쓰는 도구
	맷돌	마른 곡식이나 물에 불린 곡식을 가는 도구로 두 개의 둥글 넓적한 돌을 겹쳐서 사용한다.
	키	곡식 따위를 담고 까불러서 쭉정이 · 검부러기 등의 불순물을 제거하는 기구
익히는 도구	시루	• 쌀이나 떡을 찔 때 사용하는 도구이다. • 구멍이 뚫린 용기 밑에 시루망을 깔아 김이 잘오르고 떡가루가 솥으로 흘러 내리지 않게 하였다.
	찜통	대나무로 둥근 모양의 몸통과 뚜껑을 만든 것으로 냄비 위에 놓고 찐다.

도구	종류	용도
익히는 도구	솥	떡을 찔 때 사용하는데, 시루가 물에 잠기지 않게 솥의 안쪽에 얼기설기 엮어서 걸쳐 놓은 겅그레 위에 올려놓고 찐다.
	번철	화전이나 주악을 기름에 지질 때 쓰는 무쇠로 만든 도구
성형도구	안반과 떡메	익힌 멥쌀가루나 찹쌀가루를 치기 위한 도구로, 떡을 칠 때 쓰는 나무로 만든 받침대를 안반이라 하고 내리칠 때 사용하는 몽둥이를 떡메라고 한다.
	떡살(떡본 · 떡손)	떡에 눌러 문양을 새기는 도구로 도장형과 장방형이 있으며 나무나 사기로 되어 있다.
	다식판 · 약과틀	다식이나 약과를 만들 때 여러 가지 문양을 새긴 틀에 박아내는 판으로 약과틀이 다식판보다 크다.
댓가지로 엮은 그릇	소쿠리	대나무를 가늘게 쪼개어 위가 트이고 테를 둥글게 짠 그릇으로 씻은 식품을 담는 데 사용한다.
	채반	싸리나 대나무 껍질로 둥글고 편평하게 만들어 채소를 널어 말리거나 전이나 지진 떡을 담는다.
	석작	대나무를 쪼개어 만든 뚜껑이 있는 네모꼴 상자로 이바지나 폐백음식, 제사음식을 담을 때 사용한다.

2) 현대화된 도구

기계의 분류	종류	용도
세척기계	세미기 (세척기)	• 전동 모터의 작동으로 쌀을 깨끗하게 세척하는 기계 • 쌀통에 부은 쌀이 수압에 의해 쌀과 물에 씻기는 원리 • 이남박과 조리의 역할
분쇄기계	롤러밀	• 세척하여 불린 쌀을 분쇄하거나 가는 데 사용하는 기계 • 조작에 따라 롤러의 회전 속도, 길이, 지름에 의해 쌀가루의 입자를 결정 • 방아와 맷돌의 역할
	분쇄기	• 롤러밀에서 뭉쳐서 나온 쌀가루를 회전형 분리기를 사용하여 풀어주는 역할 • 체의 역할
찌는 기계	스팀받침대	• 시루 밑에서 증기가 올라올 수 있게 만든 시루 받침대 • 여러 개의 시루를 올려놓고 찔 수 있음
	스팀보일러	• 빠른 시간에 지속적이고 같은 온도로 물을 데워서 증기를 배출하는 기계 • 찜기의 역할
	증편기	• 스팀 보일러와 연결해서 증편과 송편을 찔 수 있는 기계 • 증기를 이용하여 시루 없이 증편과 송편을 찜 • 대량 생산 시 편리

기계의 분류	종류	용도
치는 기계	펀칭기	• 쪄낸 떡이나 쌀가루를 반죽할 수 있고 반죽하는 중간에 잘 섞일 수 있도록 물을 넣어 줌 • 많은 양을 반죽할 수 있어 대량 생산에 적합 • 인절미, 절편, 송편, 바람떡 등을 반죽할 때 사용 • 안반과 떡메 역할
성형 기계	제병기	• 쪄낸 떡반죽을 제병기에 넣으면 성형틀에서 원하는 모양으로 떡이 나옴 • 찬물을 미리 준비하여 떡이 나오면 찬물에 식힘 • 절편, 가래떡, 떡볶이떡 등을 만들 때 사용
	성형기	• 떡의 모양과 크기를 자동으로 조절 가능 • 꿀떡, 송편, 경단, 찹쌀떡 등을 만들 때 사용
절단 기계	절단기	인절미 절단기, 절편 절단기, 떡볶이떡 절단기, 가래떡 절단기
기타	포장기	단시간 안에 떡을 포장할 수 있어 떡의 보온 유지를 위해 효과적
	볶음 솥	떡의 부재료 중 콩이나 깨, 미수가루용 곡물 등을 대량으로 볶을 때 사용

▼ **참고 이미지**

이남박
돌확
안반과 떡매
다식판과 떡살
석작
디딜방아

적중예상문제

01 쌀의 품종 중에서 찰기가 가장 높은 종류는 무엇인가?

① 단립종 ② 중립종
③ 장립종 ④ 미립종

해설 쌀은 단립종, 중립종, 장립종으로 구분되며 그 중에서 가장 찰기가 높은 품종은 단립종이다.

02 중조를 넣어서 콩을 삶을 때 가장 문제가 되는 것은 무엇인가?

① 비타민 B_1의 파괴 ② 조리수가 많이 필요함
③ 조리시간이 길어짐 ④ 콩이 빨리 무르지 않음

해설 중조를 넣어서 콩을 삶으면 콩은 빨리 무르나 비타민 B_1이 파괴된다.

03 떡에 콩을 넣어 찌면 어떤 영양소의 보완에 좋은가?

① 당질 ② 단백질
③ 미네랄 ④ 비타민

해설 전분이 주재료인 쌀로 만드는 떡에 콩을 넣으면 식물성 단백질을 보충할 수 있다.

04 다음 중에서 붉은 색을 내는 천연재료는 무엇인가?

① 송기 ② 송화
③ 치자 ④ 지치

해설 지치는 뿌리를 기름에 우리면 붉은색의 액이 추출된다. 참고로 송화와 치자는 노란색, 송기는 갈색을 낼 때 사용된다.

정답 01 ① 02 ① 03 ② 04 ④

05 종실이 삼각뿔 모양이고 루틴을 함유하며 떡과 제면 · 제빵에 사용되는 곡물은 무엇인가?

① 보리 ② 귀리
③ 수수 ④ 메밀

해설 메밀은 글루텐 성분이 없어 떡과 제면 · 제빵 · 묵 · 전병 등을 만들 때 밀가루나 감자전분가루를 혼합하여 사용한다.

06 날콩에 함유된 단백질의 체내 이용을 저해하는 것은?

① 펩신 ② 안티트립신
③ 글로블린 ④ 트립신

해설 콩에는 안티트립신이라는 소화 저해 물질이 있기 때문에 발효나 가열을 통하여 소화율을 높이고 영양소를 흡수하게 한다.

07 7분도 정미는 현미 100%를 기준으로 겨층을 얼마나 제거한 것인가?

① 70% ② 30%
③ 94% ④ 72%

해설 현미를 100%로 할 때 쌀겨층과 배는 8%, 배젖은 92%이므로 백미는 92%, 7분도쌀은 약 94%가 된다.

08 찹쌀가루나 찰수수가루 등을 더운 물로 익반죽하여 동그랗게 빚어서 끓는 물에 삶아내어 고물을 묻힌 떡을 무엇이라 부르는가?

① 경단 ② 잡과병
③ 인절미 ④ 우메기

해설 경단에 대한 설명으로 경단에는 오색경단, 꿀물경단, 감자경단, 찰수수경단 등이 있다.

정답 05 ④ 06 ② 07 ③ 08 ①

09 다음 중 찰수숫가루로 만든 떡은?

① 백숙병　　② 노티
③ 겸절병　　④ 주악

해설 찰수숫가루로 만든 떡은 노티, 경단, 부꾸미 등이 있다.

10 끓는 물을 사용하여 전분의 일부를 호화시켜 점성이 있는 반죽을 하는 것을 무엇이라 하는가?

① 발효　　② 숙성
③ 반숙　　④ 익반죽

익반죽에 대한 설명으로 익반죽을 하는 이유는 끓는 물로 인해 쌀가루가 호화되어 점성이 생기기 때문이다.

11 다음 두류 중에서 떡의 소나 고물로 사용되지 않는 것은?

① 팥　　② 강낭콩
③ 두부　　④ 동부

주로 떡의 소나 고물은 탄수화물의 함량이 많은 두류를 사용한다.

12 팥과 대두를 비교한 설명 중 잘못된 것은?

① 팥은 대두보다 전분 함량이 높다.
② 대두는 팥보다 지방과 단백질의 함량이 낮다.
③ 팥은 대두보다 같은 조건에서 침지 시간이 길게 요구된다.
④ 대두는 팥보다 같은 조건에서 수분흡수 속도가 빠르다.

해설 대두는 팥에 비해 단백질이 2배 정도 들어 있으며 팥에는 지방이 거의 함유되어 있지 않다.

정답　09 ②　10 ④　11 ③　12 ②

13 지방이 60% 이상 들어있고 불포화지방산이 풍부하며 두뇌 건강과 피부에 좋은 견과류는?

① 땅콩
② 은행
③ 호두
④ 밤

해설 호두는 불포화지방산의 일종인 $\omega-3$ 지방산이 풍부하다.

14 송기떡을 만들 때 들어가는 송기는 소나무의 어느 부분인가?

① 솔방울
② 소나무의 속껍질
③ 소나무의 꽃
④ 소나무의 뿌리

해설 소나무의 속껍질인 송기를 벗겨 물에 우린 다음 삶아서 찧거나 말려 가루를 낸다. 이후 떡에 넣어 사용한다.

15 초가을에 나온 햇과실로 만든 떡으로, 멥쌀가루에 풋콩과 햇대추, 단감을 섞어 만든 떡은?

① 신과병
② 혼돈병
③ 국화병
④ 부꾸미

해설 신과병은 그 해에 새롭게 나온 과일을 넣어 만든 시루떡으로, 거피한 햇녹두를 고물로 쓴다.

16 찹쌀로 만든 떡 중에서 치는 떡의 가장 대표적인 떡은?

① 인절미
② 절편
③ 개피떡
④ 가래떡

해설 치는 떡의 대표로는 찹쌀로 만든 인절미와 멥쌀로 만든 가래떡이 있다.

정답 13 ③ 14 ② 15 ① 16 ①

17 **소금의 용도가 아닌 것은?**

① 쌀이 잘 불게 한다. ② 떡의 간을 조절한다.
③ 채소 절임 시 수분을 제거한다. ④ 효소 작용을 억제한다.

해설 소금은 간을 맞추거나 효소 작용을 억제하여 음식을 오래 저장하는 경우, 채소를 절일 때 소금으로 인한 삼투압 현상에 의해 수분을 배출시키는 경우 사용한다.

18 **떡에 장식용으로 쓰이는 고명이 아닌 것은?**

① 실백 ② 알지단
③ 대추 ④ 석이버섯

해설 떡을 장식하는 고명으로는 실백, 대추, 밤, 석이버섯 등이 있다. 알지단은 음식을 장식하는 용도로 많이 쓰인다.

19 **마에 꿀과 찹쌀가루를 섞어 만든 떡으로 조선시대부터 내려오던 전통 떡은 무엇인가?**

① 석이병 ② 신과병
③ 서여향병 ④ 석탄병

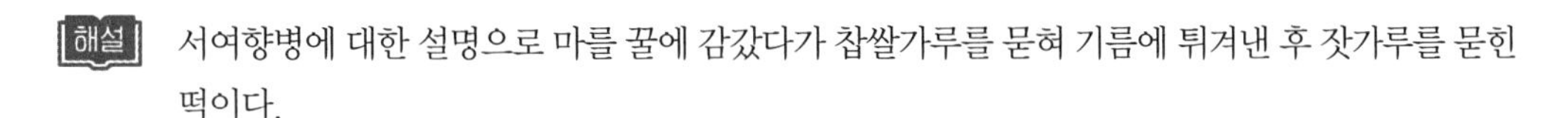
해설 서여향병에 대한 설명으로 마를 꿀에 감갔다가 찹쌀가루를 묻혀 기름에 튀겨낸 후 잣가루를 묻힌 떡이다.

20 **다음 중 차조로 만든 떡은?**

① 석탄병 ② 오메기떡
③ 노티 ④ 우메기

해설 차조로 만든 떡에는 오메기떡, 차좁쌀떡, 조침떡 등이 있다.

정답 17 ① 18 ② 19 ③ 20 ②

21 곡식의 겉 껍질을 벗기는 데 쓰는 통나무로 만든 농기구는?

① 매통 ② 찜통
③ 맷돌 ④ 질밥통

해설 매통은 벼의 껍질을 벗기는 데 쓰이는 통나무로 만든 도구이며, 질밥통은 밥을 담거나 약식을 할 때 양념을 하여 재웠다가 중탕을 할 때 쓰인다.

22 찹쌀가루에 밤, 대추, 호두, 잣, 계피가루, 설탕을 넣어 만드는 떡으로, 경아가루나 흑임자가루를 묻혀 긴 사각틀 안에 불규칙하게 쌓아 식으면 썰어 먹는 떡의 이름은?

① 도행병 ② 차륜병
③ 혼돈병 ④ 구름떡

해설 구름떡은 썰어진 모양이 구름과 같다고 하여 붙여진 이름이다. 참고로 경아가루는 고운팥앙금가루를 말한다.

23 주로 떡이나 강정을 담는 데 사용하며 가는 대오리를 결어 만든 네모꼴 상자는?

① 소쿠리 ② 채반
③ 석작 ④ 목판

해설 석작은 떡이나 강정을 담을 때 주로 쓴다.

24 인절미나 흰떡을 치기 위한 도구로 두껍고 넓은 판은?

① 안반 ② 절구
③ 방아 ④ 떡메

해설 치는 떡을 만들 때는 쌀가루를 찌거나 쌀을 쪄서 안반에 놓고 떡메로 쳐서 만든다.

정답 21 ③ 22 ④ 23 ③ 24 ①

25 **바람떡이라고도 부르며 떡을 얇게 펴서 틀로 반달 모양으로 찍어낸 떡은?**

① 부꾸미 ② 노티
③ 개피떡 ④ 주악

해설 개피떡에 대한 설명으로 멥쌀로 만든 떡이다. 참고로 부꾸미는 찹쌀이나 차수수를 익반죽하여 소를 넣어 반달 모양으로 지진 떡이다.

26 **떡에 첨가하는 감미료가 아닌 것은?**

① 꿀 ② 조청
③ 설탕 ④ 소다

해설 감미료는 음식에 단맛을 내기 위해 사용하는 조미료 및 식품첨가물로 꿀, 설탕, 조청, 엿 등이 있다.

27 **박을 쪼개서 만든 도구로 곡물, 물, 장 등을 푸거나 담을 때 쓰는 부엌도구는?**

① 목판 ② 바가지
③ 두레박 ④ 함지박

해설 바가지 중에서 가장 큰 것은 물바가지로 사용하고, 조롱박을 쪼개서 만든 작은 것은 장조롱바가지라하여 장독에 두고 썼다.

28 **밀가루를 막걸리로 반죽하여 발효시킨 후 팥소를 넣고 둥글게 빚어 쪄낸 떡은?**

① 상화병 ② 증편
③ 화전 ④ 두텁떡

해설 기주떡의 일종인 상화병(상화떡)은 밀가루를 발효시켜 팥소를 넣어 만든 떡이다.

정답 25 ③ 26 ④ 27 ② 28 ①

29 옥수수를 주식으로 하는 곳에서 걸릴 수 있는 병은?

① 구루병　② 살모넬라
③ 각기병　④ 펠라그라

해설 펠라그라는 니코틴산(나이아신)의 결핍에 의하여 일어나는 병으로, 니코틴산이 풍부한 팥이나 고기, 달걀, 땅콩 등의 섭취가 증상을 개선하는 데 도움이 된다.

30 맥류에 포함되지 않는 곡류는?

① 귀리　② 밀
③ 메밀　④ 호밀

해설 맥류는 보리, 쌀보리, 밀, 호밀, 귀리 등이 있다.

31 백미의 소화율은?

① 85%　② 90%
③ 95%　④ 98%

해설 백미의 소화율은 98%이고 현미의 소화율은 90%이다.

32 멥쌀가루에 율무가루, 백복령, 산약, 능인, 연육, 시상, 백변두, 맥아 등 약재가루를 넣어 만드는 대표적인 약이성 떡은?

① 두텁떡　② 부편
③ 구선왕도고　④ 복령떡

해설 구선왕도고는 아홉 가지 약재를 이용해 만든 대표적인 약이성 떡이다.

정답 29 ④ 30 ③ 31 ④ 32 ③

33 솥에 떡을 찔 때 재료가 물에 닿지 않도록 물 위에 걸쳐 놓는 것을 무엇이라 하는가?

① 시루망 ② 정그레

③ 시루방석 ④ 매판

해설 정그레는 솥에 떡을 찔 때 재료가 물에 닿지 않도록 물 위에 걸쳐 놓는 도구를 말한다.

① 시루망 : 풀이나 삼으로 짜서 증기가 쉽게 시루에 스미게 하는 도구

③ 시루방석 : 짚을 둥글고 두껍게 엮어서 시루를 덮어 증기가 밖으로 나가지 못하게 하는 도구

④ 매판 : 맷돌질할 때 맷돌을 올려 놓는 도구

34 다음 중 찌는 떡이 아닌 것은?

① 시루떡 ② 송편

③ 단호박편 ④ 부꾸미

해설 선지 중 찌는 떡은 시루떡, 송편, 단호박편이고 부꾸미는 지지는 떡이다.

35 찧어낸 곡식을 담아 까불러 겨나 티를 걸러내는 기구는?

① 조리 ② 키

③ 체 ④ 보

해설 키는 찧어낸 곡식을 담아 까불러 겨나 티를 걸러내는 도구이다.

① 조리 : 물에 담근 쌀에서 돌을 일굴 때 사용하는 도구

③ 체 : 가루의 굵기를 일정하게 하거나 이물질을 걸러내기 위한 도구

④ 보 : 음식을 쌀 때 사용하는 보자기

정답 33 ② 34 ④ 35 ②

36 화전이나 주악, 빙자병을 기름에 지질 때 쓰는 무쇠로 만든 도구는?

① 솥 ② 찜통
③ 번철 ④ 질밥통

해설 번철은 주로 지지는 떡을 만들 때 사용하며 예전에는 번철 대신 가마솥 뚜껑을 사용하였다.

37 찹쌀가루로 떡을 만들 때 주의할 점으로 옳은 것은?

① 찹쌀가루는 멥쌀가루보다 더욱 곱게 분쇄한다.
② 찹쌀가루는 물을 멥쌀보다 더 주어야 한다.
③ 찹쌀가루를 시루에 안칠 때 빈틈이 없이 눌러가며 안친다.
④ 찹쌀가루는 김이 올라올 수 있게 멥쌀보다 거칠게 분쇄한다.

해설 찹쌀가루를 너무 곱게 빻으면 김이 올라가지 못한다.

38 잣을 반으로 갈라놓은 것을 무엇이라 하는가?

① 비늘잣 ② 잣고깔
③ 잣소금 ④ 통잣

해설 잣을 반으로 가른 비늘잣은 떡과 음식의 고명으로 쓰인다.

39 쇠머리떡이라고도 불리며 밤, 대추, 콩, 팥 등을 버무려 시루에 찐 찰무리떡은?

① 잡과병 ② 석탄병
③ 조침떡 ④ 모듬백이

해설 쇠머리떡은 굳혀서 썰었을 때 모양이 쇠머리편육처럼 생겼다 하여 붙여진 이름으로, 모듬백이라고도 한다.

정답 36 ③ 37 ④ 38 ① 39 ④

40 댓가지를 국자 모양으로 결어서 만든 것으로 물에 담근 곡식을 일어서 떠내는 용구는?

① 합　　② 조리
③ 체판　　④ 채반

해설 조리는 쌀을 일거나 물기를 뺄 때 사용하는 조리 도구이다.

41 곡류의 녹말을 맥아로 당화시킨 뒤 오랫동안 가열하여 수분을 증발시켜 농축한 것으로 엿보다 묽은 것은?

① 꿀　　② 백청
③ 조청　　④ 석청

해설 조청은 곡류를 엿기름으로 당화시켜 만든 것이고, 백청과 석청은 꿀의 종류이다.

42 시루에 찐 떡이 다 익으면 꺼낼 때 사용하는 도구는?

① 떡판　　② 떡메
③ 떡손　　④ 떡살

해설 떡손에 대한 설명으로, 특히 켜떡을 들어낼 때 시루에 있는 떡을 떡손으로 들어낸다.

43 서류에 대한 설명이 잘못된 것은?

① 수분 함량과 환경 온도의 적응성이 커서 저장성이 우수하다.
② 탄수화물의 급원식품이다.
③ 열량의 공급원이다.
④ 무기질 중 칼륨(K) 함량이 비교적 높다.

해설 서류는 수분이 70~80%가 되고 냉해에 약하기 때문에 저장성이 나쁘다. 또한 전분질이 들어 있는 식물로 열량원이 되며 칼륨과 칼슘이 높은 알칼리성 식품이다.

정답 40 ② 41 ③ 42 ③ 43 ①

44 콩이나 팥, 녹두의 껍질을 벗기는 것을 무엇이라 하는가?

① 회피
② 거피
③ 종피
④ 재피

해설 거피는 콩, 팥 따위의 겉껍질 등을 벗겨 버리는 것을 말한다.

45 점성이 부족하여 국수를 만들 때 밀가루나 전분을 혼합하여 만드는 곡식은?

① 쌀
② 메밀
③ 귀리
④ 차수수

해설 메밀은 점성이 부족하여 메밀국수에는 밀가루를 섞고, 평양냉면에는 녹말가루와 밀가루를 섞어 만든다.

46 부재료의 쓰임새가 아닌 것은?

① 혼합용
② 겉고물용
③ 조미료용
④ 속고물용

해설 부재료는 겉고물용과 속고물용, 혼합용으로 쓰인다.

47 미숙한 감에서 나는 떫은 맛은 무슨 성분인가?

① 탄닌(tannin)
② 알부민(albumin)
③ 알기닌(alginic acid)
④ 만난(mannan)

해설 탄닌은 덜 익은 감이나 도토리, 밤 등에서 나는 떫은 맛을 내는 성분이다. 알기닌(alginic acid)과 만난(mannan)은 해조류에 함유되는 다당류이다.

정답 44 ② 45 ② 46 ③ 47 ①

48 다음 중 흑임자는 무엇인가?

① 검은깨　　② 들깨
③ 참깨　　④ 흰깨

해설 흑임자는 검은깨를 말하며 흑임자죽, 흑임자편, 흑임자강정 등으로 쓰인다.

49 주성분이 당질이고 비타민 C가 풍부하며 소량의 탄닌을 함유한 견과류는?

① 은행　　② 호두
③ 대추　　④ 밤

해설 밤은 탄수화물과 단백질, 칼슘, 비타민 A, B_1, C 등이 풍부하여 어린아이의 발육과 성장에 좋다.

50 푸른 채소를 데칠 때 색을 선명하게 하며 비타민 C의 산화를 억제해 주는 것은?

① 소금　　② 식초
③ 설탕　　④ 기름

해설 1%의 소금을 넣고 채소를 데치면 소금이 비타민의 안정 작용을 하므로 비타민 C의 손실을 줄이고 선명한 녹색을 얻을 수 있다.

51 다음 중 옥수수의 품종이 아닌 것은?

① 미립종　　② 경립종
③ 마치종　　④ 나종

해설 옥수수의 품종은 마치종, 경립종, 연립종, 감미종, 폭렬종, 나종 등이 있다.

정답 48 ① 49 ④ 50 ① 51 ①

52 다음의 건조 두류들을 동일한 조건에서 침수할 때 가장 빨리 최대의 수분을 흡수하는 것은?

① 붉은 팥　② 녹두
③ 흰 대두　④ 검은 대두

해설 건조 두류의 물 흡수성은 '흰 대두 > 검은 대두 > 흰 강낭콩 > 얼룩강낭콩 > 묵은 팥' 순으로 크다.

53 글루텐을 형성하는 단백질을 가장 많이 함유하는 것은?

① 옥수수　② 쌀
③ 밀　④ 보리

해설 밀가루의 단백질은 글리아딘(Gliadin)과 글루테닌(Glutenin)이 합쳐서 형성된 글루텐(Gluten)이다.

54 밤을 삶을 때 첨가하여 고운 노란색을 띠게 하고 잘 부서지지 않도록 하는 것은?

① 식초　② 소다
③ 소금　④ 명반

해설 밤을 삶을 때 명반을 첨가하면 밤이 함유한 플라본 색소가 알루미늄과 불용성인 염을 만들어 고운 노란색을 띠며 잘 부서지지 않게 된다.

55 통나무 안을 파내어 그릇의 안쪽에 턱을 만들어 쌀 등의 곡물을 씻거나 일 때 사용하는 도구는 무엇인가?

① 이남박　② 옹기
③ 쳇다리　④ 도드미

해설 이남박에 대한 설명으로 인함박이라고도 한다.

정답　52 ③　53 ③　54 ④　55 ①

56 떡에 많이 쓰이는 국화과의 풀로, 봄에 나오는 어린 쑥을 일컫는 것은?

① 인진쑥 ② 애쑥
③ 싸주아리쑥 ④ 제비쑥

애쑥에 대한 설명이다. 쑥은 옛날부터 식용과 약용으로 사용했으며, 특히 떡을 만드는 데 많이 쓰이고 있다.

57 밤고물의 용도가 아닌 것은?

① 달떡 ② 단자
③ 경단 ④ 송편의 소

밤고물은 단자와 경단의 겉고물과 송편의 소로 쓴다. 달떡은 달 모양으로 둥글게 만든 흰떡으로 주로 혼인 잔치 때에 쓴다.

58 아밀로펙틴만으로 구성된 것은?

① 멥쌀 ② 찹쌀
③ 보리 ④ 좁쌀

찹쌀은 아밀로펙틴만으로 구성되었다.

59 과일 조리 시 열에 의해 가장 영향을 많이 받는 비타민은?

① 비타민 A ② 비타민 C
③ 비타민 B_1 ④ 비타민 E

해설 비타민 C는 열, 빛, 물, 산소 등에 쉽게 파괴된다.

정답 56 ② 57 ① 58 ② 59 ②

60 다음 중 묵은 쌀의 특징에 해당하지 않는 것은?

① 외관상 색깔이 맑고 투명하다. ② 쌀눈 자리가 갈색으로 변해 있다.
③ 산도가 높다. ④ 냄새가 난다.

해설 묵은 쌀의 특징
- 산도가 높다.
- 쌀눈 자리가 갈색으로 변해 있다.
- 색이 탁하다.
- 냄새가 난다.

61 밤을 말린 것을 무엇이라 하는가?

① 황률 ② 약밤
③ 단밤 ④ 옥광률

해설 황률에 대한 설명으로 떡과 한약재에 많이 사용된다.

62 다음 중 노란색을 낼 때 사용하는 천연 재료는?

① 지치 ② 울금
③ 송기 ④ 감

해설 노란색을 띠는 천연 색소는 울금, 치자, 단호박 등이 있다.

63 녹색채소를 데칠 때 소다를 넣어서 생기는 현상이 아닌 것은?

① 채소의 섬유질을 연화시킨다. ② 채소의 색을 푸르게 고정시킨다.
③ 비타민 C가 파괴된다. ④ 채소의 질감을 유지한다.

해설 녹색채소를 데칠 때 소다를 넣으면 녹색은 선명해지나 채소가 물러지고 비타민 C가 파괴된다.

정답 60 ① 61 ① 62 ② 63 ④

64 다음 중 송자, 백자, 실백이라 불리며 지방이 많이 함유된 견과류는 무엇인가?

① 잣 ② 호두
③ 은행 ④ 밤

해설 잣은 음식의 고명 또는 강정을 만들 때 사용하거나 죽을 쑤어 먹기도 한다.

65 주로 떡에 사용하는 버섯은?

① 송이버섯 ② 석이버섯
③ 싸리버섯 ④ 느타리버섯

해설 석이버섯은 바위 표면에 붙어 있는 이끼의 일종으로 석이병, 석이단자 등에 쓰인다.

66 다음 중 서류가 아닌 것은?

① 고구마 ② 비트
③ 토란 ④ 감자

해설 서류는 땅 속의 줄기나 뿌리를 식용의 목적으로 재배하는 식물로서 고구마, 감자, 토란, 카사바, 마, 야콘, 돼지감자 등이 있다.

67 식품의 갈변 현상 중 성질이 다른 것은?

① 홍차의 적색 ② 양송이의 갈색
③ 간장의 갈색 ④ 연근 절단면의 갈색

해설 간장의 갈색은 비효소적 갈변 현상이다.

정답 64 ① 65 ② 66 ② 67 ③

68 현미의 주성분은?

① 당질　　② 지방
③ 단백질　　④ 비타민

해설 현미는 벼에서 왕겨층을 벗겨낸 것으로 주성분은 당질이다.

69 다음 중 치는 떡으로만 나열된 것은?

① 백설기, 잡과병　　② 증편, 상화
③ 가래떡, 인절미　　④ 부꾸미, 화전

해설
- 찌는 떡 : 백설기, 잡과병
- 부풀리는 떡 : 증편, 상화
- 지지는 떡 : 부꾸미, 화전

정답 68 ① 69 ③

MEMO

PART 2

Craftsman Tteok Making

떡 제 조 기 능 사

떡류 만들기

CONTENTS

CHAPTER 01

재료준비

1 계량기구의 종류

체적계기	• 계량컵 : 1컵=1Cup(1C)=200cc • 계량스푼 : 1큰술=1TS=물15cc, 1작은술=1ts=물5cc • 실린더 : 50cc, 100cc, 200cc, 1,000cc ※ 되 : 부피의 단위로 곡식, 가루, 액체 따위의 부피를 잴 때 사용하며 한 홉의 10배이고, 한 말의 1/10로 약 1.8리터에 해당한다.
중량계기	아날로그식 계량저울, 디지털식 계량저울
온도계	적외선 온도계, 알코올 온도계, 튀김용 온도계
시간 측정기	스톱워치, 타임스위치, 초침이 붙은 시계

2 계량방법

계량스푼, 계량컵	• 밀가루, 설탕, 소금 등 가루로 된 재료는 뭉쳤을 경우 잘게 부수어서 체로 친 다음 흔들거나 누르지 않은 상태로 재료를 담아서 윗면이 수평이 되도록 깎아서 계량한다. 가루재료는 부피보다 무게로 재는 것이 더 과학적이다. • 물은 투명계량컵에 담아 수평상태로 놓고 액체의 아랫면과 일치되게 읽는다. 꿀, 조청 기름 등 액체의 경우에는 약간 볼록하게 솟아 있는 부분을 깎아서 계량한다. • 곡류는 컵에 가득 담아 살짝 흔들은 다음 윗면이 수평이 되도록 깎아서 계량한다. • 된장, 고추장, 흑설탕과 같이 수분이 많은 재료는 계량기구에 가득 담아 눌러서 빈공간이 없게 하여 깎아서 계량한다. • 버터, 마가린, 쇼트닝은 실온에서 두어 반고체 상태가 되면 컵이나 스푼에 눌러 담은 후 수평을 깎아 계량한다.
저울	• 저울은 바늘이 항상 0에 위치하는지 확인한다. • 저울이 수평이 된 위치에 놓였는지 확인한다. • 눈금을 보는 위치는 정면에서 본다.

3 재료의 전처리

전처리	과정
계량하기	떡을 만드는 기초단계로서 떡의 양과 레시피에 맞게 주재료와 부재료, 조미료와 물의 정확한 무게를 계량해서 준비하도록 한다.
쌀 씻기	쌀의 이물질을 제거하는 과정이다.
쌀 불리기	쌀이 호화가 잘되어 부드러운 떡이 되도록 하는 과정으로 너무 오래 불리면 비타민 B_1의 손실을 가져온다.
가루 만들기	• 쌀을 분쇄하면 입자의 크기는 줄지만 표면적이 넓어져 열 전달 속도가 빨라지므로 떡이 빨리 쪄지고 소화가 잘되게 한다. • 곡류나 잡곡류는 깨끗이 씻어서 물에 불린 다음 물기를 빼고 소금을 넣어 빻는다. • 과실류는 얇게 저미거나 채를 썰어서 바싹 말린 다음 곱게 빻는다. • 채소류나 약이성 식물은 데치거나 말린 다음 곱게 빻아 체를 친다.
고물 만들기	• 시루떡에 고물을 얹으면 맛과 영양을 높여 주기도 하지만, 쌀가루 사이에 층이 생겨 그 틈새로 증기가 올라오게 하여 떡이 잘 익을 수 있게 한다. • 두류는 돌을 일궈 깨끗이 씻은 다음 용도에 따라 삶은 후 소금을 넣고 찧어서 어레미에 내리거나 내린 가루를 볶아 다시 어레미에 내려서 사용한다. • 깨는 거피를 내어 볶아서 사용한다. • 밤은 푹 쪄서 겉껍질과 보늬를 벗긴 다음 소금을 넣고 찧어서 어레미에 내려준다. • 대추채는 대추를 돌려깎기하여 곱게 채썰고, 밤채는 겉껍질과 보늬를 벗기고 곱게 채썬다. 석이채는 물에 불려서 안쪽의 누런 속을 제거하여 곱게 썬다.

PART 02

CHAPTER 02

고물 만들기

1 찌는 고물 만들기

1) 통팥

① 팥을 깨끗이 씻어 2배의 물을 부어 삶다가 끓어 오르면 따라서 버린다.
② 팥의 3배가량의 찬물을 부은 후 팥이 물러 손으로 누르면 부서질 때까지 약 40분 정도 삶는다.
③ 남은 물을 따라 버리고 불을 약하게 하여 냄비 밑이 타지 않도록 주의하며 5분 정도 뜸을 들인다.
④ 뜨거울 때 절구에 쏟아 소금을 넣고 방망이로 대강 빻아 쟁반에 펼쳐 고물이 질어지지 않게 수분을 날린다.
⑤ 붉은팥 시루떡, 봉치떡, 무시루떡, 수수팥경단 등에 사용한다.

2) 거피팥고물 또는 녹두고물

① 팥(녹두)은 분쇄기나 맷돌에 잠깐 갈아 반쪽을 내어 충분히 물에 불려서 박박 문질러 씻은 후 물을 부어 껍질을 제거하는데, 이 동작을 여러 번 반복하여만 껍질이 완전히 제거된다.
② 찜통에 넣고 40분 정도 쪄 준다.
③ 뜨거울 때 절구에 쏟아 소금을 넣어 방망이로 찧어 어레미에 내린다.
④ 넓은 쟁반에 펼쳐 고물이 질어지지 않게 수분을 날린다.
⑤ 녹두편, 복령떡, 부편 등에 사용한다.

2 삶는 고물 만들기

1) 밤고물

① 생밤은 깨끗이 씻어 푹 삶는다.
② 겉껍질과 속껍질(보늬)을 벗긴다.
③ 티스푼으로 속을 긁어내어 소금을 약간 넣고 절구에 빻아 체에 내린다.
④ 밤단자, 경단, 송편 등에 사용한다.

3 볶는 고물 만들기

1) 콩고물

① 콩을 재빨리 씻어서 소쿠리에 건져 물기를 뺀다.
② 큰 솥에서 콩이 타지 않게 서서히 볶는다.
③ 볶은 콩을 맷돌이나 분쇄기로 굵게 갈아 껍질을 키로 까불어서 제거하고 분마기에 소금을 넣어 곱게 간 다음 고운 체에 내린다.
④ 인절미, 다식, 오쟁이떡, 경단 등에 사용한다.

2) 흑임자고물

① 흑임자를 깨끗이 씻어서 물기를 뺀다.
② 깨가 타지 않고 통통해지도록 저어 가며 볶는다.
③ 소금을 약간 넣고 절구에 찧어 체에 내린다.
④ 인절미, 경단, 편 등에 사용한다.

3) 팥앙금 가루

① 팥을 깨끗이 씻어 2배의 물을 부어 삶다가 끓어 오르면 따라서 버린다.
② 팥의 3배가량의 찬물을 부은 후 팥이 물러 손으로 누르면 으깨질 때까지 삶는다.
③ 삶은 팥에 물을 부어 주물러 체에 내리고 고운 면주머니에 팥물을 붓고 치댄 다음 꼭 짜서 팥앙금을 만든다.
④ 웃물을 따라내고 아래에 가라앉은 앙금에 소금과 설탕을 넣고 볶아서 팥앙금 가루를 만든다.
⑤ 구름떡 등에 사용한다.

CHAPTER 03

떡류 만들기

※ 일반적으로 방앗간에서는 쌀을 가루로 빻을 때 소금을 넣고 빻지만 시험장에서는 쌀을 물에 불려 소금 간하지 않고 2회 빻은 쌀가루가 지급되므로 시험장 기준으로 작성하였다.

찌는 떡류(설기떡, 켜떡류)

1 설기떡류 만들기

쌀씻기 → 물에 불리기 → 빻기(소금 넣기) → 물주기 → 부재료 첨가 → 찌기 → 담기

1) 백설기

멥쌀가루 800g, 설탕 80g, 소금 8g, 물 180g

① 멥쌀가루에 소금을 넣고 체에 내린다.

② 체에 내린 쌀가루에 물을 주어 손으로 고루 비빈 다음, 다시 체에 내려 설탕을 넣고 가볍게 고루 섞어준다.

③ 시루에 시루망을 깔고 설탕을 약간 솔솔 뿌린 다음 쌀가루를 넣어 고르게 담아 김이 오른 찜통에 시루를 안쳐 20분 정도 찌고 5분간 뜸을 들인다.

④ 접시에 담는다.

2) 콩설기

멥쌀가루 700g, 설탕 70g, 소금 7g, 물 150g, 불린 서리태 160g

① 멥쌀가루에 소금과 물을 넣고 손으로 고루 비빈 다음 체에 내린다.

② 불린 콩을 15분간 삶아 소금 간을 한다.

③ 쌀가루에 물을 9~10Ts 넣어 비빈 후 체에 내린다.

④ 시루에 시루망을 깔고 설탕을 약간 솔솔 뿌린 다음 콩의 1/2을 깔아준다.

⑤ 쌀가루에 남은 콩과 설탕을 넣어 가볍게 섞어준다.

⑥ 콩을 깐 찜기에 콩과 혼합한 쌀가루를 올리고 위를 평평하게 스크래퍼로 정리한다.

⑦ 김이 오른 물솥에 찜기를 올려서 20분간 찌고 5분간 뜸을 들인다.

⑧ 떡이 쪄지면 바닥에 깔린 콩이 위에 오도록 접시에 담는다.

2 켜떡류 만들기

1) 팥시루떡

멥쌀 300g, 찹쌀가루 300g, 소금 6g, 물 90g, 설탕 100g
고물 : 붉은팥 300g, 소금 5g

① 찹쌀과 멥쌀은 깨끗이 씻어서 충분히 불린 다음 물기를 빼서 각각 소금과 물을 넣고 손으로 고루 비빈 다음 체에 내린다.
② 붉은 팥은 물을 넉넉히 부어 끓이다가 끓어오르면 물을 버리고 다시 3배 정도의 찬물을 부어 팥이 무르면 절구에 쏟아서 뜨거울 때 소금을 넣고 대강 찧어 삼등분한다.
③ 체에 내린 쌀가루와 설탕을 골고루 섞어 이등분한다.
④ 시루에 시루망을 깔고 팥고물을 한 켜 깐 다음 쌀가루를 평평하게 안치고, 그 위로 팥고물을 덮고 다시 쌀가루를 안친 다음 다시 그 위로 팥가루를 평평하게 덮는다.
⑤ 김이 오른 물솥에 30분간 찌고 5분간 뜸을 들인다.
⑥ 접시에 담는다.

2) 무시루떡

멥쌀 500g, 무 300g, 소금 5g, 설탕 50g
고물 : 붉은 팥 300g, 소금 5g

① 멥쌀가루에 소금과 물을 넣고 손으로 고루 비빈 다음 체에 내린다.
② 붉은 팥은 물을 넉넉히 부어 끓이다가 끓어오르면 물을 버리고 다시 3배 정도의 찬물을 부어 팥이 푹 무르도록 삶아 절구에 쏟은 다음 뜨거울 때 소금을 넣고 대강 찧어 삼등분한다.
③ 무는 껍질을 벗기고 채를 썰어 이등분한다.
④ 체에 내린 쌀가루에 설탕과 무채를 재빨리 섞어준다.
⑤ 시루에 시루망을 깔고 팥고물을 한 켜 깐 다음 무를 섞은 쌀가루를 평평하게 안친다. 그 위로 팥고물을 덮고 다시 나머지 쌀가루를 안친 다음 그 위에 팥고물로 덮는다.
⑥ 김이 오른 물솥에 20분간 찌고 5분간 뜸을 들인다.
⑦ 접시에 담는다.

치는 떡류(인절미, 절편, 가래떡)

1 인절미 만들기

쌀씻기 → 물에 불리기 → 물빼기 → 1차 분쇄(소금 넣기) → 시루에 찌기 → 펀칭기 → 절단기 → 고물 묻히기

찹쌀 600g, 소금 6g, 물 50g 고물 : 콩고물 100g, 설탕 20g

① 찹쌀은 깨끗이 씻어서 6시간 이상 불린 다음 소쿠리에 건져 물기를 뺀다.
② 찹쌀가루에 소금과 물을 넣고 비벼서 체에 내린다.
③ 찜기에 젖은 면보를 깔고 찹쌀을 안친다.
④ 찜통에서 김이 오르면 찜기를 올려서 찌다가 중간에 소금물을 고루 뿌리고 뒤집어 가며 1시간 정도 찐다.
⑤ 절구나 스텐 그릇에 찐 찰밥을 쏟고 방망이에 소금물을 적셔 가며 밥알이 뭉개질 때까지 친다.
⑥ 도마에 콩가루를 깔고 친 떡을 긴 막대 모양으로 만든 다음 적당한 크기로 잘라서 콩고물을 골고루 묻혀 그릇에 담는다.

2 절편 만들기

쌀씻기 → 물에 불리기 → 물빼기 → 1차 분쇄(소금 넣기) → 물주기 → 2차 분쇄 → 시루에 찌기 → 제병기 → 담기

멥쌀가루 800g, 소금 8g, 물 320g, 참기름, 물 300g

① 멥쌀은 깨끗이 씻어서 충분히 불린 다음 물기를 빼서 가루로 빻는다.
② 쌀가루에 소금과 물을 넣고 손으로 고루 비벼서 찜기에 면보를 깔고 김이 오른 찜통에 올려서 20분간 찐다.
③ 절구나 스텐그릇에 찐 떡을 쏟고 방망이에 소금물을 적셔 가며 친다(쑥절편을 만들 경우에는 데친 쑥을 넣고 방망이에 소금물을 적셔가며 친다).
④ 친 떡을 도마 위에 놓고 밀대로 밀어 일정한 간격으로 떡살로 찍어서 잘라내어 참기름을 바른다.

3 가래떡류 만들기

쌀씻기 → 물에 불리기 → 물빼기 → 1차 분쇄(소금 넣기) → 물주기 → 2차 분쇄 → 찌기 → 제병기 → 찬물에 식히기 → 절단기 → 담기

멥쌀가루 800g, 소금 8g, 물 320g, 참기름, 물 300g

① 멥쌀은 깨끗이 씻어서 충분히 불린 다음 물기를 빼서 가루로 빻는다.
② 쌀가루에 소금과 물을 넣고 손으로 고루 비벼서 찜기에 면보를 깔고 김이 오른 찜통에 올려서 20분간 찐다.
③ 절구나 스텐그릇에 찐 떡을 쏟고 방망이에 소금물을 적셔 가며 친다.
④ 도마 위에 놓고 소금물을 묻혀 가며 직경 2.5cm의 길고 둥근 가래떡 모양으로 만든다.
⑤ 가래떡 위에 참기름을 살짝 바른다.

PART 02

빚는 떡류(찌는 떡, 삶는 떡)

1 송편 만들기(찌는 떡)

쌀씻기 → 물에 불리기 → 물빼기 → 1차 분쇄(소금 넣기) → 물주기 → 2차 분쇄 → 시루에 찌기 → 성형기 → 담기

멥쌀가루 200g, 소금 2g, 불린 서리태 70g, 끓는 물 90g, 참기름 15ml

① 냄비에 익반죽할 물을 올린다.
② 불린 콩을 15분 정도 삶은 다음 소금 간을 한다.
③ 멥쌀가루에 끓는 물을 넣고 익반죽을 한다.
④ 익반죽한 송편을 21g 정도로 일정하게 잘라 둥글게 빚어 가운데를 파서 불린 서리태를 소로 넣고 오므려 꼭꼭 쥐어준다.
⑤ 송편 모양으로 빚는다.
⑥ 찜기에 젖은 면보를 깔고 송편을 가지런히 넣은 후 솥에 물이 끓으면 찜기를 올려 20분 정도 찐다.
⑦ 익은 송편을 꺼내 찬물에 담가 빨리 씻어 건진 다음 참기름을 바른다.
⑧ 접시에 보기 좋게 담아낸다.

2 쇠머리떡 만들기(찌는 떡)

찹쌀가루 550g, 설탕 60g, 서리태 110g, 대추 5개, 밤 5개, 마른 호박고지 25g, 소금 7g, 식용유 15ml, 물 30ml

① 찹쌀은 깨끗이 씻어서 6시간 이상 불린 다음 소쿠리에 건져 물기를 빼서 빻는다.
② 찹쌀가루에 소금과 물을 넣고 골고루 섞어준다.
③ 불린 서리태를 15분간 삶은 다음 소금 1/3을 넣어 간을 한다.
④ 호박 : 더운 물에 불려서 2~3cm로 잘라서 설탕에 재운다.
대추 : 돌려깎기하여 5~6등분한다.
밤 : 속껍질을 벗겨서 5~6등분한다.
⑤ 찹쌀가루에 서리태, 호박고지, 대추, 밤, 설탕을 넣어 가볍게 섞어준다.
⑥ 면보를 깔고 설탕을 뿌린 후 쌀가루를 가볍게 주먹쥐어 올린다.
⑦ 김이 오른 찜솥에 30분간 찐다.
⑧ 비닐에 기름을 바르고 떡을 쏟아 15cm×15cm로 성형한다.
⑨ 접시에 담는다.

3 경단 만들기(삶는 떡)

찹쌀가루 200g, 소금 2g, 볶은 콩가루 50g

① 찹쌀은 깨끗이 씻어서 6시간 이상 불린 다음 소쿠리에 건져 물기를 뺀다.
② 찹쌀가루에 소금과 끓는 물을 넣고 익반죽한다.
③ 반죽을 직경 2.5~3cm의 일정한 크기로 동그랗게 빚는다.
④ 끓는 물에 삶아 건져 찬물에 담갔다가 물기를 뺀다.
⑤ 물기 뺀 경단에 고물을 묻혀서 접시에 담는다.

4 고물류 만들기

1) 찌는 고물류 만들기

① 거피 팥 또는 거피 녹두고물
㉠ 세척하여 불리기
㉡ 불린 거피팥이나 녹두를 이남박에 담고 제물(담갔던 물)에서 문지르거나 비벼 껍질을 없애는 작업을 반복한다.

㉢ 찜통에 면보를 깔고 쪄낸 후 소금으로 간하여 용도에 따라 방망이로 찧거나 어레미에 내려 사용한다.

2) 삶는 고물류 만들기

① 붉은 팥고물

㉠ 붉은 팥 세척하기

㉡ 붉은 팥 삶기

㉢ 끓기 시작하면 물을 따라 버리고 찬물을 부어 삶는다.

㉣ 팥이 거의 익으면 뜸을 들이고 소금을 넣고 빻아 준다.

② 밤고물

㉠ 밤을 세척하여 삶기

㉡ 껍질 모두 벗기기

㉢ 소금을 넣고 절구에 빻아 어레미로 내리기

3) 볶는 고물류 만들기

① 콩고물

㉠ 콩을 재빨리 씻어 물기 빼기

㉡ 볶아서 껍질을 제거하기

㉢ 소금을 넣고 분쇄기로 갈아서 고운 체에 내려 사용한다.

② 실깨고물

㉠ 플라스틱 이남박에 물을 약간 넣고 치대어 껍질을 조리로 건져내어 물기를 뺀다.

㉡ 알맹이가 타지 않게 볶아준다.

③ 흑임자(검정깨)고물

㉠ 흑임자를 세척하여 물기 제거하기

㉡ 볶기

㉢ 그대로 사용하거나 소금을 넣고 분쇄기로 갈아서 고운 체에 내려 사용한다.

지지는 떡류

1 부꾸미 만들기

찹쌀가루 200g, 백설탕 30g, 소금 2g, 팥앙금 100g, 대추 3개, 쑥갓 20g, 식용유 20ml

① 찹쌀은 깨끗이 씻어서 6시간 이상 불린 다음 소쿠리에 건져 물기를 뺀다.
② 찹쌀가루에 소금과 끓는 물을 넣고 익반죽한다.
③ 반죽을 직경 5cm의 일정한 크기로 동글납작하게 빚는다.
④ 팥앙금은 7g 정도로 떼어 타원형으로 만들어 소를 준비한다.
⑤ 대추는 돌려깎기하여 돌돌 말아서 얇게 썰어 꽃대추를 만들고 쑥갓도 잎을 작게 떼어 순비한다.
⑥ 팬에 식용유를 두르고 반대기를 지진 후 팥고를 넣고 반으로 접어 다시 지져준다.
⑦ 부꾸미에 대추와 쑥갓으로 장식하여 접시에 담는다.

기타 떡류

1 약밥 만들기

찹쌀 500g, 소금 10g, 밤 5개, 대추 7개, 잣 10g, 참기름 40ml, 꿀 70ml, 계핏가루 2g
양념 : 황설탕 160g, 진간장 30ml, 대추고 15g, 캐러멜소스 30ml
캐러멜소스 : 흰설탕 54g, 물 45ml, 끓는 물 45ml

① 불린 찹쌀은 찜통에 젖은 면보를 깔고 30분 정도 찌는데, 김이 오르면 소금물을 끼얹어 가며 나무주걱으로 위아래를 고루 섞어준다.
② 밤은 속껍질을 벗겨서 4~5등분하고 대추는 돌려깎기를 하여 4~5등분한다. 남은 대추씨는 물을 약간 부어 끓여서 걸러 놓고 잣도 준비해 놓는다.
③ 흰설탕과 물을 넣어 중불에서 젓지 말고 끓이다가 가장자리부터 타기 시작하면 약불로 줄이고 고루 저어 진한 갈색이 나면 끓는 물을 넣어 캐러멜소스를 만든다.
④ 찐 찹쌀에 양념을 하고 밤과 대추를 넣어 버무린다.
⑤ 양념이 찰밥에 스미도록 10분 정도 상온에 두었다가 다시 30분을 쪄준다.
⑥ 그릇에 쏟은 다음 계핏가루, 꿀, 참기름, 잣을 넣어 섞어준다.
⑦ 그릇에 보기 좋게 담는다.

2 증편 만들기

멥쌀가루 600g, 소금 6g, 막걸리 200ml, 설탕 100g

① 멥쌀가루를 체에 내려 소금, 막걸리, 설탕과 물을 넣고 나무주걱으로 고루 저은 후 큰 그릇에 담아 랩을 씌우고 두툼한 담요를 덮어 35~40℃가 유지되도록 하여 4~5시간 발효시킨다.

② 반죽이 2~3배 부풀어 오르면 나무주걱으로 저어 가스를 빼고 다시 덮어 2차 발효를 한다.

③ 석이는 불에 불려 깨끗이 씻어서 돌돌말아 가늘게 채 썰고 대추는 돌려깎기하여 가늘게 채 썬다. 잣은 고깔을 떼어 준비한다.

④ 반죽이 3배 정도 부풀면 다시 나무주걱으로 저어 가스를 뺀 다음 찜통에 베보자기를 깔고 반죽을 2~3cm로 부어 찌거나 증편틀에 기름을 바르고 반죽을 3/4 정도 부어 준비한 고명을 올린 다음 15분쯤 발효시킨다.

⑤ 김이 오른 찜통에 증편틀을 살며시 올려 약불에서 15분, 강불에서 20분 찐 다음 불을 끄고 10분간 뜸들인다.

▼ 떡의 제조과정에 따른 이해

구분	내용
찹쌀가루로 떡 만들기	찹쌀에 열을 가하면 점성이 강하여 증기가 통과하기 어렵기 때문에 다음과 같은 방법을 사용한다. –밤이나 대추, 콩 등을 섞어서 찐다. –고물무거리를 두껍게 한 켜 깔고 멥쌀을 한 켜 안친 다음 찹쌀을 한 켜 안친다. –찹쌀가루를 얇게 하여 찐다. –증기가 잘 통하도록 찹쌀가루를 주먹쥐어 안친다.
체에 내리기	• 김이 골고루 올라오게 한다. • 쌀의 입자와 입자 사이에 공기층이 형성되어 떡이 부드럽고 식감이 좋아지게 된다. • 여러 가지 재료들이 잘 혼합되도록 한다.
설탕, 꿀 첨가	• 멥쌀가루에 설탕물이나 꿀물을 내리면 탄력이 좋아진다. • 설탕 대신 꿀을 첨가하면 촉촉한 기가 오래간다. • 전분의 노화가 지연되어 떡이 쉽게 굳어지지 않는다. • 설탕을 많이 첨가하면 떡이 질겨진다. • 설탕을 미리 혼합하면 수분을 흡수하여 가루가 덩어리질 수가 있다.
찌기	• 체에 친 떡가루를 가볍게 안쳐야 증기로 인한 전분의 호화로 식감이 좋은 떡이 된다. • 멥쌀가루를 이용한 시루떡이나 켜떡은 찌기 전에 칼집을 넣으면 익은 다음 분리된다.

CHAPTER 04

떡류 포장 및 보관

1 떡류 포장 및 보관 시 유의사항

1) 포장의 정의

식품의 수송, 보관 및 유통 중에 그 품질을 보존하고 위생적인 안전성을 유지하며 생산, 유통과 수송의 합리화를 도모함과 아울러 상품으로서의 가치를 증대시키며 판매를 촉진하기 위하여 알맞은 재료나 용기를 사용하여 식품에 적절한 처리를 하는 기술이나 이를 적용한 상태를 말한다.

2) 포장의 기능과 역할

기능	역할
위생성	해충 및 이물질의 차단 효과
용이성	노화의 지연
안전성	파손 방지
상품성	판매 촉진 및 가치상승
정보성	중량과 성분파악
간편성	운반 및 보관이 편리

3) 떡의 보관방법

냉장보관법	• 온도 0~4℃, 습도 0~40℃에서 노화가 가장 빠르다. • 0℃ 이하로 동결 또는 60℃ 이상의 온장 보관이 적합하다.
냉동보관법	수분함량이 크고 그 속의 전분이 α－전분의 상태로 있는 식품들은 냉동이 되면 그 속의 전분의 노화는 일시적으로 정지된다. 즉, 금방 쪄서 뜨거운 상태의 떡을 급속 냉동하였다가 자연 해동할 경우 금방 만든 떡과 비슷한 부드러움을 유지할 수 있다.

4) 포장용기의 표시사항

제품명, 식품의 유형, 제조연월일, 유통기한, 품질유지기한, 원재료명, 용기 · 포장 재질, 품목보고번호, 기타(해당 경우에 한해 성분 및 함량, 보관방법)

2 떡류 포장 재료의 특성

김이 나가기 전에 떡을 포장하면 수분함량이 너무 많아 쉽게 상하며, 30~40%의 수분함량에서 노화되기도 쉬우므로 완전히 김을 나가게 하여 식힌 다음 포장하도록 한다.

▼ 포장 재질

재질	장점	단점
알루미늄박	• 유해물의 오염에서 식품을 보호한다. • 광선을 차단하므로 햇빛에 의해 변질되는 식품의 포장에 적당하다.	–
셀로판	• 투명하고 아름다운 광택을 가지고 있다. • 독성이 없다. • 인화성이 없고 절연성이 높다.	• 수분과 온도의 영향을 받는다. • 값이 비싸다
아밀로스필름	• 포장재 자체를 먹을 수 있다. • 신축성과 열 접착성이 가능하다.	–
플라스틱류		
폴리에틸렌	식품 포장 재료로 가장 많이 사용된다.	• 불투명하다. • 저분자량 성분이 유지에 녹으면 유해하다.
폴리염화비닐	• 투명성이 좋고 내수성과 내산성이 좋다. • 값이 싸다.	가소제의 첨가량이 많아지면 중금속이 용출된다.
폴리스틸렌	• 내약품성이 좋다. • 상온에서 건조식품 보관에 좋다.	고온에서 형체가 변형되어 사용이 부적당하다.
폴리프로필렌	• 플라스틱 중 가장 가볍고 투명성이 좋다. • 강도와 내열성이 좋다.	열접착성이 없다.
염화수소고무	• 열 수축성과 방습성 · 가스투과성이 우수하다. • 진공 또는 가스포장용에 좋다.	가격이 높고 열 수축성이 크다.

PART 02

적중예상문제

01 **다음 중 찌는 떡이 아닌 것은?**

① 시루떡　　② 송편
③ 단호박편　　④ 부꾸미

해설 부꾸미는 지지는 떡(煎餠)이다.

02 **기구 또는 용기 · 포장의 표시사항이 아닌 것은?**

① 재질　　② 가격
③ 영업소 명칭 및 소재지　　④ 소비자 안전을 위한 주의사항

해설 가격은 표시하지 않아도 된다.

03 **떡을 냉동하여 보관할 때 주의할 점으로 옳은 것은?**

① 해동 후 즉시 재동결한다.　　② 습도를 높게 한다.
③ 급속 냉동시켜 보관한다.　　④ 공기와의 접촉 면적을 넓게 한다.

α 상태의 말랑한 떡을 영하 20~30℃ 정도에서 냉동시키면 수분을 빼앗기기 전에 얼어버려서 해동시키면 다시 말랑해진다.

04 **다음 중 치는 떡에 해당하지 않는 것은?**

① 가래떡　　② 절편
③ 인절미　　④ 주악

해설 주악은 지지는 떡에 속한다.

정답　01 ④　02 ②　03 ③　04 ④

05 1되(대두)는 몇 홉인가?

① 5홉　② 10홉
③ 15홉　④ 20홉

대두(1되＝1.8039ℓ)는 10홉이고 소두는 5홉이다.

06 전분의 노화를 억제하는 방법으로 적합하지 않은 것은?

① 수분 함량 조절　② 냉동
③ 설탕의 첨가　④ 산의 첨가

노화 억제 방법
- 0℃ 이하로 냉동
- 80℃ 이상으로 급속 건조
- 수분 함량을 15% 이하로 조절
- 설탕 첨가
- 유화제 첨가

07 쌀가루를 만들 때 첨가하는 소금의 양은?

① 불린 쌀 1kg에 25~30g　② 불린 쌀 1kg에 20~25g
③ 불린 쌀 1kg에 15~20g　④ 불린 쌀 1kg에 10~15g

불린 쌀 1kg에는 10~15g의 소금을 첨가한다.

08 냉장의 목적과 가장 거리가 먼 것은?

① 미생물의 사멸　② 미생물의 증식 억제
③ 자기소화의 지연 및 억제　④ 신선도 유지

해설 냉장의 목적은 미생물의 증식 억제이지 사멸이 아니다.

정답　05 ②　06 ④　07 ④　08 ①

09 일반적으로 물에 불린 백미는 중량이 몇 배로 불어 나는가?

① 1.2배　　② 1.5배
③ 1.8배　　④ 2.0배

불린 백미는 중량이 1.5배, 부피가 1.2배로 불어난다.

10 냉동시킨 떡의 좋은 점이 아닌 것은?

① 전자레인지에 오래 돌려도 된다.
② 떡이 필요할 때 인제든지 간편하게 먹을 수 있다.
③ 저장기간이 길고 맛의 변화가 적다.
④ 꺼내서 먹을 때 다시 찌거나 익히는 번거로움이 없다.

해설 전자레인지에 오래 돌리면 그릇에 들러붙는다.

11 떡의 노화를 방지할 수 있는 방법이 아닌 것은?

① 찹쌀가루의 함량을 높인다.
② 설탕의 첨가량을 높인다.
③ 수분의 함량을 30~60%로 유지한다.
④ 급속 냉동시켜 보관한다.

수분 함량이 15% 이하인 경우 노화가 방지되지만 수분 함량이 30~60%인 경우에는 노화가 촉진된다.

정답　09 ②　10 ①　11 ③

12 저울을 사용할 때 틀린 방법은?

① 저울은 반드시 수평으로 놓고 눈금을 정면에서 읽는다.
② 평상시에 저울접시에 물건을 올려놓지 않는다.
③ 이동할 때는 저울접시를 들고 이동한다.
④ 바늘은 0에 고정시켜야 한다.

해설 저울을 이동할 때는 몸체를 들어 이동한다.

13 다음 중 켜떡이 아닌 것은?

① 무시루떡
② 설기떡
③ 붉은팥시루떡
④ 물호박시루떡

해설 무시루떡, 붉은팥시루떡, 물호박시루떡은 켜떡이고, 설기떡은 무리떡이다.

14 냉동식품에 대한 설명으로 옳은 것은?

① 가능한 한 큰 덩어리로 보관했다가 필요시 부분 해동시켜 사용하고 다시 해동한다.
② 신선도가 떨어지는 식품도 해동하면 위생상 문제가 되지 않는다.
③ 국물은 용기에 공간 없이 가득 담아 냉동한다.
④ 가능한 급속 냉동하여 식품의 손상을 적게 한다.

해설 급속 냉동은 최대얼음결정생성대인 －1~5℃의 온도대역을 급속히 통과시키는 냉동법이다.

15 다음 중 노화가 잘 일어나는 전분은 어느 성분의 함량이 높은가?

① 아밀로오스(Amylose)
② 아밀로펙틴(Amylopectin)
③ 글리코겐(Glycogen)
④ 한천(Ager)

해설 노화는 아밀로오스의 함량이 적고 아밀로펙틴의 함량이 많을수록 느리게 진행된다.

정답 12 ③ 13 ② 14 ④ 15 ①

16 쌀로 떡을 만들 경우 부피가 얼마나 증가하는가?

① 1.2배
② 1.3배
③ 1.8배
④ 2.0배

해설 쌀로 떡을 만들면 부피가 1.3배 증가한다.

17 포장용기에 표시하지 않아도 되는 것은?

① 제품명
② 식품의 유형
③ 내용량
④ 맛의 정도

해설 포장용기에는 제품명, 제조연월일, 내용량, 원재료 및 함량, 영양성분 표시, 영양강조 표시, 영양성분 함량강조 표시, 영양성분 기준치 등을 표시한다.

18 냉동식품의 조리에 대한 설명 중 틀린 것은?

① 조리된 냉동식품은 녹기 전에 가열한다.
② 채소류는 가열처리가 되어 있어 조리하는 시간이 절약된다.
③ 소고기의 드립(drip)을 막기 위해 높은 온도에서 빨리 해동하여 조리한다.
④ 떡, 빵은 실내온도에서 자연 해동한다.

해설 육류나 어류를 높은 온도에서 해동하면 조직이 상하면서 육즙(drip)이 많이 나와 맛과 영양의 손실이 크다.

19 떡에 간을 하기 위하여 곡식가루에 소금을 넣을 때는 어느 시점인가?

① 수세(水洗)
② 수침(水沈)
③ 증자(蒸煮)
④ 분쇄(分碎)

해설 떡에 간을 하기 위하여 불린 곡식의 가루를 빻을 때(분쇄할 때) 소금을 넣어 준다.

정답 16 ② 17 ④ 18 ③ 19 ④

20 쌀의 호화를 돕기 위해 침수를 하는데 이때 최대 수분의 흡수량은?

① 5~10% ② 10~15%
③ 15~20% ④ 20~30%

쌀의 호화를 돕기 위해 침수를 하는데 이때 최대 수분의 흡수량은 20~30%이다.

21 말린 거피팥 1컵을 불려서 찐 다음 고물을 내었을 때의 중량은?

① 100g ② 150g
③ 200g ④ 300g

22 찹쌀떡의 노화지연과 가장 관계가 깊은 성분은?

① 아밀라아제 ② 아밀로펙틴
③ 글루코오스 ④ 글리아딘

전분의 노화는 아밀로펙틴의 함량이 많을수록 늦게 일어난다.

23 건조된 콩을 물에 불리면 부피가 몇 배로 불어나는가?

① 약 1배 ② 약 3배
③ 약 5배 ④ 약 7배

건조된 콩을 수침하면 2.5~3배 정도로 부피가 증가한다.

정답 20 ④ 21 ④ 22 ② 23 ②

24 떡을 냉장 보관하였을 때 나타나는 현상은?

① 전분의 호화로 부드럽고 맛이 있어진다.
② 전분의 호정화로 맛이 부드러워진다.
③ 전분의 노화가 빨리 일어나 떡이 굳고 맛이 떨어진다.
④ 전분의 노화로 떡이 물러진다.

해설 전분의 노화가 이루어지면 굳어지게 된다.

25 다음 중 약밥에 들어가는 재료가 아닌 것은?

① 대추 ② 꿀
③ 계핏가루 ④ 생강가루

해설 약밥(약식)에 들어가는 재료는 찹쌀, 황설탕, 계핏가루, 참기름, 진간장, 꿀, 밤, 대추, 잣 등이다.

26 백병이라고도 하며 멥쌀가루를 쪄낸 다음 절구에 쳐서 둥글고 길게 비벼서 만든 떡은?

① 재증병 ② 가래떡
③ 산병 ④ 인절미

해설 가래떡으로 떡국으로 끓일 때는 엽전모양으로 썰어서 끓였는데 이는 명이 길고 부를 누리기를 기원하는 의미가 있다.

27 시루에 찌는 떡 중에서 가장 기본이 되는 흰 무리떡은?

① 석이편 ② 콩설기
③ 무지개떡 ④ 백설기

해설 시루떡의 기본은 백설기로 흰 무리떡(백설기)은 순진무구하고 신성한 것으로 여겨 어린아이의 삼칠일, 백일, 첫돌과 사찰의 제를 올릴 때 쓰였다.

정답 24 ③ 25 ④ 26 ② 27 ④

28 **켜떡 중에 가장 대표적인 떡은?**

① 붉은팥시루떡　　② 콩설기
③ 무지개떡　　④ 깨찰편

붉은팥시루떡은 켜떡의 대표적인 떡으로 액막이의 의미가 있어 봉치떡이나 고사떡으로 많이 쓰인다.

29 **흰무리라고도하며 순수무구함의 의미가 있어 어린아이의 삼칠일, 백일, 첫돌 때 만드는 떡은?**

① 팥시루떡　　② 백설기
③ 무지개떡　　④ 잡과병

해설 '백솔고'라고도 하며 백설기의 가루로 암죽을 만들거나 다식을 만들기도 하였다.

30 **다음 중 송편의 소로 적당하지 않은 것은?**

① 콩　　② 조
③ 밤　　④ 깨

해설 송편의 소는 햇콩과 참깨, 녹두, 밤, 팥을 주로 사용한다.

31 **찰떡류를 보관할 때 적당한 보관방법은?**

① 냉동고　　② 냉장고
③ 온장고　　④ 상온

찰떡류를 냉동고에 보관하면 수분이 빙결정 상태로 전분질 사이에 존재하는 수속결합을 방해하여 떡을 냉동고에서 꺼내어 상온에 두면 말랑해진다.

정답　28 ①　29 ②　30 ②　31 ①

32 실온에서 부드러워졌을 때 스푼이나 컵에 꼭꼭 눌러 담은 후 윗면을 수평이 되도록 직선으로 깎아 계량하는 것은?

① 밀가루 ② 고춧가루
③ 설탕 ④ 버터

해설 버터, 마가린, 쇼트닝 등은 실온에서 부드러워졌을 때 스푼이나 컵에 꼭꼭 눌러 담은 후 윗면을 수평이 되도록 직선으로 깎아 계량한다.

33 다음 중 빚어 찌는 떡은?

① 송편 ② 부편
③ 증편 ④ 백편

해설 송편은 솔잎을 아래에 깔고 쪄서 떡에 솔잎의 은은한 향이 배게 하는 떡으로 빚는 떡의 대표적인 떡이다.

34 갓 만든 떡이 맛이 있고 소화가 잘 되는 이유는?

① 쌀 전분의 노화 ② 쌀 전분의 호정화
③ 쌀 전분의 호화 ④ 쌀 전분의 당화

해설 갓 만든 떡이 맛이 있는 이유는 쌀 전분의 호화로 인해 전분분자 간에 수소결합이 되기 때문이다.

35 콩을 삶을 때 중조를 넣으면 가장 문제가 되는 점은?

① 콩이 잘 무르지 않는다. ② 조리시간이 길어진다.
③ 비타민 B_1이 파괴된다. ④ 조리수가 많이 필요하게 된다.

해설 콩을 삶을 때 중조를 넣으면 콩이 빠른 시간에 잘 무르게 되나 비타민 B_1이 파괴된다.

정답 32 ④ 33 ① 34 ③ 35 ③

36 찹쌀떡이 멥쌀떡보다 더 늦게 굳는 이유는?

① 수분의 함량이 적기 때문이다.
② pH가 낮기 때문이다.
③ 아밀로오스의 함량이 많기 때문이다.
④ 아밀로펙틴의 함량이 많기 때문이다.

해설 아밀로펙틴이 많은 찹쌀떡은 아밀로펙틴이 적은 멥쌀떡보다 늦게 굳는다.

37 다음 중 떡의 분류와 떡의 연결이 잘못된 것은?

① 찌는 떡 – 백설기
② 치는 떡 – 봉치떡
③ 지지는 떡 – 화전
④ 삶는 떡 – 경단

해설 봉치떡은 켜떡으로 찌는 떡이다.

38 켜떡을 만들 때 사용하는 고물의 재료가 아닌 것은?

① 녹두
② 콩
③ 팥
④ 솔잎

해설 떡고물은 떡의 겉면에 무치거나 떡 속에 넣어 만드는 재료로 콩, 팥, 녹두, 동부, 참깨, 검은깨를 주로 쓴다.

정답 36 ④ 37 ② 38 ④

39 계량컵을 사용하여 밀가루를 계량할 때 가장 올바른 방법은?

① 체를 쳐서 가만히 수북하게 담아 직선으로 된 칼로 깎아서 측정한다.
② 계량컵에 그대로 담아 직선으로 된 칼로 깎아서 측정한다.
③ 계량컵에 눌러담아 직선으로 된 칼로 깎아서 측정한다.
④ 계량컵을 가볍게 흔든 다음 직선으로 된 칼로 깎아서 측정한다.

해설 밀가루를 계량할 때는 저울로 재는 것이 정확하나 계량컵을 사용하여 밀가루를 계량할 때에는 체를 쳐서 가만히 수북하게 담아 직선으로 된 칼로 깎아서 측정한다.

40 냉동식품을 해동하는 방법으로 적절하지 않은 것은?

① 7℃ 이하의 냉장온도에서 자연해동시킨다.
② 직접가열 조리하면서 해동한다.
③ 전자레인지, 오븐을 이용하여 해동한다.
④ 35℃ 이상의 온수에 담가 2시간 정도 녹인다.

해설 냉동식품을 해동하는 방법
- 급속해동 : 전자레인지 사용이나 가열조리를 하여 해동을 빠르게 하는 것
- 완만해동 : 5~7℃에서 일어나며 세포나 조직손상이 적어 냉동된 육류나 어류에 이용

41 호화와 노화에 대한 설명으로 옳은 것은?

① 쌀과 보리는 물이 없어도 호화가 잘 된다.
② 떡의 노화는 냉장고보다 냉동고에서 더 잘 일어난다.
③ 호화된 전분을 80℃ 이상에서 급속이 건조하면 노화가 촉진된다.
④ 설탕의 첨가는 노화를 지연시킨다.

해설
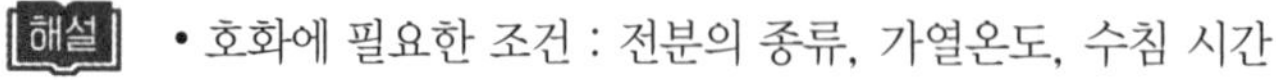
- 호화에 필요한 조건 : 전분의 종류, 가열온도, 수침 시간
- 노화의 억제 방법 : 냉동방법, 설탕 첨가, 유화제의 사용

정답 39 ① 40 ④ 41 ④

MEMO

PART 3

Craftsman Tteok Making
떡 제 조 기 능 사

위생 · 안전관리

CONTENTS

CHAPTER 01

개인 위생관리

1 개인 위생관리 방법

손 위생	• 손은 상처가 나지 않고 청결하게 유지하도록 하고 역성비누를 사용하여 흐르는 물에 씻는다(보통 비누와 함께 사용하면 살균력이 떨어진다.). • 손 소독은 70%로 희석한 에틸알코올을 분무기에 담아 사용하고 건조 후 조리를 한다.
위생복장	• 위생모와 위생복은 항상 청결하게 세탁하여 착용한다. • 앞치마의 끈은 바르게 묶고 안전화를 착용한다. • 액세서리 착용과 진한 화장은 하지 않는다. • 남성은 항상 면도를 깔끔하게 하고 여성의 긴 머리는 망으로 감싸서 단정하게 한다.
감염 예방	• 손 세정액을 사용하여 손을 자주 씻는다. • 손톱은 짧고 정결하게 관리하며 손에 상처를 입지 않도록 한다. • 정기적으로 건강진단과 예방접종을 받는다. • 양치질을 자주 하고 음식에 침이 튀기지 않도록 마스크를 착용한다. • 전염병 환자와 피부병과 화농성 질환을 가진 사람의 작업을 금지한다. • 물은 끓여 마시고 음식은 익혀 먹도록 한다. • 조리 도중에는 머리와 얼굴 등을 만지지 않는다. • 화장실을 이용할 때는 앞치마와 모자를 착용하지 않는 것이 원칙이다. • 작업대, 도마, 칼, 행주 등은 소독을 철저히 한다. • 떡 제조실에는 타인의 출입을 금한다.

2 오염 및 변질의 원인

1) 식품의 오염

① 오염원 : 원료, 식품, 포장재, 공기, 물, 흙, 오염된 식품 접촉, 사람, 동물, 곤충 등

② 식품오염원의 종류

생물학적 위해균	세균, 곰팡이, 기생충 등
화학적 위해균	자연독, 중금속, 방부제, 위해첨가물 등
물리적 위해균	이물질 등

③ 식품의 오염지표균

대장균군	• 식품이나 물의 분변에 의한 오염의 지표 세균으로 사용되고 있으며 그람 음성, 무포자 간균으로 호기성 또는 혐기성 세균을 말한다. • 검출방법이 간단하여 식품위생의 지표미생물로 사용한다.
대장균	• 사람이나 동물의 장 속에 사는 분변성 대장균이다. • 식품 동결 시 사멸되므로 다른 세균과 구별이 어려워 지표미생물로 미흡하다.
장구균	• 식품 동결 시에도 잘 죽지 않아 분변오염의 지표로 사용한다. • 통성 혐기성 그람 양성 구균이다.

2) 식품의 변질

① 식품 변질의 원인

㉠ 미생물의 번식으로 인한 부패

㉡ 산화로 인한 지방의 산패 및 비타민의 파괴

㉢ 식품 자체의 효소작용

㉣ 물리적 작용으로 인한 변화

② 식품의 변질의 종류

변패	탄수화물 식품이 미생물에 의해 그 성분이 변질되거나 저하되는 것
부패	단백질 식품이 혐기성 세균에 의해 분해되어 악취와 유해물질을 생성하는 것
후란	단백질 식품이 호기성 세균에 의해 변질되는 것
산패	지방질 식품이 산소, 일광, 금속 등에 의하여 맛과 빛깔, 냄새 등이 변질되는 현상
발효	탄수화물 식품이 미생물에 의해 알코올과 유기산 등 유용한 물질을 생성하는 현상

③ 식품의 보존법

물리적인 방법	가열살균법, 냉장 · 냉동법, 탈수건조법, 조사살균법(자외선, 방사선)
화학적 방법	염장법, 당장법, 산저장, 화학물질의 첨가
복합적 방법	훈연법, 조리법, 밀봉법

④ 미생물의 생육에 필요한 조건

㉠ 영양소, 수분, 온도, pH, 산소, 열, 광선, 금속 등이 필요하다.

㉡ 생육에 필요한 수분량의 순서 : 세균 > 효모 > 곰팡이

3 감염병 및 식중독의 원인과 예방대책

1) 감염병

감염병을 가진 병원성 미생물이 사람의 피부, 입, 호흡기 등으로 침입하여 감염을 일으키는 것을 말한다.

① 감염병 발생의 3대 요소

감염원(병원체, 병원소)	• 병원체 : 박테리아, 바이러스, 리케차, 기생충 • 병원소 : 질병 발생의 직접적인 원인이 되는 요소(인간, 동물, 토양)
감염경로(환경)	감염원으로부터 감수성 보유자에게 병원체가 전파되는 과정
숙주의 감수성	병원체에 대한 면역성이 없고, 감수성이 있어야 함

② 감염병의 발생 과정

병원체	병의 원인이 되는 미생물(세균, 리케차, 바이러스, 원생동물)
병원소	병원체가 증식하고 생존을 계속하면서 인간에게 전파될 수 있는 상태로 저장되는 장소(사람, 동물, 토양)
병원소로부터의 탈출	호흡기, 대변, 소변, 기계적 탈출
병원체의 전파	• 직접 전파 : 사람에서 사람으로 전파 • 간접 전파 : 물, 식품 등을 통해서 전파
새로운 숙주를 통한 침입	소화기, 호흡기, 피부점막 등을 통해 침입

③ 병원체에 따른 감염병

세균성	호흡기계통	디프테리아, 백일해, 결핵, 나병, 성홍열
	소화기계통	콜레라, 장티푸스, 파라티푸스, 세균성 이질
바이러스	호흡기계통	홍역, 유행성 이하선염, 인플루엔자, 두창
	소화기계통	유행성 간염, 소아마비(폴리오)
리케차	발진티푸스, 발진열, 양충병	
스피로헤타	서교증, 매독, 와일씨병, 재귀열	
원충	아메바성 이질, 말라리아, 트리파노소마	

④ 인체 침입구에 따른 감염병

호흡기계 침입	디프테리아, 백일해, 결핵, 인플루엔자, 두창, 홍역, 풍진, 성홍열, 폐렴
소화기계 침입	콜레라, 장티푸스, 파라티푸스, 세균성 이질, 아메바성 이질, 소아마비, 유행성 간염
경피침입	일본뇌염, 페스트, 발진티푸스, 매독, 나병

⑤ 감염 경로에 따른 분류

직접 접촉	매독, 임질
간접 접촉	• 비말감염 : 기침이나 재채기에 의한 감염(디프테리아, 인플루엔자, 성홍열) • 진애감염 : 먼지에 의한 감염(결핵, 천연두, 디프테리아)
개달물 감염	의복, 수건에 의한 감염(결핵, 트라코마, 천연두)
수인성 감염	이질, 콜레라, 파라티푸스, 장티푸스
음식물 감염	이질, 콜레라, 파라티푸스, 장티푸스, 소아마비, 유행성 감염
토양감염	파상풍

⑥ 위생 해충에 의한 감염병

모기	말라리아, 일본뇌염, 황열, 뎅기열
이	발진티푸스, 재귀열
빈대	재귀열
벼룩	페스트, 발진열, 재귀열
바퀴	이질, 콜레라, 장티푸스, 소아마비
파리	콜레라, 장티푸스, 파라티푸스, 이질
진드기	쯔쯔가무시병, 재귀열, 유행성 출혈열, 양충병
쥐	와일씨병, 재귀열, 서교증, 페스트, 발진열, 쯔쯔가무시병, 유행성 출혈열

⑦ 인수 공동 감염병

인간과 척추동물 사이에 자연적으로 전파되는 질병으로 같은 병원체에 의해 똑같이 발생하는 질병 또는 감염상태를 말한다.

병명	병원체	동물명
탄저병	탄저균	소, 말, 돼지, 양
브루셀라증	브루셀라균	소, 돼지, 개, 닭, 산양, 말
돈단독	돈단독균	소, 말, 돼지, 양, 닭
결핵	결핵균	소, 양
야토병	프란키셀라 툴라렌시스	산토끼
Q열	리케차	쥐, 소, 양, 염소
리스테리아증	리스테리아	소, 말, 돼지, 양, 닭, 염소, 오리
광우병	프리온	소
조류인플루엔자	조류 독감 바이러스	닭, 오리, 칠면조, 야생조류

⑧ 법정감염병의 분류

구분	내용
제1군 감염병	• 생물테러감염병이거나 치명률이 높거나 집단 발생 우려가 크고 음압격리가 필요한 감염병 • 에볼라바이러스병, 마버그열, 라싸열, 크리미안콩고출혈열, 남아메리카출혈열, 리프트밸리열, 두창, 페스트, 탄저, 보툴리눔독소증, 야토병, 신종감염병증후군, 중증급성호흡기증후군(SARS), 중동호흡기증후군(MERS), 동물인플루엔자, 인체감염증, 신종인플루엔자, 디프테리아
제2군 감염병	• 전파 가능성을 고려했을 때 격리가 필요한 감염병 • 결핵, 수두, 홍역, 콜레라, 장티푸스, 파라티푸스, 세균성이질, 장출혈성대장균감염증, A형간염, E형간염, 백일해, 유행성이하선염, 풍진, 폴리오, 수막구균감염증, b형헤모필루스인플루엔자, 폐렴구균 감염증, 한센병, 성홍열, 반코마이신내성황색포도알균(VRSA) 감염증, 카바페넴내성장내세균속균종(CRE) 감염증
제3군 감염병	• 격리가 필요 없지만 발생률을 계속 감시할 필요가 있는 감염병 • 파상풍, B형간염, 일본뇌염, C형간염, 말라리아, 레지오넬라증, 비브리오패혈증, 발진티푸스, 발진열, 쯔쯔가무시증, 렙토스피라증, 브루셀라증, 공수병, 신증후군출혈열, 후천성면역결핍증(AIDS), 크로이츠펠트–야콥병(CJD) 및 변종크로이츠펠트–야콥병(vCJD), 황열, 뎅기열, 큐열(Q熱), 웨스트나일열, 라임병, 진드기매개뇌염, 유비저, 치쿤구니야열, 중증열성혈소판감소증후군(SFTS), 지카바이러스 감염증
제4군 감염병	• 1~3급 이외에 유행 여부를 조사하기 위해 표본감시 활동이 필요한 감염병 • 인플루엔자, 매독, 회충증, 편충증, 요충증, 간흡충증, 폐흡충증, 장흡충증, 수족구병, 임질, 클라미디아감염증, 연성하감, 성기단순포진, 첨규콘딜롬, 반코마이신내성장알균(VRE) 감염증, 메티실린내성황색포도알균(MRSA) 감염증, 다제내성녹농균(MRPA) 감염증, 다제내성아시네토박터바우마니균(MRAB) 감염증, 장관감염증, 급성호흡기감염증, 해외유입기생충감염증, 엔테로바이러스감염증, 사람유두종바이러스 감염증

⑨ 감염병의 예방대책

㉠ 감염원 대책

구분	내용
환자	환자의 조기 발견, 격리 및 감시와 치료, 법정 감염병 등의 환자신고
보균자	보균자의 조기 발견으로 감염병의 전파 방지 ※ 보균자란 병의 증상은 나타나지 않지만 몸 안에 병원균을 가지고 있어 평상시에 혹은 때때로 병원체를 배출하고 있는 자로 건강보균자, 잠복기보균자, 병후보균자가 있다. 이중 감염병 관리상 가장 문제가 되는 것은 건강보균자이다.
외래전염병	병에 걸린 동물들을 살처분한다.
역학조사	검병호구조사, 집단검진 등 각종자료에서 감염원을 조사 추구하여 대책을 세운다.

ⓛ 예방접종

구분	연령	예방접종의 종류
기본접종	4주 이내	BCG(결핵 예방 접종)
	2개월	경구용 소아마비, DPT
	4개월	경구용 소아마비, DPT
	6개월	경구용 소아마비, DPT
	15개월	홍역, 볼거리, 풍진
	3~15세	일본뇌염
추가접종	18개월	경구용 소아마비, DPT
	4~6세	경구용 소아마비, DPT
	11~13세	경구용 소아마비, DPT
	매년	일본뇌염(유행전 접종)

※ DPT : D 디프테리아, P 백일해, T 파상풍

ⓒ 면역

구분		내용
선천적 면역		• 선천적으로 체내에서 자연적으로 형성된 면역 • 종속면역, 인종면역, 개인의 특성에 따른 면역
후천적 면역	능동면역	• 자연능동면역 : 질병 감염 후 획득한 면역 • 인공능동면역 : 예방접종으로 획득한 면역
	수동면역	• 자연수동면역 : 모체, 모유로부터 얻은 면역 • 인공수동면역 : 면역이 생긴 혈청제제를 접종하여 획득한 면역

⑩ 감염병 발견 후 대책

ⓐ 환자의 격리와 치료

ⓛ 식품 관련 단속을 하고 추가 감염자에 대한 예방조치

ⓒ 방역작업을 하여 도시간의 전염을 예방

ⓔ 병원체 보유동물의 제거

2) 식중독

식품이나 물을 먹어서 발생하는 급성위장염 및 신경장애의 중독현상을 말하며, 세균 또는 독성 화학물질로 오염된 음식물을 먹어서 일어나는 건강문제이다.

① 식중독의 발생원인

㉠ 부적절한 조리

- 온도와 소요시간을 철저히 관리
- 식품은 병원균을 사멸하기에 충분한 온도와 시간으로 조리
- 조리 후 장시간 보관할 경우

㉡ 오염된 기기에 의한 교차오염 : 조리기구와 용기를 불결하게 사용

㉢ 비위생적인 개인습관

㉣ 신선하지 않은 음식재료 사용

② 분류

구분	종류	
세균성 식중독	감염형	살모넬라균, 장염비브리오균, 병원성 대장균, 웰치균
	독소형	포도상구균(독소 : 엔테로톡신), 보툴리누스균(독소 : 뉴로톡신)
자연독 식중독	식물성	감자, 독버섯, 청매, 유독식물 등
	동물성	복어, 조개류 등
화학적 식중독	메탄올, 납, 유기염소제, 수은, 비소, 카드뮴, 아연 등	
곰팡이 (mycotoxin 중독)	아플라톡신(두류), 맥각(보리, 밀, 호밀), 황변미(페니실륨속)	
알레르기성 식중독	프로테우스 모르가니균	

③ 세균성 식중독

구분	원인식품	오염원	예방방법
살모넬라	육류, 난류, 어패류	쥐, 파리, 바퀴벌레, 가금류	60℃에서 30분간 가열 시 사멸
장염비브리오	어패류(생식)	어패류	• 60℃에서 5분간 가열 시 사멸 • 생식금지, 조리기구 소독
병원성 대장균	우유, 두부, 햄, 치즈	동물의 배설물	분변의 오염방지
웰치균	육류·어패류의 가공품	육류·어패류의 가공품, 튀김	• 분변의 오염방지 • 저온 저장

④ 자연독 식중독

구분	원인식품	독소
동물성	복어	테트로도톡신(난소, 간, 내장, 피부)
	모시조개, 굴, 바지락	베네루핀
	섭조개, 대합	삭시톡신
	독어	시구아톡신, 팔리톡신, 마이톡신
식물성	독버섯	무스카린, 팔린, 콜린, 뉴린
	감자	솔라닌
	목화씨	고시폴
	피마자	리신
	청매	아미그달린
	맥각	에르고톡신
	독미나리	시큐톡신

⑤ 곰팡이독 식중독

구분	원인곰팡이	독소	원인식품
아플라톡신	아스퍼질러스 플라버스	아플라톡신(간장독)	쌀, 보리, 된장
맥각중독	맥각균	에르고톡신(간장독)	보리, 밀, 호밀
황변미중독	푸른곰팡이	• 시트리닌(신장독) • 시트레오비리딘(신경독)	저장미

⑥ 알레르기성 식중독

원인독소	원인식품	증상	치료방법
히스타민	꽁치, 고등어와 같은 붉은 살 생선의 가공품	열, 두드러기	항히스타민제 투여

PART 03

⑦ 화학적 식중독

중금속	원인	증상
수은	콩나물 재배 시 소독제로 사용, 공장폐수로 오염된 어패류	미나마타병
카드뮴	도금 공장폐수, 광산폐수	이타이이타이병
납	도자기나 법랑의 유약 성분, 안료, 통조림 땜납	구토, 사지마비
구리	첨가물(황산구리), 녹청(탄산구리), 식기	구토, 오심, 호흡곤란
비소	의약품, 방부제, 살충제, 농약	위장장애, 신경장애, 백혈구 감소
주석	산성이 강한 내용물(과일,채소)을 주석 도금한 통조림에 담았을 경우	구토, 설사, 복통

⑧ 방사능에 의한 식중독

㉠ 방사능 물질의 유출, 핵 폭발로 인하여 물과 식품을 오염

㉡ Sr－90, Cs－137, I－131, Co－60

⑨ 식중독의 예방법

㉠ 음식이 부패되지 않도록 위생적으로 처리한다.

㉡ 남은 음식은 해충(쥐, 파리, 바퀴벌레 등)이 닿지 않도록 잘 보관한다.

㉢ 변질된 음식은 섭취하지 않는다.

㉣ 농약이 묻은 식품은 흐르는 물에 여러 번 씻는다.

㉤ 감자의 싹, 복어알, 독버섯 등과 같은 식품의 자연독에 주의한다.

㉥ 더운 여름에 식품 관리를 철저히 한다(주로 5월~9월 사이에 많이 생김).

㉦ 음식을 다룰 때나 식사 전에는 반드시 손을 깨끗이 씻는다.

㉧ 날 음식을 피하고 충분히 익혀서 먹으며, 물은 끓여서 먹는다.

CHAPTER 02

작업 환경 위생관리

1 공정별 위해요소 관리 및 예방(HACCP)

1) HACCP

식품의 원재료 생산에서 부터 최종소비자가 섭취하기 전까지 각 단계에서 생물학적, 화학적, 물리적 위해요소가 해당식품에 혼입되거나 오염되는 것을 방지하기 위한 위생관리 시스템이다.

▼ HACCP의 7원칙 12절차(HACCP 관리체계를 위한 구축 절차)

12절차	준비단계 (5절차)	1. HACCP팀 구성
		2. 제품설명서 작성
		3. 용도 확인
		4. 공정흐름도 작성
		5. 공정흐름도 현장확인
	본단계 (7원칙)	1. 위해요소 분석
		2. 중요관리점(CCP) 결정
		3. CCP 한계기준 설정
		4. CCP 모니터링 체계확립
		5. 개선조치 방법 수립
		6. 검증절차 및 방법 수립
		7. 문서화, 기록유지 방법 설정

① 준비단계 5절차

HACCP팀 구성	제품에 대한 특별한 지식이나 전문적 기술을 가진 사람으로 구성
제품설명서 작성	제품에 대한 특성, 성분조정 또는 유통조건 등의 내용을 기재
용도 확인	제품이 어디에서, 누가, 어떠한 용도로 사용된 것인가를 가정하여 위해분석을 실시
공정흐름도 작성	공정의 흐름도를 작성하고 각 공정별 주요 가공 조건의 개요를 기재
공정흐름도 현장확인	공정흐름도가 실제 작업과 일치하는가를 현장에서 확인

② 본단계 7원칙

위해요소 분석	위해 발생 단계 파악
중요관리점 결정	식품의 위해요소를 미연에 방지하고 일정한 허용 기준 이하로 줄여 식품의 안전성을 확보할 수 있는 단계나 공정
CCP한계기준 설정	예방책을 시행하기 위한 한계 관리기준을 설정
CCP모니터링 체계확립	• 모니터링 방법을 설정 • 위해요소 관리 여부를 점검하기 위해 실시하는 관찰 · 측정 수단
개선조치 방법 수립	모니터링 결과 후 설정된 기준을 벗어났을 경우 개선조치 방법 설정
검증절차 및 방법 수립	HACCP 시스템의 이행 여부 검증 및 확인 단계
문서화, 기록유지 방법 설정	• 모든 단계의 문서화된 서류를 기록하여 보관 • HACCP과 관련된 기록물은 최소 2년간 보관

CHAPTER 03

안전관리

1 개인 안전 점검

① 모든 장비의 보호장치와 안전장치를 숙지하고 사용해야 한다.
② 위험 · 위해 요소 및 상황을 파악한다.
③ 중량물 취급, 반복 작업에 따른 부상 및 질환을 예방하도록 한다.
④ 부상이 발생하였을 경우 응급처치(지혈, 소독 등)를 수행한다.
⑤ 부상 발생 시 책임자에게 즉각 보고하고 지시를 준수한다.
⑥ 작업장은 통풍이 잘되도록 환기시설을 잘 갖추어야 한다.
⑦ 전기기구나 콘센트, 스위치를 다룰 때는 젖은 손으로 만지지 않는다.

PART 03

▼ 재해 발생 유형

화상	스팀, 오븐, 가스기기 등의 조작 미숙이나 부주의로 인한 사고
미끄러짐	작업장의 바닥의 물기와 기름기로 인한 사고
쓰러짐	실내 공기 오염으로 인한 환기 부족으로 인한 사고
끼임	기계에 작업복이나 신체 일부가 끼는 사고
근골격계질환	무거운 물건을 무리하여 옮길 시 발생
베임	날카로운 도구에 베이거나 정리정돈 부족 시 발생

2 도구 및 장비류의 안전 점검

① 도구 및 장비 등의 정리 · 정돈을 수시로 한다.
② 도구 및 장비 등의 이상 여부를 수시로 점검한다.
③ 도구 및 장비 등은 항상 깨끗하게 세척하여 위생적으로 보관한다.
④ 기구 등에 옷이나 손이 끼이지 않도록 조심한다.
⑤ 찜기, 그릴 등을 사용할 때에는 화상을 입지 않도록 주의한다.
⑥ 한 개의 콘센트에 여러 개의 플러그를 꽂지 않는다.
⑦ 전기기구 사용 시 적정 전기용량을 초과하여 사용하지 않는다.
⑧ 가스레인지 주변에는 가연성 물질을 두지 않는다.
⑨ 작업장의 조명은 220룩스로 한다.

⑩ 전원 불량 및 접지 확인을 한다.
⑪ 기계를 사용할 때는 스위치 전원을 반드시 확인한다.
⑫ 작업이 끝나면 스위치를 끄고 전기코드를 뽑는다.
⑬ 가스가 새는지 수시로 검사한다.

CHAPTER 04

식품위생법 관련 법규 및 규정 (시행 2022.1.1.)

1 식품위생 관련 용어의 정의

용어	정의
식품	모든 음식물(의약으로 섭취하는 것은 제외)
식품첨가물	• 식품을 제조·가공 또는 보존하는 과정에서 감미(甘味), 착색(着色), 표백(漂白) 또는 산화방지 등을 목적으로 사용되는 물질 • 기구·용기·포장을 살균·소독하는 데에 사용되어 간접적으로 식품으로 옮아갈 수 있는 물질 포함
화학적 합성품	화학적 수단으로 원소(元素) 또는 화합물에 분해반응 외의 화학반응을 일으켜서 얻은 물질
기구	• 음식을 먹을 때 사용하거나 담는 것 • 식품 또는 식품첨가물을 채취·제조·가공·조리·저장·소분·운반·진열할 때 사용하는 것
용기·포장	• 식품 또는 식품첨가물을 넣거나 싸는 것으로서 식품 또는 식품첨가물을 주고받을 때 함께 건네는 물품 • 공유주방 : 식품의 제조·가공·조리·저장·소분·운반에 필요한 시설 또는 기계·기구 등을 여러 영업자가 함께 사용하거나, 동일한 영업자가 여러 종류의 영업에 사용할 수 있는 시설 또는 기계·기구 등이 갖춰진 장소
위해	식품, 식품첨가물, 기구 또는 용기·포장에 존재하는 위험요소로서 인체의 건강을 해치거나 해칠 우려가 있는 것
영업	• 식품 또는 식품첨가물을 채취·제조·가공·조리·저장·소분·운반 또는 판매하거나 기구 또는 용기·포장을 제조·운반·판매하는 업(농업과 수산업에 속하는 식품 채취업은 제외한다.) • 공유주방을 운영하는 업과 공유주방에서 식품제조업 등을 영위하는 업을 포함 • 영업자 : 영업허가를 받은 자나 영업신고를 한 자, 영업등록을 한 자
식품위생	식품, 식품첨가물, 기구 또는 용기·포장을 대상으로 하는 음식에 관한 위생
집단급식소	영리를 목적으로 하지 아니하면서 특정 다수인에게 계속하여 음식물을 공급하는 기숙사·학교·유치원·어린이집·병원·사회복지시설·산업체·국가, 지방단체 및 공공기관, 그 밖의 후생기관 등에 해당하는 시설로 대통령령으로 정하는 시설을 말함
식품이력 추적관리	식품을 제조·가공단계부터 판매단계까지 각 단계별로 정보를 기록·관리하여 그 식품의 안전성 등에 문제가 발생할 경우 그 식품을 추적하여 원인을 규명하고 필요한 조치를 할 수 있도록 관리하는 것
식중독	식품 섭취로 인하여 인체에 유해한 미생물 또는 유독물질에 의하여 발생하였거나 발생한 것으로 판단되는 감염성 질환 또는 독소형 질환
집단급식소에서의 식단	급식대상 집단의 영양섭취기준에 따라 음식명, 식재료, 영양성분, 조리방법, 조리인력 등을 고려하여 작성한 급식계획서

2 기구와 용기 · 포장

1) 제8조(유독기구 등의 판매 · 사용 금지)

유독 · 유해물질이 들어 있거나 묻어 있어 인체의 건강을 해칠 우려가 있는 기구 및 용기 · 포장과 식품 또는 식품첨가물에 직접 닿으면 해로운 영향을 끼쳐 인체의 건강을 해칠 우려가 있는 기구 및 용기 · 포장을 판매하거나 판매할 목적으로 제조 · 수입 · 저장 · 운반 · 진열하거나 영업에 사용하여서는 아니 된다.

2) 제9조(기구 및 용기 · 포장에 관한 기준 및 규격)

① 식품의약품안전처장은 국민보건을 위하여 필요한 경우에는 판매하거나 영업에 사용하는 기구 및 용기 · 포장에 관하여 다음 각 호의 사항을 정하여 고시한다.
   ㉠ 제조 방법에 관한 기준
   ㉡ 기구 및 용기 · 포장과 그 원재료에 관한 규격

② 식품의약품안전처장은 기준과 규격이 고시되지 아니한 기구 및 용기 · 포장의 기준과 규격을 인정받으려는 자에게 「식품 · 의약품분야 시험 · 검사 등에 관한 법률」에 따라 식품의약품안전처장이 지정한 식품전문 시험 · 검사기관 또는 총리령으로 정하는 시험 · 검사기관의 검토를 거쳐 기준과 규격이 고시될 때까지 해당 기구 및 용기 · 포장의 기준과 규격으로 인정할 수 있다.

③ 수출할 기구 및 용기 · 포장과 그 원재료에 관한 기준과 규격은 수입자가 요구하는 기준과 규격을 따를 수 있다.

④ 기준과 규격이 정하여진 기구 및 용기 · 포장은 그 기준에 따라 제조하여야 하며, 그 기준과 규격에 맞지 아니한 기구 및 용기 · 포장은 판매하거나 판매할 목적으로 제조 · 수입 · 저장 · 운반 · 진열하거나 영업에 사용하여서는 아니 된다.

3 식품 등의 공전(公典)

1) 제14조(식품 등의 공전)

식품의약품안전처장은 다음 각 호의 기준 등을 실은 식품 등의 공전을 작성 · 보급하여야 한다.

구분	내용
식품 또는 식품첨가물의 기준과 규격	• 제조 · 가공 · 사용 · 조리 · 보존 방법에 관한 기준 • 성분에 관한 규격
기구 및 용기 · 포장의 기준과 규격	• 제조 방법에 관한 기준 • 기구 및 용기 · 포장과 그 원재료에 관한 규격

4 영업 · 벌칙 등 떡제조 관련 법령 및 식품의약품안전처 개별 고시

1) 영업

식품 또는 식품첨가물의 제조업, 가공업, 운반업, 판매업 및 보존업, 기구 또는 용기 · 포장의 제조업, 식품접객업, 공유주방 운영업 등 영업을 하려는 자는 총리령으로 정하는 시설기준에 맞는 시설을 갖추어야 한다.

▼ 시설기준(제36조 관련 식품위생법 시행규칙)

식품제조 · 가공업의 시설기준	• 건물의 위치는 축산폐수 · 화학물질 · 오염물질의 발생시설로부터 식품에 나쁜 영향을 주지 않는 거리를 두어야 한다. • 건물의 구조는 제조하려는 식품의 특성에 따라 적정한 온도가 유지될 수 있고, 환기가 잘 될 수 있어야 한다. • 건물의 자재는 식품에 나쁜 영향을 주지 않고 식품을 오염시키지 않는 것이어야 한다.
작업장	• 작업장은 독립된 건물이거나 식품제조 · 가공 외의 용도로 사용되는 시설과 분리되어야 한다. • 작업장의 각각의 시설은 분리되거나 구획되어야 한다. • 바닥은 콘크리트 등으로 내수처리하고 배수가 잘 되어야 한다. • 내벽은 바닥으로부터 1.5미터까지 내수성으로 설비하거나 세균방지용 페인트로 도색해야 한다. • 작업장의 내부 구조물, 벽, 바닥, 천장, 출입문, 창문 등은 내구성과 내부식성 등을 가지고 세척 · 소독이 용이하여야 한다. • 작업장에서 발생하는 악취 · 유해가스 · 매연 · 증기 등을 환기시키기 위한 환기시설이 있어야 한다. • 외부의 오염물질이나 해충, 설치류, 빗물 등의 유입을 차단할 수 있는 구조여야 한다. • 폐기물 · 폐수 처리시설과 격리된 장소에 설치하여야 한다.

2) 영업의 종류

① 식품제조 · 가공업 : 식품을 제조 · 가공하는 영업

② 즉석판매제조 · 가공업 : 총리령으로 정하는 식품을 제조 · 가공업소에서 직접 최종소비자에게 판매하는 영업

③ 식품첨가물제조업

④ 식품운반업 : 직접 마실 수 있는 유산균음료(살균유산균음료를 포함한다)나 어류 · 조개류 및 그 가공품 등 부패 · 변질되기 쉬운 식품을 전문적으로 운반하는 영업. 다만, 해당 영업자의 영업소에서 판매할 목적으로 식품을 운반하는 경우와 해당 영업자가 제조 · 가공한 식품을 운반하는 경우는 제외한다.

⑤ 식품소분 · 판매업

⑥ 식품보존업

⑦ 용기 · 포장류 제조업

⑧ 식품접객업

⑨ 공유주방 운영업 : 여러 영업자가 함께 사용하는 공유주방을 운영하는 영업

3) 벌칙

① 10년 이하의 징역 또는 1억원 이하의 벌금에 처하거나 병과

㉠ 인체의 건강을 해할 우려가 있는 다음의 식품 또는 식품첨가물을 판매 또는 판매의 목적으로 제조 · 수입 · 가공 · 사용 · 조리 · 저장 등을 못하게 한 규정을 위반했을 때

- 위해식품 등의 판매 등 금지위반
- 병든 동물 고기 등의 판매 등 금지위반
- 기준 · 규격이 정하여지지 아니한 화학적 합성품 등의 판매 등 금지위반
- 유독기구 등의 판매 · 사용 금지위반
- 영업의 허가를 받지 않은 자가 제조 · 가공 · 소분했을 경우

② 5년 이하의 징역 또는 5천만원 이하의 벌금이나 병과

㉠ 정하여진 기준과 규격에 맞지 않는 식품 또는 식품첨가물의 판매 · 제조 · 사용 · 조리 · 저장 등의 위반

㉡ 기준 · 규격이 맞지 않는 기구 · 용기 · 판매

㉢ 식품, 식품첨가물 · 기구 · 용기 · 포장의 수입

㉣ 식품의약품안전처장이 정하는 영업시간 및 영업행위의 위반

㉤ 식품위생상의 위해방지를 위한 식품 등을 압류 또는 폐기 조치토록 한 명령 위반

㉥ 식품위생상의 위해방지를 위하여 식품 등의 원료 · 제조방법 · 성분 또는 배합비율을 변경토록한 명령에 위반했을 때

㉦ 허가 대상 영업으로서 영업허가 취소, 영업정지의 명령에 위반했을 때

㉧ 식품위생기관의 지정 후 지정이 취소된 경우

③ 3년 이하의 징역 또는 3천만원 이하의 벌금

㉠ 조리사를 두지 않은 식품접객영업자와 집단급식소 운영자

㉡ 영양사를 두지 않은 집단급식소 운영자

④ 3년 이하의 징역 또는 3천만원 이하의 벌금

㉠ 유전자변형식품의 표시위반

㉡ 위해식품 등에 대한 긴급대응 위반

㉢ 자가 품질검사의 의무위반

㉣ 폐업 또는 경미한 사항 변경 시의 신고의무 불이행

㉤ 신고대상 영업을 신고 없이 이행했을 때

㉥ 영업자의 지위를 승계한 자가 기간 내에 신고위반

㉦ 조리사 또는 영양사의 명칭 사용위반

㉧ 수입식품의 통관 전 검사의무를 이행하지 않았을 때

㉨ 출입 · 검사 · 수거 · 장부열람 또는 압류를 거부하거나 방해, 기피한 자

㉩ 시설기준에 적합한 시설기준을 갖추지 않은 영업자

㉪ 식품 및 식품첨가물 제조 · 가공업자의 준수 사항을 지키지 않은 영업자

㉫ 신고대상영업소로서 영업을 위반한 자

㉬ 관계공무원이 부착한 게시문을 무단으로 제거 또는 손상한 자

㉭ 영업소의 폐쇄명령에 위반한 자

- 품목제조정지 명령에 위반한 자
- 식중독 원인조사를 거부 · 방해 또는 기피한 자

⑤ 과태료

㉠ 1천만원 이하의 과태료

- 식중독에 관한 조사 보고를 위반한 자

㉡ 500만원 이하의 과태료

- 식품 등을 위생적으로 취급하지 않을 때
- 영업에 종사하는 자가 건강진단을 받지 않았을 때와 건강진단결과 타인에게 위해를 끼칠 우려가 있는 자를 영업에 종사케 한 영업자
- 위생에 관한 교육을 받아야 하는 자가 교육을 받지 않았을 때
- 위생에 관한 교육을 받지 않은 자를 영업에 종사케 한 영업자
- 식품안전관리인증기준 적용업소라는 명칭을 사용한 때
- 자가품질검사 의무 위반
- 교육을 받지 아니한 자
- 시설의 개수명령 위반

㉢ 300만원 이하의 과태료

- 영업자가 지켜야 할 사항 중 총리령으로 정하는 경미한 사항을 지키지 아니한 자
- 소비자로부터 이물 발견신고를 받고 보고하지 아니한 자
- 식품이력추적관리 등록사항이 변경된 경우 변경사유가 발생한 날부터 1개월 이내에 신고하지 아니한 자
- 식품이력추적관리정보를 목적 외에 사용한 자
- 집단급식소를 설치 · 운영하는 자가 지켜야 할 사항 중 총리령으로 정하는 경미한 사항을 지키지 아니한 자

PART 03

적중예상문제

01 식품첨가물의 사용목적이 아닌 것은?

① 식품의 변질, 부패방지
② 관능개선
③ 질병예방
④ 품질개량, 유지

 식품첨가물의 사용목적으로는 식품의 영양 강화, 식품의 변질, 변패방지, 품질개량 등이 있다.

02 육류의 직화구이 및 훈연 중에 발생하는 발암물질은?

① 아크릴아마이드(Acrylamide)
② 니트로사민(N－nitrosamine)
③ 에틸카바메이트(Ethylcarbamate)
④ 벤조피렌(Benzopyrene)

 벤조피렌은 화석연료 등의 불완전연소 과정에서 생성되는 다환방향족탄화수소의 한 종류로, 인체에 축적될 경우 각종 암을 유발하고 돌연변이를 일으키는 환경호르몬이다. 숯불에 구운 쇠고기 등 가열로 검게 탄 식품에도 포함되어 있다.

03 식품위생수준 및 자질 향상을 위하여 조리사 및 영양사에게 교육을 받을 것을 명할 수 있는 자는?

① 보건소장
② 시장 · 군수 · 구청장
③ 식품의약품안전처장
④ 보건복지부장관

 식품의약품안전처장은 식품위생법 시행규칙 83조에 따라 조리사 및 영양사에게 교육을 받을 것을 명할 수 있다.

정답 01 ③ 02 ④ 03 ③

04 식품위생법상 조리사를 두어야 하는 영업장은?

① 유흥주점 ② 단란주점
③ 일반레스토랑 ④ 복어조리점

식품 접객업 중 복어를 조리 · 판매하는 영업을 하는 자와 집단급식소 운영자는 조리사를 두어야 한다.

05 질병의 감염경로로 틀린 것은?

① 아메바성이질 : 환자, 보균자의 분변 → 음식물
② 유행성간염 A형 : 환자, 보균자의 분변 → 음식물
③ 폴리오 : 환자, 보균자의 콧물과 분변 → 음식물
④ 세균성 이질 : 환자, 보균자의 콧물, 재채기 등의 분비물 → 음식물

해설 세균성 이질은 소화기계 감염병으로 병원체는 환자나 보균자의 분변이 음식물이나 식수에 오염되어 경구침입으로 감염된다.

06 집단감염이 잘 되며 항문부위의 소양증을 유발하는 기생충은?

① 회충 ② 구충
③ 요충 ④ 간흡충

해설 요충은 항문 주위에 산란하여 가려움증을 일으키며 옷이나 침구에 묻어 경구 침입된다.

정답 04 ④ 05 ④ 06 ③

07 경구감염병과 세균성 식중독의 주요 차이점에 대한 설명으로 옳은 것은?

① 경구감염병은 다량의 균으로, 세균성 식중독은 소량의 균으로 발병한다.
② 세균성 식중독은 2차 감염이 많고, 경구감염병은 거의 없다.
③ 경구감염병은 면역성이 없고, 세균성 식중독은 있는 경우가 많다.
④ 세균성 식중독은 잠복기가 짧고, 경구감염병은 일반적으로 길다.

구분	경구감염병	세균성 식중독
병원체	사람의 체내에서 증식	음식물에서 증식
1차감염	미량의 균으로 발병	다량의 균으로 발병
2차감염	잘 된다.	잘 안 된다.
잠복기간	길다.	짧다.
예방접종	효과가 있다.	효과가 없다.

08 통조림용 공관을 통해 주로 중독될 수 있는 유해 금속은?

① 수은
② 주석
③ 비소
④ 바륨

주석(Sn)에 의한 식중독은 산성이 강한 내용물(과일, 채소)을 주석 도금한 통조림에 담았을 경우 과일 통조림으로부터 용출되어 다량 섭취 시 구토, 설사, 복통 등을 일으킨다.

09 다음 중 살모넬라균에 오염되기 쉬운 대표적인 식품은?

① 과실류
② 해초류
③ 난류
④ 통조림

해설 살모넬라균의 원인식품은 식육류나 그 가공품, 어패류, 달걀, 우유 및 유제품 등이다.

정답 07 ④ 08 ② 09 ③

10 식물과 그 유독성분이 잘못 연결된 것은?

① 감자 – 솔라닌(solanine)
② 청매 – 프시로신(psilocin)
③ 피마자 – 리신(ricin)
④ 독미나리 – 시큐톡신(cicutoxin)

• 청매, 복숭아, 살구의 씨 : 아미그달린
• 독버섯 : 프시로신

11 식품위생법상 집단급식소는 상시 1회 몇 인에게 식사를 제공하는 급식소인가?

① 20명 이상
② 40명 이상
③ 50명 이상
④ 100명 이상

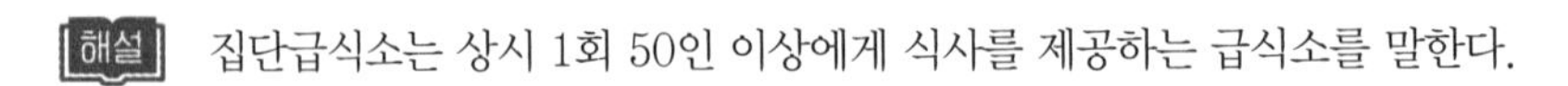
해설 집단급식소는 상시 1회 50인 이상에게 식사를 제공하는 급식소를 말한다.

12 쇠고기를 가열하지 않고 회로 먹을 때 생길 수 있는 가능성이 가장 큰 기생충은?

① 무구조충
② 선모충
③ 유구조충
④ 회충

무구조충(민촌충)은 소를 통해 감염이 되므로 쇠고기를 가열하지 않고 회로 먹을 때 생기며 급속 냉동에도 사멸되지 않는다.

13 만성중독 시 비점막 염증, 피부궤양, 비중격천공 등의 증상을 나타내는 것은?

① 수은
② 벤젠
③ 카드뮴
④ 크롬

크롬은 비중격천공, 폐암, 피부궤양 등의 증상이 나타난다.
① 수은 : 미나마타병, 공장폐수로 오염된 어패류, 신경마비, 언어장애, 사지마비
② 벤젠 : 발암, 중추신경계
③ 카드뮴 : 이타이이타이병, 신장기능 장애, 골연화증

정답 10 ② 11 ③ 12 ① 13 ④

14 다음 중 맥각중독을 일으키는 원인물질은?

① 루브라톡신(rubratoxin) ② 오크라톡신(ochratoxin)
③ 에르고톡신(ergotoxin) ④ 파튤린(patulin)

해설 맥각중독
- 독소 : ergotamine, ergotoxin, ergometrine
- 증상 : 혈압강하, 두통, 현기증, 환각, 의식불명

15 유지나 지질을 많이 함유한 식품이 빛, 열, 산소 등과 접촉하여 산패를 일으키는 것을 막기 위하여 사용하는 첨가물은?

① 피막제 ② 착색제
③ 산미료 ④ 산화방지제

해설 산화방지제는 지방의 산패 및 산화를 지연시키고 비타민 C 등 영양소의 손실과 색소 변질을 방지하는 식품첨가물이다.
① 피막제 : 식품의 표면에 광택을 내거나 보호막을 형성하는 식품첨가물
② 착색제 : 식품에 색을 부여하거나 복원시키는 식품첨가물
③ 산미료 : 음식물에 신맛을 내기 위한 식품첨가물

16 다음 중 유해감미료에 속하는 것은?

① 둘신 ② D－소르비톨
③ 자일리톨 ④ 아스파탐

해설 유해감미료
둘신(dulcin), 니트로 톨루이딘(p－Nitro－o－toluidine), 페릴라틴(perillartine), 사이클라메이트(cyclamate)

정답 14 ③ 15 ④ 16 ①

17 증식에 필요한 최저 수분활성도(Aw)가 높은 미생물로부터 바르게 나열된 것은?

① 세균－효모－곰팡이 ② 곰팡이－효모－세균
③ 효모－곰팡이－세균 ④ 세균－곰팡이－효모

해설 미생물 생육에 필요한 수분활성도는 세균>효모>곰팡이 순이다.

18 지방 산패 촉진 인자가 아닌 것은?

① 빛 ② 지방분해효소
③ 비타민 E ④ 산소

해설 지방 산패 촉진 인자는 열, 광선, 금속, 미생물, 효소가 있다.

19 곰팡이 독으로서 간장에 장해를 일으키는 것은?

① 시트리닌(Citrinin) ② 파툴린(Patulin)
③ 아플라톡신(Aplatoxin) ④ 솔라렌(Psoralene)

해설 아플라톡신(Aplatoxin)
- 원인균 : Aspergillus flavus
- 증상 : 신장독, 간장독

20 어육의 초기 부패 시에 나타나는 휘발성 염기질소의 양은?

① 5~10mg% ② 15~25mg%
③ 30~40mg% ④ 50mg% 이상

해설 휘발성 염기질소의 양
- 신선한 어육 : 5~10mg%
- 보통선도 어육 : 15~25mg%
- 부패한 어육 : 50mg% 이상

정답 17 ① 18 ③ 19 ③ 20 ③

21 식품위생법상 수입식품의 검사결과 부적합한 식품에 대해서 수입신고인이 취해야 하는 조치가 아닌 것은?

① 관할 보건소에서 재검사 실시
② 식품의약품안전처장이 정하는 경미한 위반사항이 있는 경우 보완하여 재수입하여 입고
③ 수출국으로의 반송
④ 다른 나라로의 반출

해설 수입식품의 검사결과 부적합한 식품에 대한 조치
- 수출국으로의 반송 또는 다른 나라로의 반출
- 식품의약품안전처장이 정하는 경미한 위반사항이 있는 경우 보완하여 재수입하여 입고
- 위 두 가지 외의 경우에는 폐기조치

PART 03

22 분변소독에 가장 적합한 것은?

① 과산화수소 ② 알코올
③ 생석회 ④ 머큐로크롬

해설 생석회는 변소 소독에 주로 쓰이며 공기에 장시간 노출되면 살균력이 저하된다.

23 광절열두조충의 중간숙주(제1중간숙주 – 제2중간숙주)와 인체 감염 부위는?

① 다슬기 – 가재 – 폐 ② 물벼룩 – 연어 – 소장
③ 왜우렁이 – 붕어 – 간 ④ 다슬기 – 은어 – 소장

해설 광절열두조충(긴조충) : 제1중간숙주(물벼룩) → 제2중간숙주(연어, 송어) → 소장

정답 21 ① 22 ③ 23 ②

24 검역질병의 검역기간은 그 감염병의 어떤 기간과 동일한가?

① 유행기간 ② 최장 잠복기관
③ 이환기간 ④ 세대기간

검역기간은 전염병의 유행지역이나 전염이 의심되는 지역에서의 사람이나 동물, 선박을 강제로 격리시켜 감염이 되었는지 확인하고 감시하는 기간이다. 이는 최장 잠복기관과 동일해야 한다.

25 다환방향족 탄화수소이며, 훈제육이나 태운 고기에서 다량 검출되는 발암 작용을 일으키는 것은?

① 질산염 ② 알코올
③ 벤조피렌 ④ 포름알데히드

벤조피렌은 축적될 경우 암을 일으킬 수 있는 물질로 담배 연기나 숯불에 구운 쇠고기 등 가열로 검게 탄 식품에도 포함되어 있다.

26 식품의 변질현상에 대한 설명 중 틀린 것은?

① 식품의 부패에는 대부분 한 종류의 세균이 관계한다.
② 우유의 부패 시 세균류가 관계하여 적변을 일으키기도 한다.
③ 통조림 식품의 부패에 관하여는 세균에는 내열성인 것이 많다.
④ 가금육은 주로 저온성 세균이 주된 부패균이다.

식품의 변질현상은 미생물의 침입 또는 번식으로 인하여 식품의 영양물질, 비타민 등의 파괴, 향미의 손상 등으로 먹을 수 없는 상태로 부패와 변패된 상태를 말한다.

27 일반적으로 식품 1g 중 생균수가 약 얼마 이상일 때 초기부패로 판정하는가?

① 10^{2}개 ② 10^{4}개
③ 10^{7}개 ④ 10^{15}개

1g당 생균수가 10^{7}~10^{8}일 경우 초기부패로 판정한다.

정답 24 ② 25 ③ 26 ① 27 ③

28 복어독 중독의 치료법으로 적합하지 않은 것은?

① 호흡촉진제 투여
② 진통제 투여
③ 위 세척
④ 최토제 투여

해설 설사약이나 구토제를 투여하고 위세척을 하지만 진통제나 항생제는 투여하지 않는다.

29 과실류, 채소류 등 식품의 살균목적으로 사용되는 것은?

① 초산비닐수지(Polyviny Acetate)
② 이산화염소(Chlorine Dioxide)
③ 규소수지(Silicone Resin)
④ 차아염소산나트륨(Sodium Hypochlorite)

해설 식품용 살균제는 과실류, 채소류 등 식품을 살균하는데 사용하는 식품첨가물로 식품첨가물공전 중 품목별 사용기준에 따라 차아염소산칼슘, 차아염소산나트륨, 차아염소산수, 오존수 등이 과실류, 채소류 등 식품의 살균 목적으로 사용 가능하다.

30 식품위생법상 허위표시 · 과대광고의 범위에 해당하지 않는 것은?

① 국내산을 주된 원료로 하여 제조 · 가공한 메주 · 된장 · 식품의약품안전처장이 인정한 내용의 표시 · 광고
② 질병치료에 효능이 있다는 내용의 표시 · 광고
③ 외국과 기술제휴한 것으로 혼동할 우려가 있는 내용의 표시 · 광고
④ 화학적 합성품의 경우 그 원료의 명칭 등을 사용하여 화학적 합성품이 아닌 것으로 혼동할 우려가 있는 광고

해설 허위표시 등의 금지

- 질병의 예방 및 치료에 효능 · 효과가 있거나 의약품 또는 건강기능식품으로 오인 · 혼동할 우려가 있는 내용의 표시 · 광고
- 사실과 다르거나 과장된 표시 · 광고
- 소비자를 기만하거나 오인 · 혼동시킬 우려가 있는 표시 · 광고
- 다른 업체 또는 그 제품을 비방하는 광고
- 심의를 받지 아니하거나 심의받은 내용과 다른 내용의 표시 · 광고

정답 28 ② 29 ④ 30 ①

31 우리나라 식품위생법의 목적과 거리가 먼 것은?

① 식품으로 인한 위생상의 위해 방지
② 식품영양의 질적 향상 도모
③ 국민보건의 증진에 이바지
④ 부정식품에 대한 가중처벌

해설 식품위생법
- 식품으로 인하여 생기는 위생상의 위해(危害)를 방지
- 식품영양의 질적 향상을 도모
- 국민보건의 증진에 이바지

32 식품위생법상에서 정의하는 "집단급식소"에 대한 정의로 옳은 것은?

① 영리를 목적으로 하는 모든 급식시설을 일컫는 용어이다.
② 영리를 목적으로 하지 않고 비정기적으로 1개월에 1회씩 음식물을 공급하는 급식시설도 포함된다.
③ 영리를 목적으로 하지 아니하면서 특정 다수인에게 계속하여 음식을 공급하는 급식시설을 말한다.
④ 영리를 목적으로 하지 않고 계속적으로 불특정 다수인에게 음식물을 공급하는 급식시설을 말한다.

해설 집단급식소는 영리를 목적으로 하지 아니하면서 특정 다수인에게 계속하여 음식물을 공급하는 기숙사 · 학교 · 병원 그밖에 해당하는 곳의 급식시설로서 대통령령으로 정하는 시설을 말한다.

33 미생물을 살균하는 데 사용하는 살균제 또는 소독제가 가져야 할 조건은?

① 냄새가 강할 것
② 침투력이 강할 것
③ 살균력이 약할 것
④ 인체에 독성이 강할 것

해설 살균제와 소독제는 강한 침투력과 살균력이 있고 인체에 해가 없어야 한다.

정답 31 ④ 32 ③ 33 ②

34 수질오염의 원인이 아닌 것은?

① 공장폐수　　② 계곡의 물
③ 농경지의 유출수　　④ 생활하수

수질오염의 원인으로는 생활하수, 식품폐수, 공장폐수, 기름오염, 도축장폐수, 농업폐수 등이 있다.

35 감염병 관리상 환자의 격리를 요하지 않는 병은?

① 콜레라　　② 디프테리아
③ 파상풍　　④ 장티푸스

파상풍은 상처를 통한 경피감염을 일으키는 것으로 격리가 필요 없다. 하지만 법정감염병 중 제1군 감염병인 콜레라, 장티푸스와 제2군 감염병인 디프테리아는 전파속도가 빠르고 국민건강에 미치는 위해정도가 너무 커서 발생 또는 유행 즉시 방역대책을 수립하여야 하는 감염병이므로 격리를 요한다.

36 개인위생 관리를 위해 감염 예방을 위한 방법으로 옳지 않은 것은?

① 손에 상처를 입지 않도록 관리한다.
② 정기적인 건강진단을 받는다.
③ 손 세정액을 사용하여 자주 씻는다.
④ 피부병과 화농성질환을 가진 사람은 작업을 해도 된다.

해설 식품위생법 시행규칙 제50조에 의거 피부병과 화농성질환을 가진 사람은 작업을 하면 안 된다.

정답　34 ②　35 ③　36 ④

37 감염병 발생의 3대 요인이 아닌 것은?

① 예방접종 ② 환경
③ 숙주 ④ 병인

해설 감염병 발생의 3대 요소는 감염원, 감염경로, 숙주의 감수성이다.

38 기생충에 오염된 논, 밭에서 맨발로 작업할 때 감염될 수 있는 가능성이 가장 높은 것은?

① 간흡충 ② 폐흡충
③ 구충 ④ 광절열두조충

해설 구충(십이지장충)은 분변으로부터 외계에 나온 구충란의 유충이 경피침입 또는 경구침입하여 소장 상부에 기생한다. ①, ②, ④는 어패류 매개 기생충이다.

39 칼슘(Ca)과 인(P)의 대사이상을 초래하여 골연화증을 유발하는 유해금속은?

① 철(Fe) ② 카드뮴(Cd)
③ 은(Ag) ④ 주석(Sn)

해설 카드뮴(Cd) 중독
- 병명 : 이타이이타이병
- 증상 : 칼슘과 인의 대사 이상을 초래하여 골연화증을 유발하고 만성중독을 일으킨다.

40 식품 등의 표시기준에 명시된 표시사항이 아닌 것은?

① 업소명 소재지 ② 성분 및 함량
③ 판매자 성명 ④ 유통기한

해설 표시기준에 명시된 표시사항은 제품명, 식품의 유형, 업소명 소재지, 제조년월일, 유통기한, 내용량, 원재료명 및 함량, 성분명 및 함량, 영양성분 등이다.

정답 37 ① 38 ③ 39 ② 40 ③

41 어패류의 선도 평가에 이용되는 지표성분은?

① 헤모글로빈　　② 메탄올
③ 트리메틸아민　　④ 이산화탄소

 트리메틸아민(Trimethylamine)은 어패류 비린내의 원인 물질로 염기성이다.

42 식품과 독성분이 잘못 연결된 것은?

① 감자 – 솔라닌(solanine)　　② 조개류 – 삭시톡신(saxitoxin)
③ 복어 – 테트로도톡신(tetrodotoxin)　　④ 독미나리 – 베네루핀(venerupin)

 독미나리의 독성분은 시큐톡신(cicutoxin)이다.

43 식품위생법상 영업에 종사하지 못하는 질병의 종류가 아닌 것은?

① 비감염성 결핵　　② 세균성 이질
③ 장티푸스　　④ 화농성 질환

 조리에 종사하지 못하는 질병

- 제1종 전염병 중 소화기계 전염병
- 제3종 전염병 주 결핵(비전염성인 경우 제외)
- 피부병 기타 화농성 질환
- 간염(전염의 우려가 없는 비활동성 간염은 제외)

44 다음 식품 첨가물 중 주요 목적이 다른 것은?

① 과산화벤조일　　② 과황산암모늄
③ 이산화염소　　④ 아질산나트륨

해설 아질산나트륨은 식품 중에 존재하는 색소와 결합시켜 그 색을 안정시키거나 선명하게 하는 발색제로 사용된다.

정답　41 ③　42 ④　43 ①　44 ④

45 바이러스에 의한 감염이 아닌 것은?

① 폴리오　　② 인플루엔자
③ 장티푸스　　④ 유행성간염

 바이러스에 인한 감염은 폴리오, 인플루엔자, 유행성간염, 홍역, 유행성이하선염 등이고, 장티푸스의 병원체는 세균으로 수인성감염병의 대표적이다.

46 곰팡이의 대사산물에 의해 질병이나 생리작용에 이상을 일으키는 원인이 아닌 것은?

① 청매 중독　　② 아플라톡신 중독
③ 황변미 중독　　④ 오크라톡신 중독

해설 
청매 중독은 청산배당체에 의한 중독 증상이다.

47 중금속에 의한 중독과 증상을 바르게 연결한 것은?

① 납중독 – 빈혈 등의 조혈장애　　② 수은중독 – 골연화증
③ 카드뮴중독 – 흑피증, 각화증　　④ 비소중독 – 사지마비, 보행장애

해설 중금속에 의한 중독
- 수은중독 : 빈혈, 신경염, 미나마타병
- 카드뮴중독 : 골연화증, 이타이이타이병
- 비소중독 : 신경장애
- 납중독 : 빈혈 등의 조혈장애

정답 45 ③ 46 ① 47 ①

48 식품위생법상 무상수거 대상 식품은?

① 도 · 소매업소에서 판매하는 식품 등을 시험검사용으로 수거할 때
② 식품 등의 기준 및 규격 제정을 위한 참고용으로 수거할 때
③ 식품 등을 검사할 목적으로 수거할 때
④ 식품 등의 기준 및 규격 개정을 위한 참고용으로 수거할 때

해설 식품 등을 검사할 목적으로 수거할 때는 무상수거할 수 있다.

49 식품위생법상 위해식품 등의 판매 등 금지내용이 아닌 것은?

① 불결하거나 다른 물질이 섞이거나 첨가된 것으로 인체의 건강을 해칠 우려가 있는 것
② 유독 · 유해물질이 들어 있으나 식품의약품안전처장이 인체의 건강을 해할 우려가 없다고 인정한 것
③ 병원 미생물에 의하여 오염되었거나 그 염려가 있어 인체의 건강을 해칠 우려가 있는 것
④ 썩거나 상하거나 설익어서 인체의 건강을 해칠 우려가 있는 것

해설 식품위생법 제4조(위해식품 등의 판매 등 금지)
누구든지 다음 각호의 어느 하나에 해당하는 식품 등을 판매하거나 판매할 목적으로 채취 · 제조 · 수입 · 가공 · 사용 · 조리 · 저장 · 소분 · 운반 또는 진열하여서는 아니된다.
1. 썩거나 상하거나 설익어서 인체의 건강을 해칠 우려가 있는 것
2. 유독 · 유해물질이 들어 있거나 묻어 있는 것 또는 그러할 염려가 있는 것. 다만, 식품의약품안전처장이 인체의 건강을 해칠 우려가 없다고 인정하는 것은 제외한다.
3. 병(病)을 일으키는 미생물에 오염되었거나 그러할 염려가 있어 인체의 건강을 해칠 우려가 있는 것
4. 불결하거나 다른 물질이 섞이거나 첨가(添加)된 것 또는 그 밖의 사유로 인체의 건강을 해칠 우려가 있는 것
5. 제18조에 따른 안전성 평가 대상인 농 · 축 · 수산물 등 가운데 안전성 평가를 받지 아니하였거나 안전성 평가에서 식용(食用)으로 부적합하다고 인정된 것
6. 수입이 금지된 것 또는 제19조 제1항에 따른 수입신고를 하지 아니하고 수입한 것
7. 영업자가 아닌 자가 제조 · 가공 · 소분한 것

정답 48 ③ 49 ②

50 HACCP의 의무적용 대상 식품에 해당하지 않는 것은?

① 빙과류
② 비가열음료
③ 껌류
④ 레토르트식품

해설 HACCP의 의무적용 대상 식품
- 수산가공식품류의 어육가공품류 중 어묵 · 어육소시지
- 기타수산물가공품 중 냉동 어류 · 연체류 · 조미가공품
- 냉동식품 중 피자류 · 만두류 · 면류
- 과자류, 빵류 또는 떡류 중 과자 · 캔디류 · 빵류 · 떡류
- 빙과류 중 빙과
- 음료류(다류(茶類)와 커피류는 제외)
- 레토르트식품
- 절임류 또는 조림류의 김치류 중 배추김치
- 특수용도식품
- 면류 중 유탕면 또는 생면 · 숙면 · 건면
- 코코아가공품 또는 초콜릿류 중 초콜릿류
- 즉석섭취 · 편의식품류 중 즉석섭취식품
- 즉석섭취 · 편의식품류의 즉석조리식품 중 순대
- 식품제조 · 가공업의 영업소 중 전년도 총 매출액이 100억원 이상인 영업소에서 제조 · 가공하는 식품

51 미숙한 매실이나 살구씨에 존재하는 독성분은?

① 라이코린(Lycorin)
② 하이오사이어마인(Hyoscyamine)
③ 리신(Ricin)
④ 아미그달린(Amygdalin)

해설 아미그달린(Amygdalin)은 청매, 살구씨, 복숭아씨 등에 들어있는 시안(Cyan) 배당체의 일종이다.

정답 50 ③ 51 ④

52 내열성이 강한 아포를 형성하며 식품의 부패 식중독을 일으키는 혐기성균은?

① 리스테리아속(Listeria)
② 비브리오속(Vibrio)
③ 살모넬라속(Salmonella)
④ 클로스트리디움속(Clostridium)

클로스트리디움속(Clostridium)은 내열성 아포를 갖는 그람양성의 간균으로 혐기성균이다. 토양, 하수 등에 존재하며 부패 활성이 매우 높다.

53 식품첨가물이 갖추어야 할 조건으로 옳지 않은 것은?

① 식품에 나쁜 영향을 주지 않을 것
② 다량 사용하였을 때 효과가 나타날 것
③ 상품의 가치를 향상시킬 것
④ 식품성분 등에 의해서 그 첨가물을 확인할 수 있을 것

해설 식품첨가물의 구비조건
- 인체에 유해하지 않을 것
- 식품에 나쁜 영향을 주지 않을 것
- 미량으로 효과가 있을 것
- 식품성분 등에 의해서 그 첨가물을 확인할 수 있을 것
- 상품의 가치를 향상시킬 것

54 다음 중 기생충과 중간숙주와의 연결로 틀린 것은?

① 유구조충 – 돼지
② 무구조충 – 소
③ 말라리아 – 사람
④ 폐흡충 – 민물고기

폐흡충(폐디스토마)의 중간숙주는 가재, 게이다.

정답 52 ④ 53 ② 54 ④

55 식품위생법상 식품위생의 대상이 되지 않는 것은?

① 식품 및 식품첨가물
② 의약품
③ 식품, 용기 및 포장
④ 식품, 기구

 식품위생이란 식품, 식품첨가물, 기구 또는 용기 · 포장을 대상으로 하는 음식에 관한 위생을 말한다.

56 식품위생법령이 정하는 위생등급기준에 따라 위생관리상태 등이 우수업소 또는 모범업소로 지정할 수 없는 자는?

① 식품의약품안전처장
② 보건환경연구원장
③ 시장
④ 군수

 식품의약품안전처장 또는 특별자치시장 · 시장 · 군수 · 구청장은 총리령으로 정하는 위생등급기준에 따라 위생관리 상태 등이 우수한 제조 · 가공업소 · 식품접객업소 또는 집단급식소를 우수업소 또는 모범업소로 지정할 수 있다.

57 우리나라에서 발생하는 장티푸스의 가장 효과적인 관리방법은?

① 환경위생 철저
② 공기정화
③ 순화독소(Toxoid) 접종
④ 농약 사용 자제

 장티푸스는 수인성 감염병으로 가장 효과적인 관리방법은 개인과 환경위생을 철저히 하는 것이 중요하다.

58 쥐의 매개에 의한 질병이 아닌 것은?

① 쯔쯔가무시병
② 유행성출혈열
③ 페스트
④ 규폐증

 쥐로 매개되는 병은 쯔쯔가무시병, 유행성출혈열, 페스트이고, 규폐증은 유리규산의 분진흡입으로 인한 질병이다.

정답 55 ② 56 ② 57 ① 58 ④

59 공중보건 사업을 하기 위한 최소 단위가 되는 것은?

① 가정　　② 개인
③ 시, 군, 구　　④ 국가

해설 공중보건의 대상은 개인을 포함한 인간집단으로 지역사회 전 주민 국민전체를 대상으로 한다.

60 수인성 감염병의 유행 특징이 아닌 것은?

① 일반적으로 성별, 연령별 이환율의 차이가 적다.
② 발생지역이 음료수 사용지역과 거의 일치한다.
③ 발병률과 치명률이 높다.
④ 폭발적으로 발생한다.

해설 수인성 감염병의 특징
- 환자 발생이 폭발적이다.
- 급수 사용지역과 발생지역이 일치한다.
- 치명률이 낮다.
- 성별 · 연령 · 직업 · 생활수준에 따른 발생 빈도의 차이가 없다.

61 채소로 감염되는 기생충이 아닌 것은?

① 편충　　② 회충
③ 동양모양선충　　④ 사상충

해설 사상충은 모기가 매개하여 전파한다.

정답 59 ③ 60 ③ 61 ④

62 식육 및 어육 등의 가공육제품의 육색을 안전하게 유지하기 위하여 사용되는 식품첨가물은?

① 아황산나트륨 ② 질산나트륨
③ 몰식자산프로필 ④ 이산화염소

질산나트륨은 발색제이다.
① 아황산나트륨 : 표백제
③ 몰식자산프로필 : 산화방지제
④ 이산화염소 : 밀가루개량제

63 식품위생의 목적이 아닌 것은?

① 위생상의 위해 방지 ② 식품 영양의 질적 향상 도모
③ 국민보건의 증진 ④ 식품산업의 발전

해설 식품위생의 목적
- 식품으로 인한 위생상의 위해를 방지
- 식품 영양의 질적 향상 도모
- 식품에 관한 올바른 정보를 제공함으로써 국민보건 증진에 기여

64 식육 및 어육제품의 가공 시 첨가되는 아질산염과 제2급 아민이 반응하여 생기는 발암물질은?

① 벤조피렌(Benzopyrene)
② PCB(Polychlorinated biphenyl)
③ 엔니트로사민(N－nitrosamine)
④ 말론알데히드(Malonaldehyde)

엔니트로사민(N－nitrosamine)은 식육 및 어육제품의 가공 시 첨가되는 아질산과 이급아민이 반응하여 생기는 발암물질이다.

정답 62 ② 63 ④ 64 ③

65 초기에 두통, 구토, 설사 증상을 보이다가 심하면 실명을 유발하는 것은?

① 아우라민 ② 메탄올
③ 무스카린 ④ 에르고타민

 메틸알코올(메탄올)이 과실주 및 정제가 불충분한 증류주에 미량 함유되어 체내에 축적될 경우 구토, 현기증, 두통이 생기고 심할 경우 실명하거나 사망에 이르게 된다.

66 감자의 부패에 관여하는 물질은?

① 솔라닌(Solanine) ② 셉신(Sepsine)
③ 아코니틴(Aconitine) ④ 시큐톡신(Cicutoxin)

 솔라닌은 감자의 싹과 녹색부위에서 생성된 독성물질이고, 부패한 감자에서는 셉신이라는 독성물질이 생성되어 중독을 일으킨다.

67 발육 최적온도가 25~37℃인 균은?

① 저온균 ② 중온균
③ 고온균 ④ 내열균

 저온균은 15~20℃, 중온균은 25~37℃, 고온균은 50~60℃에서 발육한다.

68 세균성 식중독균 중 치사율이 가장 높지만 발생빈도가 낮은 것은?

① 살모넬라균 ② 보툴리누스균
③ 포도상구균 ④ 장염비브리오균

 보툴리누스균 식중독은 식경독소(뉴로톡신)로 인하여 신경마비 증상을 일으키며 치사율이 가장 높은 식중독이다.

정답 65 ② 66 ② 67 ② 68 ②

69 식품위생법에서 정하고 있는 식품 등의 위생적인 취급에 관한 기준에 대한 설명으로 틀린 것은?

① 식품 등의 제조, 가공, 조리에 직접 사용되는 기계, 기구 및 음식기는 사용 후에 세척, 살균하는 등 항상 청결하게 유지, 관리하여야 한다.
② 어류, 육류, 채소류를 취급하는 칼, 도마는 각각 구분하여 사용하여야 한다.
③ 제조, 가공하여 최소판매 단위로 포장된 식품을 허가받지 아니하고 포장을 뜯어 분할하여 판매하여서는 아니 되나, 컵라면 등 그 밖의 음식류에 뜨거운 물을 부어주기 위하여 분할하는 경우는 가능하다.
④ 식품 등의 원료 및 제품은 모두 냉동, 냉장시설에 보관, 관리하여야 한다.

해설 식품 등의 위생적인 취급에 관한 기준
식품 등의 원료 및 제품 중 부패 · 변질되기 쉬운 것은 냉동 · 냉장시설에 보관 · 관리해야 한다.

70 감염병의 병원체를 내포하고 있어 감수성 숙주에게 병원체를 전파시킬 수 있는 근원이 되는 모든 것을 의미하는 용어는?

① 감염경로 ② 병원소
③ 감염원 ④ 미생물

해설 감염원은 병원체가 생활 · 증식하며 감수성 숙주에게 병원체를 전파시킬 수 있는 장소이다.

71 광화학적 오염물질에 해당하지 않는 것은?

① 오존 ② 케톤
③ 알데히드 ④ 탄화수소

해설 광화학적 오염물질(Photochemical Pollutants)은 오염원에서 배출된 1차 오염물질이 대기 중에서 광화학적 반응 등에 의하여 오염물질이 변질되어 오염물질이 되는 것을 말한다. 산화물로는 오존, 알데히드, 케톤, peroxy acetylnitrate(PAN), 아크로레인, 황연무 등이다.

정답 69 ④ 70 ③ 71 ④

72 질병을 매개하는 위생해충과 그 질병의 연결이 틀린 것은?

① 모기 – 사상충증, 말라리아
② 파리 – 장티푸스, 발진티푸스
③ 진드기 – 유행성출혈열, 쯔쯔가무시증
④ 벼룩 – 페스트, 발진열

해설 발진티푸스는 이로 인하여 감염되는 질병이다.

73 다수인이 밀집한 실내 공기가 물리, 화학적 조성의 변화로 불쾌감, 두통, 권태, 현기증 등을 일으키는 것은?

① 자연독
② 진균독
③ 산소중독
④ 군집독

 군집독은 다수의 사람들이 밀폐된 공간에서 장시간 있을 경우 고온, 고습, 산소 부족, 악취 발생 등으로 인하여 공기의 이화학적 조성 변화가 나타나게 된다. 이로 인하여 불쾌감과 두통, 구토, 현기증, 권태감이 발생한다.

74 곰팡이에 의해 생성되는 독소가 아닌 것은?

① 아플라톡신(aflatoxin)
② 시트리닌(citrinin)
③ 엔테로톡신(enterotoxin)
④ 파툴린(patulin)

 엔테로톡신(enterotoxin)은 장독소로 포도상구균이 원인균으로 복통, 구토, 설사를 일으킨다.

정답 72 ② 73 ④ 74 ③

75 식품첨가물 중 보존료의 목적을 가장 잘 표현한 것은?

① 산도조절 ② 미생물에 의한 부패방지
③ 산화에 의한 변패 방지 ④ 가공과정에서 파괴되는 영양소 보충

보존료는 미생물에 의한 식품의 부패나 변질을 방지하기 위해 사용하는 식품첨가물이다.

76 열경화성 합성수지제 용기의 용출시험에서 가장 문제가 되는 유독 물질은?

① methanol(CH_3OH) ② 아질산염($NaNO_2$)
③ formaldehyde(HCHO) ④ 연산(Pb_3O_4)

formaldehyde(HCHO)은 메탄알이라고도 하며 무색의 가연성 기체로 자극적인 냄새가 나고 흡입에 의한 독성이 가장 크며 발암물질을 함유하고 있다.

77 히스타민(histamine) 함량이 많아 가장 알레르기성 식중독을 일으키기 쉬운 어육은?

① 가다랑어 ② 대구
③ 넙치 ④ 도미

주로 붉은살 생선(가다랑어)에 히스타민이 많아 알레르기성 식중독을 일으킨다.

78 사시, 동공확대, 언어장애 등 특유의 신경마비증상을 나타내며 비교적 높은 치사율을 보이는 식중독 원인균은?

① 클로스트리디움 보툴리늄균 ② 황색 포도상구균
③ 병원성 대장균 ④ 바실러스 세레우스균

보툴리즘은 클로스트리디움 보툴리늄(Clostridium botulinum)이 생산하는 신경독소에 의한 질환이다. 원인 식품으로는 통조림, 병조림, 레토르트 식품 등이 있다.

정답 75 ② 76 ③ 77 ① 78 ①

79 동물성 식품에서 유래하는 식중독 유발 유독성분은?

① 아마니타톡신(amanitatoxin)
② 솔라닌(solanine)
③ 베네루핀(venerupin)
④ 시큐톡신(cicutoxin)

베네루핀(venerupin)은 모시조개에서 유래하는 성분이다.
① 아마니타톡신(amanitatoxin) : 독버섯
② 솔라닌(solanine) : 감자
④ 시큐톡신(cicutoxin) : 독미나리

80 미생물에 대한 살균력이 가장 큰 것은?

① 적외선
② 가시광선
③ 자외선
④ 라디오파

자외선은 250~260nm에서 가장 강한 살균력을 갖는다.

81 쥐, 파리, 바퀴, 오염된 가금류 등과 가장 관계가 깊은 식중독은?

① 살모넬라균 식중독
② 장염비브리오균 식중독
③ 포도상구균 식중독
④ 보툴리누스균 식중독

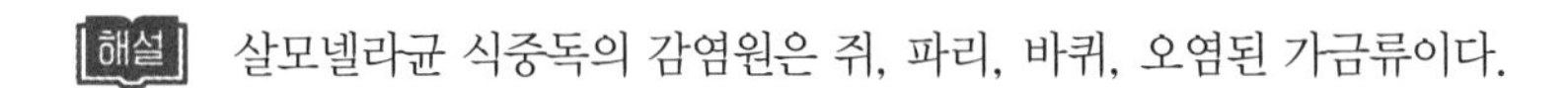
해설 살모넬라균 식중독의 감염원은 쥐, 파리, 바퀴, 오염된 가금류이다.

82 곤충을 매개로 간접 전파되는 감염병과 가장 거리가 먼 것은?

① 재귀열
② 말라리아
③ 인플루엔자
④ 쯔쯔가무시병

인플루엔자는 바이러스이다.
① 재귀열 : 이
② 말라리아 : 모기
④ 쯔쯔가무시병 : 진드기

정답 79 ③ 80 ③ 81 ① 82 ③

83 다음 중 식품 오염에 영향을 줄 수 있는 것과 거리가 먼 것은?

① 질소가스 ② 농약
③ 공장폐수 ④ 방사능

 식품 오염에 영향을 미치는 요인은 공장폐수, 생활폐수, 농약, 중금속, 방사능이 있다.

84 다음 감염병 중 생후 가장 먼저 예방접종을 실시하는 것은?

① 백일해 ② 파상풍
③ 홍역 ④ 결핵

해설 결핵은 생후 4주 이내에 접종한다.

85 군집독의 가장 큰 원인은?

① 실내 공기의 이화학적 조성의 변화 때문이다.
② 실내의 생물학적 변화 때문이다.
③ 실내공기 중 산소의 부족 때문이다.
④ 실내기온이 증가하여 너무 덥기 때문이다.

 군집독은 다수의 사람들이 밀폐된 공간에서 장시간 있을 경우 고온, 고습, 산소 부족, 악취 발생 등으로 인하여 공기의 이화학적 조성 변화가 나타나게 된다. 이로 인하여 불쾌감과 두통, 구토, 현기증, 권태감이 발생한다.

86 감염병과 주요한 감염경로의 연결이 틀린 것은?

① 직접 접촉감염 – 성병 ② 공기 감염 – 폴리오
③ 비말 감염 – 홍역 ④ 절지동물 매개 – 황열

해설 폴리오(소아마비)는 바이러스로 감염된다.

정답 83 ① 84 ④ 85 ① 86 ②

87 식품위해요소중점관리기준(HACCP)에 대한 설명으로 옳지 않은 것은?

① 용수관리는 HACCP 선행요건에 포함된다.
② HACCP 제도에서 위해요소는 생물학적, 화학적, 물리적 요소로 구분한다.
③ 선행요건의 목적은 HACCP 제도가 효율적으로 가동될 수 있도록 하는 것이다.
④ HACCP의 7원칙 중 첫 번째 원칙은 관리한계기준(critical limits) 설정이다.

해설 HACCP의 7원칙 중 첫 번째 원칙은 위해요소 분석이다.

88 식품첨가물과 사용목적을 표시한 것 중 잘못된 것은?

① 초산비닐수지 – 껌 기초제　② 글리세린 – 용제
③ 탄산암모늄 – 팽창제　④ 규소수지 – 이형제

해설 규소수지는 소포제로 사용한다.

89 바이러스(Virus)에 의하여 발병되지 않는 것은?

① 돈단독증　② 유행성 간염
③ 급성회백수염　④ 감염성 설사증

해설 돈단독은 인축공동감염병(돼지, 소, 양, 말, 닭)에 의해 발병된다.

90 식품과 독성분의 연결이 틀린 것은?

① 복어 – 테트로도톡신　② 미나리 – 시큐톡신
③ 섭조개 – 베네루핀　④ 청매 – 아미그달린

해설
• 삭시톡신(Saxitoxin) : 섭조개
• 베네루핀(Benerupin) : 모시조개, 굴, 바지락

정답　87 ④　88 ④　89 ①　90 ③

91 호염성의 성질을 가지고 있는 식중독 세균은?

① 황색포도상구균(Staphylococcus aureus)
② 병원성 대장균(E. coli O157 : H7)
③ 장염 비브리오(Vibrio parahaemolyticus)
④ 리스테리아 모노사이토제네스(Listeria monocytogenes)

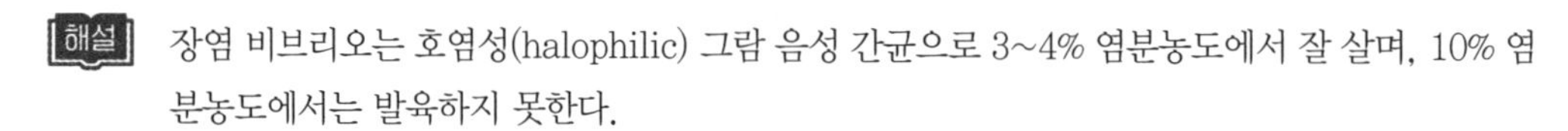

해설 장염 비브리오는 호염성(halophilic) 그람 음성 간균으로 3~4% 염분농도에서 잘 살며, 10% 염분농도에서는 발육하지 못한다.

92 미생물의 생육에 필요한 조건과 거리가 먼 것은?

① 수분　② 산소
③ 온도　④ 자외선

해설 미생물의 생육에 필요한 조건은 영양소, 온도, 수분, 산소, pH이다.

93 수출을 목적으로 하는 식품 또는 식품첨가물의 기준과 규격은 식품위생법의 규정 외에 어떤 기준과 규칙에 의할 수 있는가?

① 수입자가 요구하는 기준과 규격
② 국립검역소장이 정하여 고시한 기준과 규격
③ FDA의 기준과 규격
④ 산업통상자원부장관의 별도 허가를 득한 기준과 규격

해설 수출을 목적으로 하는 식품 또는 식품첨가물의 기준과 규격은 수입자가 요구하는 기준과 규격에 의한다.

정답　91 ③　92 ④　93 ①

94 식품위생법에 의한 위해식품 등의 판매금지 사항으로 옳지 않는 것은?

① 썩거나 상하거나 설익어서 인체의 건강을 해칠 우려가 있는 것
② 유독 · 유해물질이 들어 있거나 묻어 있는 것 또는 그러할 염려가 있는 것
③ 병을 일으키는 미생물에 오염되었거나 그러할 염려가 있어 인체의 건강을 해칠 우려가 있는 것
④ 안전성 심사 대상인 농 · 축 · 수산물 등 가운데 안전성 심사를 받았거나 안전성 심사에서 식용(食用)으로 적합하다고 인정된 것

해설 위해식품 등의 판매금지

- 썩거나 상하거나 설익어서 인체의 건강을 해칠 우려가 있는 것
- 유독 · 유해물질이 들어 있거나 묻어 있는 것 또는 그러할 염려가 있는 것. 다만, 식품의약품안전처장이 인체의 건강을 해칠 우려가 없다고 인정하는 것은 제외한다.
- 병(病)을 일으키는 미생물에 오염되었거나 그러할 염려가 있어 인체의 건강을 해칠 우려가 있는 것
- 불결하거나 다른 물질이 섞이거나 첨가(添加)된 것 또는 그 밖의 사유로 인체의 건강을 해칠 우려가 있는 것
- 제18조에 따른 안전성 심사 대상인 농 · 축 · 수산물 등 가운데 안전성 심사를 받지 아니하였거나 안전성 심사에서 식용(食用)으로 부적합하다고 인정된 것
- 수입이 금지된 것 또는 「수입식품안전관리 특별법」 제20조제1항에 따른 수입신고를 하지 아니하고 수입한 것
- 영업자가 아닌 자가 제조 · 가공 · 소분한 것

95 다음 중 식품위생법상 식품위생의 대상은?

① 식품, 약품, 기구, 용기, 포장
② 조리법, 조리시설, 기구, 용기, 포장
③ 조리법, 단체급식, 기구, 용기, 포장
④ 식품, 식품첨가물, 기구, 용기, 포장

식품위생이라 함은 식품, 식품첨가물, 기구 및 용기와 포장 등을 대상하는 음식물에 관한 모든 위생을 말한다.

정답 94 ④ 95 ④

96 법정 제3급 감염병이 아닌 것은?

① 파상풍　　② 일본뇌염
③ 콜레라　　④ 발진티푸스

해설 법정 제3급 감염병
파상풍, B형간염, 일본뇌염, C형간염, 말라리아, 레지오넬라증, 비브리오패혈증, 발진티푸스, 발진열, 쯔쯔가무시증, 렙토스피라증, 브루셀라증, 공수병, 신증후군출혈열, 후천성면역결핍증(AIDS), 크로이츠펠트-야콥병(CJD) 및 변종크로이츠펠트-야콥병(vCJD), 황열, 뎅기열, 큐열(Q熱), 웨스트나일열, 라임병, 진드기매개뇌염, 유비저, 치쿤구니야열, 중증열성혈소판감소증후군(SFTS), 지카바이러스 감염증

97 실내공기의 오염지표로 사용되는 것은?

① 일산화탄소　　② 이산화탄소
③ 질소　　④ 오존

이산화탄소(CO_2)는 실내공기의 오염지표로 사용된다.

98 중간숙주 없이 감염이 가능한 기생충은?

① 아니사키스　　② 회충
③ 폐흡충　　④ 간흡충

해설 중간숙주가 없는 기생충은 회충, 요충, 편충, 구충이 있다.

99 기생충과 인체감염원인 식품의 연결이 틀린 것은?

① 유구조충 - 돼지고기　　② 무구조충 - 민물고기
③ 동양모양선충 - 채소류　　④ 아나사키스 - 바다생선

해설 무구조충(민촌충)의 인체감연원 식품은 소이다.

정답　96 ③　97 ②　98 ②　99 ②

100 과채, 식육 가공 등에 사용하여 식품 중 색소와 결합하여 식품 본래의 색을 유지하게 하는 식품첨가물은?

① 식용타르색소 ② 천연색소
③ 발색제 ④ 표백제

 발색제 자체는 색이 없으나 식품 중의 색소와 작용해서 색을 안정하게 하고 발색시키는 역할을 한다.

101 카드뮴이나 수은 등의 중금속 오염 가능성이 가장 큰 식품은?

① 육류 ② 통조림
③ 식용유 ④ 어패류

 정화되지 않은 공장 폐수와 생활오수로 인한 수질오염이 카드뮴이나 수은 등의 중금속을 어패류의 몸속으로 축척되어 이를 섭취한 사람이 신경마비나 언어장애, 사지마비를 일으킨다.

102 식품안전관리인증기준(HACCP) 체계의 7원칙에 대한 설명 중 틀린 것은?

① 원칙1 : 위해요소분석 ② 원칙3 : CCP 모니터링 체계확립
③ 원칙5 : 개선조치방법 수립 ④ 원칙7 : 문서화, 기록유지방법 설정

 원칙3 : 허용한계(CL)설정
CCP 관리 기준을 설정한다. 허용 한계(CL)를 설정하는 것이 대부분이다. (원칙3) 한계 기준이란 중요관리점에서의 위해요소 관리가 허용범위 이내로 충분히 이루어지고 있는지 여부를 판단할 수 있는 기준이나 기준치를 말한다.

정답 100 ③ 101 ④ 102 ②

103 조리 시 조미료 사용에 대한 설명으로 틀린 것은?

① 간장은 발효에 의한 효소적 갈변으로 검은색의 멜라닌을 생성한다.
② 우엉에 식초를 넣고 삶으면 안토잔틴에 의해 선명한 백색으로 된다.
③ 된장은 콜로이드에 의한 흡착성이 있어 어류의 냄새를 없앤다.
④ 생선에 식초를 첨가하면 생선살이 단단해진다.

해설 간장은 비효소적 갈변으로 마이야르 반응과 캐러멜 반응에 의해 만들어진다.

104 영업을 하려는 자가 받아야 하는 식품위생에 관한 교육시간으로 옳은 것은?

① 식품제조 · 가공업 : 36시간　② 식품운반업 : 12시간
③ 단란주점영업 : 6시간　④ 용기류제조업 : 8시간

- 식품제조 · 가공업, 즉석판매제조 · 가공업, 식품첨가물제조업 : 8시간
- 식품운반업, 식품소분판매업, 식품보존업, 용기 · 포장류제조업 : 4시간
- 식품접객업(휴게음식점영업, 일반음식점영업, 단란주점영업, 유흥주점영업, 위탁급식영업, 제과점영업) : 6시간

105 식품위생법상 식품 등의 위생적 취급에 관한 기준으로 틀린 것은?

① 식품 등의 보관 · 운반 · 진열 시에는 식품 등의 기준 및 규격이 정하고 있는 보존 및 유통기준에 적합하도록 관리하여야 한다.
② 식품 등의 제조 · 가공 · 조리에 직접 사용되는 기계 · 기구 및 음식기는 세척 · 살균하는 등 항상 청결하게 유지 관리하여야 하며, 어류 · 육류 · 채소류를 취급하는 칼 · 도마는 공통으로 사용한다.
③ 식품 등의 제조 · 가공 · 조리 또는 포장에 직접 종사하는 자는 위생모를 착용하는 등 개인위생관리를 철저히 하여야 한다.
④ 제조 · 가공(수입품 포함)하여 최소판매단위로 포장된 식품 또는 식품첨가물을 영업허가 또는 신고하지 아니하고 판매의 목적으로 포장을 뜯어 분할하여 판매하여서는 아니 된다.

해설 어류 · 육류 · 채소류를 취급하는 칼 · 도마는 교차오염을 방지하기 위하여 구분하여 사용하며 항상 깨끗하게 세척하고 소독하여 사용해야 한다.

정답 103 ①　104 ③　105 ②

106 먹는 물에서 다른 미생물이나 분변오염을 추측할 수 있는 지표는?

① 대장균　　② 탁도
③ 경도　　④ 증발잔류량

대장균은 사람이나 동물의 장속에 많이 존재하는 세균으로 먹는 물에서 다른 미생물이나 분변오염을 추측할 수 있는 지표가 된다.

107 DPT 예방접종과 관계가 없는 감염병은?

① 백일해　　② 디프테리아
③ 페스트　　④ 파상풍

DPT 예방접종은 디프테리아, 백일해, 파상풍을 예방한다.

108 세균성 식중독에 속하지 않는 것은?

① 노로바이러스 식중독　　② 비브리오 식중독
③ 병원성 대장균 식중독　　④ 장구균 식중독

해설 세균성 식중독
• 감염형 : 살모넬라, 장염비브리오, 병원성 대장균, 장구균 식중독
• 독소형 : 포도상구균, 보툴리누스균, 세레우스균

109 미생물의 발육을 억제하여 식품의 부패나 변질을 방지할 목적으로 사용되는 것은?

① 유동파라핀　　② 호박산이나트륨
③ 글루타민산나트륨　　④ 안식향산나트륨

안식향산나트륨은 보존제로 미생물의 생육을 억제하여 부패와 변질을 방지하는데 사용하는 식품 첨가물이다.

정답 106 ① 107 ③ 108 ① 109 ④

110 경구감염과 비교하여 세균성 식중독이 가지는 일반적인 특성은?

① 소량의 균으로도 발병한다. ② 잠복기가 짧다.
③ 2차 발병률이 매우 높다. ④ 수인성 발생이 크다.

해설 세균성 식중독의 일반적 특성
- 병원체가 주로 음식물에서 증식하고 다량의 균으로 발병한다.
- 잠복기간이 짧고 예방접종의 효과가 없다.

111 식품위생법상 용어의 정의에 대한 설명 중 틀린 것은?

① "집단급식소"라 함은 영리를 목적으로 하는 급식시설을 말한다.
② "식품"이라 함은 의약으로 섭취하는 것을 제외한 모든 음식물을 말한다.
③ "위해"라 함은 식품, 식품첨가물, 기구 또는 용기 · 포장에 존재하는 위험요소로서 인체의 건강을 해치거나 해칠 우려가 있는 것을 말한다.
④ "용기 · 포장"이라 함은 식품을 넣거나 싸는 것으로서 식품을 주고받을 때 함께 건네는 물품을 말한다.

해설 "집단급식소"란 영리를 목적으로 하지 아니하면서 특정 다수인에게 계속하여 음식물을 공급하는 급식시설로서 대통령령으로 정하는 시설을 말한다.

112 식품위생법상 영업의 신고 대상 업종이 아닌 것은?

① 일반음식점영업 ② 단란주점영업
③ 휴게음식점영업 ④ 식품제조 · 가공업

해설 단란주점영업은 허가업종이다.

정답 110 ② 111 ① 112 ②

113 **식품위생법상 조리사를 두어야 하는 영업이 아닌 것은?**

① 지방자치단체가 운영하는 집단 급식소　② 복어 조리 · 판매업소
③ 식품첨가물 제조업소　④ 병원이 운영하는 집단 급식소

조리사를 두어야 하는 영업
- 복어를 조리 · 판매하는 영업을 하는 자
- 집단 급식소 운영자

114 **간디스토마는 제2중간숙주인 민물고기 내에서 어떤 형태로 존재하다가 인체에 감염을 일으키는가?**

① 피낭유충　② 레디아
③ 유모유충　④ 포자유충

간디스토마는 제1중간숙주인 쇠우렁이를 거쳐 제2중간숙주인 잉어 · 붕어 내에서 피낭유충 형태로 존재하다가 인체에 들어오면 성충이 되어 담관에 기생하게 된다.

115 **소독 등 환경 위생을 철저히 함으로써 예방이 가능한 감염병은?**

① 디프테리아　② 백일해
③ 콜레라　④ 홍역

해설 콜레라와 같은 소화기계 감염병의 경우 환경 위생을 철저히 함으로써 예방할 수 있다.

정답　113 ③　114 ①　115 ③

116 도마의 사용 방법에 관한 설명 중 잘못된 것은?

① 합성세제를 사용하여 42~45℃의 물로 씻는다.
② 염소소독, 열당실균, 자외신실균 등을 실시한다.
③ 식재료 종류별로 전용의 도마를 사용한다.
④ 세척, 소독 후에는 건조시킬 필요가 없다.

해설 도마는 세척이나 소독 후에도 반드시 건조시켜야 세균의 번식을 막을 수 있다.

117 식품에서 자연적으로 발생하는 유독물질을 통해 식중독을 일으킬 수 있는 식품과 가장 거리가 먼 것은?

① 피마자 ② 표고버섯
③ 미숙한 매실 ④ 모시조개

해설 자연독
- 피마자 : 리신(Ricin)
- 청매 : 아미그달린(Amygdalin)
- 모시조개 : 베네루핀(Benerupin)

118 다음 중 식품첨가물로서의 명반, 탄산수소나트륨 등은 무엇으로 사용되는가?

① 산화방지제 ② 표백제
③ 밀가루개량제 ④ 팽창제

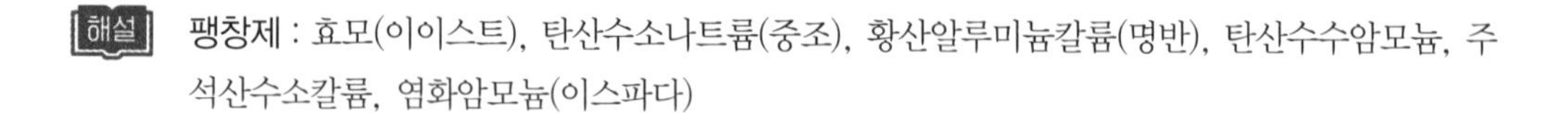
해설 팽창제 : 효모(이이스트), 탄산수소나트륨(중조), 황산알루미늄칼륨(명반), 탄산수수암모늄, 주석산수소칼륨, 염화암모늄(이스파다)

정답 116 ④ 117 ② 118 ④

119 파라티온(parathion), 말라티온(malathion)과 같이 독성이 강하지만 빨리 분해되어 만성 중독을 일으키지 않는 농약은?

① 유기인제 농약 ② 유기염소제 농약
③ 유기불소제 농약 ④ 유기수은제 농약

 유기인제 농약 : 파라티온(parathion), 말라티온(malathion), 폴리돌(Folidol) 등

120 식품첨가물과 주요 용도의 연결이 옳은 것은?

① 삼이산화철 – 표백제 ② 이산화티타늄 – 보존료
③ 명반 – 발색제 ④ 호박산 – 산도 조절제

 ①, ② 삼이산화철, 이산화타이타늄 : 발색제
③ 명반 : 팽창제

121 식품위생법상 식중독 환자를 진단한 의사는 누구에게 이 사실을 제일 먼저 보고하여야 하는가?

① 보건복지부장관 ② 경찰서장
③ 보건소장 ④ 관할 시장 · 군수 · 구청장

 의사 · 한의사 → 관할시장 · 군수 · 구청장 → 식품의약품안전처장 · 시 · 도지사

정답 119 ① 120 ④ 121 ④

122 **식품첨가물의 사용 목적과 이에 따른 첨가물의 종류가 바르게 연결된 것은?**

① 식품의 영양 강화를 위한 것 : 착색료
② 식품의 변질이나 변패를 방지하기 위한 것 : 감미료
③ 식품의 관능을 만족시키기 위한 것 : 조미료
④ 식품의 품질을 개량하거나 유지하기위한 것 : 산미료

해설 ① 식품의 영양 강화를 위한 것 : 강화제
② 식품의 변질이나 변패를 방지하기 위한 것 : 보존료(방부제)
④ 식품의 품질을 개량하거나 유지하기 위한 것 : 개량제

123 **식품위생법상 "식품을 제조 · 가공 또는 보존하는 과정에서 식품에 넣거나 섞는 물질 또는 식품을 적시는 등에 사용하는 물질"로 정의된 것은?**

① 식품첨가물 ② 화학적 합성품
③ 항생제 ④ 의약품

 식품위생법의 "식품첨가물"이란 식품을 제조 · 가공 · 조리 또는 보존하는 과정에서 감미(甘味), 착색(着色), 표백(漂白) 또는 산화방지 등을 목적으로 식품에 사용되는 물질을 말한다. 이때 기구(器具) · 용기 · 포장을 살균 · 소독하는 데에 사용되어 간접적으로 식품으로 옮아갈 수 있는 물질을 포함한다.

124 **식중독을 일으킬 수 있는 화학물질로 보기 어려운 것은?**

① 포르말린(formalin) ② 붕산(boric acid)
③ 만니톨(mannitol) ④ 승홍

해설 만니톨(mannitol) : 백색의 결정으로 단맛이 있고 물에 잘 녹으나 알코올에는 녹지 않으며 냄새가 없다.

정답 122 ③ 123 ① 124 ③

125 영업의 허가 및 신고를 받아야 하는 관청이 다른 것은?

① 식품운반업　　② 식품조사처리업
③ 단란주점영업　　④ 유흥주점영업

- 식품운반업, 단란주점영업, 유흥주점영업 : 특별자치도지사, 시장 · 군수 · 구청장
- 식품조사처리업 : 식품의약품안전처장

126 다음 중 병원소(reservior of infection)가 아닌 것은?

① 현성환자　　② 건강보균자
③ 물과 토양　　④ 세균

해설 병원소는 사람(환자, 보균자, 환자 접촉자), 동물, 토양 등이 있다.

127 모기가 매개하는 감염병이 아닌 것은?

① 황열　　② 뎅기열
③ 디프테리아　　④ 사상충증

해설 모기가 매개하는 감염병 : 황열, 뎅기열, 사상충, 일본뇌염, 말라리아

128 전염병 환자가 사용하던 물품(휴지, 식품찌꺼기) 처리 시 위생적으로 가장 적당한 방법은?

① 건열멸균법　　② 냉각처리법
③ 소각법　　④ 화염소독법

해설 전염병 환자가 사용하던 물품은 소각 처리하는 것이 가장 안전하다.

정답 125 ② 126 ④ 127 ③ 128 ③

129 인공능동면역의 방법에 해당하지 않는 것은?

① 생균백신 접종　　② 글로불린 접종
③ 사균백신 접종　　④ 순화독소 접종

해설 인공능동면역 : 예방접종으로 획득한 면역으로 생균백신, 사균백신, 순화독소 등을 접종한다.

130 예방접종이 감염병 관리상 갖는 의미는?

① 병원소의 제거　　② 감염원의 제거
③ 환경의 관리　　④ 김수성 숙주의 관리

해설 예방접종은 감염된 환자보다는 감염 위험성을 가진 감수성 숙주의 관리를 위한 것이다.

131 다음 중 병원체가 세균인 질병은?

① 폴리오　　② 백일해
③ 일본뇌염　　④ 홍역

- 세균성 질병 : 이질, 파라티푸스, 발진티푸스, 장티푸스, 콜레라, 결핵, 백일해, 성홍열, 한센병
- 바이러스성 질병 : 소아마비(폴리오), 일본뇌염, 공수병, 유행성간염, 홍역, 유행성이하선염, 후천성면역결핍증

정답　129 ②　130 ④　131 ②

MEMO

PART

4

Craftsman Tteok Making

떡 제 조 기 능 사

우리나라 떡의 역사 및 문화

CONTENTS

CHAPTER 01

떡의 역사

1 떡의 어원

찌기 → 떼기 → 떠기 → 떡

조선무쌍신식요리제법(1943)

병이(餠餌)

- 이(餌) : 쌀가루를 찐 것(시루떡)
- 자(餈) : 쌀을 쪄서 치는 것(찹쌀인절미)
- 유병(油餠) : 기름에 지진 것(화전)
- 당궤(餹饋) : 꿀에 반죽한 것(꿀떡)
- 박탁(餺飥) : 가루를 반죽하여 국에 넣고 삶는 것(떡국)
- 혼돈(餛飩) : 찰가루를 쪄서 둥글게 만들어 가운데 소를 넣은 것(골무떡)
- 교이(餃餌) : 쌀가루를 엿에 섞은 것
- 탕중뢰환(湯中牢丸) : 꿀에 삶는 것(원소병)
- 부투(餢飳) : 밀가루에 술을 쳐서 끈적거리게 하여 가볍게 하는 것(증편, 상화병)
- 담(餤) : 떡을 얇게 하여서 고기를 싼 것
- 만두(饅頭) : 밀가루를 부풀게 하여 소를 넣은 것

※ 〈규곤시의방(음식디미방)〉 – 떡을 편이라 칭함
※ 〈규합총서〉 – 떡이라 호칭함

2 시대별 떡의 역사

시대별	떡의 역사
상고시대	• 쌀, 피, 기장, 조, 수수와 같은 곡물이 생산됨 • 신석기시대의 유적지인 황해도 봉산 지탑리 유적에서 곡물의 껍질을 벗기거나 가루로 빻는 데 쓰는 원시적 도구인 갈판과 갈돌이 발견됨 • 곡물의 가루로 찐 시루떡이나 쌀을 찐 다음 절구에 쳐서 만든 인절미, 절편 등의 도병류가 상용되었을 것으로 짐작
삼국 및 통일신라시대	• 고구려 시대 무덤인 황해도 안악의 제3호 고분 벽화에 시루 출현 • 〈삼국사기〉, 〈삼국유사〉 등의 문헌에도 떡에 관한 이야기가 기록됨 – 삼국사기 : 유리왕과 탈해의 왕위 계승 관련 기록, 백결 선생의 거문고 떡방아 소리 – 삼국유사 : 가락국기에 제향을 모실 때의 차림음식으로 기록됨
고려시대	• 곡물 생산이 늘어나고 불교의 성행으로 인한 음다풍속의 유행으로 떡의 종류와 조리법이 매우 다양해짐 • 〈해동역사〉, 〈거가필용〉 : 밤설기떡인 율고가 기록됨 • 〈지봉유설〉 : 청애병 • 〈목은집〉 : 수단, 차전병 • 〈고려가요〉 : 상화병
조선시대	• 농업기술과 음식의 조리 및 가공기술이 발달 • 유교에 인한 관혼상제 등의 의례와 세시행사가 관습으로 자리를 잡게 되어 조과류와 함께 다양한 떡이 전통음식으로서 등장하게 됨 • 혼례 · 빈례 · 제례 등 각종 행사와 대 · 소 연회에 필수적인 음식이 됨 • 다양한 주재료와 부재료 및 자연색소가 사용되어 색이 화려해지고 모양도 다양해졌으며 맛 또한 독특해짐 • 떡을 기록한 문헌 : 《도문대작(屠門大爵), 1611》 · 《음식디미방》 · 《음식보》 · 《증보산림경제》 · 《규합총서》 · 《임원십육지》 · 《동국세시기》 · 《음식방문》 · 《시의전서》 · 《부인필지》 · 《음식 만드는 법》 · 《군학회동》 · 《옹희잡지》 · 《주방문》 · 《술 빚는 법》 · 《요록》 · 《조선무쌍신식요리제법》 · 《조선요리제법》 · 《시의방》 · 《조선세시기》 · 《간편조선요리제법》 · 《조선요리》 · 《우리나라 음식 만드는 법》 · 《이조궁중음식연회고》 · 《규곤요람》 · 《조선상식》 · 《성호사설》 · 《열양세시기》 · 《음식법》
근대 이후	• 한일합병과 이후 36년간의 일제강점기 그리고 6 · 25전쟁 등 사회 변화로 인해 들어온 빵에 의해 침체됨 • 가정보다 전문 업소에 의해 만들어지면서 다양한 떡의 종류가 축소됨

CHAPTER 02

떡 문화

1 시 · 절식으로서의 떡

매달 있는 명절날에 해 먹는 음식을 절식이라 하고, 계절에 따라 나는 식품으로 만든 음식을 시식이라고 한다.

월	명절	떡의 종류
1월	설날	가래떡, 인절미
	대보름	약식, 원소병
2월	중화절(노비일)	노비송편
3월	삼짇날	진달래화전
4월	초파일	느티떡, 주악, 장미화전
5월	단오날	수리취절편, 쑥버무리
6월	유두	상화병, 밀전병, 보리수단, 떡수단
7월	칠석	깨찰편, 주악, 밀설기, 증편
8월	추석	송편, 시루떡
9월	중양절	국화전
10월	상달	무시루떡, 붉은팥시루떡, 애단자
11월	동지	찹쌀경단(팥죽)
12월	섣달그믐	골무떡, 온시루떡

2 통과의례와 떡

삼칠일	• 아이가 태어나 7일이면 초이레, 14일이 되면 두이레, 21일이 되면 세이레라 하여 새로운 생명의 탄생을 축하하고 산모의 노고를 축하한다. • 백설기 : 신성, 아이의 무탈을 염원
백일	• 아이가 출생한 지 100일을 축하하는 날로 아이가 완성된 단계를 무사히 넘김을 축하하고 앞으로 건강하게 자라기를 축복하기 위한 것이다. • 백설기 : 신성, 아이의 무탈을 염원 • 붉은차수수경단 : 붉은색으로 액막이의 의미 • 오색송편 : 만물과 조화를 이루며 살아가기를 염원
돌	• 생후 일 주년을 기념하는 날로 아이의 장수와 복을 축원하는 날이다. • 백설기 : 신성함과 정결을 뜻함 • 무지개떡 : 만물과 조화를 염원 • 인절미 : 끈기있는 사람이 되라는 기원 • 오색송편 : 만물의 조화와 경사를 의미 • 붉은팥고물찰수수경단 : 액막이
책례	• 아이가 서당에서 책을 한 권씩 뗄 때마다 행하던 의례로 어려운 책을 끝낸 것에 대한 자축 및 축하, 격려의 의미로 행한다. • 속이 찬 송편 : 학문적 성장을 촉구 • 속이 빈 송편 : 바른 인성을 갖추기를 기원
혼례	• 남녀가 만나 한 몸을 이루어 부부가 되기 위해 올리는 의식이다. • 봉채떡(봉치떡) : 찹쌀 3되, 팥 1되, 찹쌀시루떡 2켜로 떡을 만들고 중앙에 대추 7개를 얹은 봉채떡을 만든다. 봉채떡을 찹쌀로 하는 것은 부부금슬이 찰떡처럼 화목하라는 의미이고, 떡을 2켜로 하는 것은 부부를 상징하며, 대추는 남손번창을 상징한다. • 달떡 : 보름달처럼 밝게 비추고 둥글게 채우며 잘 살기를 기원 • 색떡 : 절편에 색물을 들여 암수 닭모양을 만들어 한쌍의 부부를 의미
회갑	• 나이가 61세가 되는 생일을 회갑(환갑)이라 하며 고배상을 차린다. • 백편, 꿀편, 승검초편을 만들어서 정사각형으로 크게 썰어 네모진 편틀에 차곡차곡 높이 괸 후 화전이나 주악, 단자 등 웃기를 얹어 장식하고 인절미도 층층히 높이 괴어 주악, 부꾸미, 단자 등의 웃기떡을 얹는다.
제례	• 자손들이 고인을 추모하며 올리는 의식이다. • 녹두고물편, 꿀편, 거피팥고물편, 흑임자고물편 등 편류로 준비하여 여러 개 고이고 포개어 주악이나 단자를 웃기로 고인다. • 귀신이 두려워한다고 하여 붉은팥고물은 쓰지 않는다.

3 향토 떡

삼면이 바다로 둘러싸여 있고 지형이 남북으로 길게 뻗어 있으며 사계절이 뚜렷하여 각 지방마다 특색 있는 식재료가 생산되었고 각 지역마다 맛과 영양이 풍부한 별미의 떡을 만들게 되었다.

지역	내용
서울 / 경기도	• 떡의 종류가 많고 모양도 화려하고 아름답다. • 색떡, 여주산병, 개성우메기, 개성경단, 근대떡, 개떡, 배피떡, 백령도김치떡, 조랭이떡, 밀범벅떡, 강화근대떡, 웃지지, 수수오가리
충청도	• 양반과 서민의 떡이 구분되어 있었다. • 해장떡, 모듬백이, 곤떡, 수수팥떡, 약편, 막편, 햇보리떡, 호박송편
강원도	• 산과 바다가 공존하여 재료가 다양하고 떡의 종류가 많았는데, 주로 감자로 만든 떡이 많다. • 감자시루떡, 감자떡, 감자녹말송편, 댑싸리떡, 옥수수설기, 도토리송편, 방울증편, 감자투생이, 메싹떡, 무송편, 호박시루떡
전라도	• 곡식이 많이 생산되어 떡이 사치스럽고 맛 또한 각별하다. • 깨떡, 나복병, 보리떡, 고치떡, 주악, 감시루떡, 수리취떡, 삘기송편, 밀기울떡, 감단자, 호박고지차시루편, 해남경단
경상도	• 각 고장마다 떡이 달랐으며 상주와 문경에서는 밤, 대추, 감으로 만든 설기떡을 많이 만들었고 경주는 제사떡이 유명했다. • 모시잎송편, 쑥굴레, 잣구리, 망개떡, 호박범벅, 만경떡, 감자송편, 잡과병
제주도	• 섬이라는 특성 때문에 잡곡이 쌀보다 흔해서 메밀, 조, 보리, 고구마 등으로 떡을 만들었으며 쌀로 만든 떡은 제사 때만 썼다. • 오메기떡, 도돔떡, 차좁쌀떡, 쑥떡, 빙떡, 조침떡, 달떡, 백시리, 삐대기떡
황해도	• 조를 떡의 재료로 많이 사용하였다. • 메시루떡, 큰송편, 무설기떡, 오쟁이떡, 연안인절미, 증편, 꿀물경단, 장떡, 닭알떡, 수레비떡, 우기, 좁쌀떡
평안도	• 떡이 다른 지방에 비해 매우 크고 소담스럽다. • 조개송편 찰부꾸미, 노티떡, 송기절편, 골무떡, 감자가루떡, 무지개떡, 뽕떡, 니도래미, 송기개피떡, 꼬장떡
함경도	• 기온이 낮아 이 지방에서 많이 수확되는 조, 강냉이, 수수, 콩, 피 등을 이용하여 떡을 만들었다. • 찰인절미, 기장인절미, 달떡, 오그랑떡, 귀리절편, 꼬장떡, 언감자떡, 구절떡, 가람떡, 콩떡, 깻잎떡, 괴명떡

PART 04

적중예상문제

01 다음 중 화전 위에 장식하는 꽃이 아닌 것은?

① 국화　　② 진달래꽃
③ 맨드라미　　④ 철쭉꽃

철쭉꽃에는 그레이아노톡신(Grayanotoxin)이라는 독성이 있어 먹어서는 안 된다.

02 '강렬한 맛이 차마 삼키기 아까운 고로 석탄병이니라'라고 기록되어 있는 책 이름은?

① 삼국유사　　② 규합총서
③ 음식디미방　　④ 성호사설

석탄병이 소개된 책으로는 〈부인필지〉, 〈규합총서〉, 〈조선요리제법〉, 〈조선무쌍신식요리제법〉 등이 있다.

03 고구마를 껍질째 씻어 말려서 가루를 만들어 찹쌀가루와 함께 찐 떡은?

① 남방감저병　　② 구선왕도고
③ 복령조화고　　④ 당귀주악

해설 남방감저병은 찹쌀가루에 고구마가루를 넣어 찐 다음 대추, 석이, 밤을 고명으로 올린 떡이다.

04 제사를 지낼 때 쓰이지 않는 고물은?

① 녹두고물　　② 동부고물
③ 붉은팥고물　　④ 거피팥고물

해설 귀신이 두려워한다고 하여 붉은팥고물은 쓰지 않는다.

정답　01 ④　02 ②　03 ①　04 ③

05 찐 찹쌀에 꿀과 간장 · 대추 · 밤 · 잣 등을 넣고 다시 찌거나 중탕하는 음식은?

① 우찌지　　② 약식
③ 부꾸미　　④ 꼬장떡

해설 〈삼국유사〉에 약식에 대한 유래가 기록되어 있다. 찹쌀을 쪄서 황설탕과 참기름, 진간장, 계핏가루, 대추내림, 캐러멜소스를 넣고 밤, 대추를 넣은 뒤 상온에서 두었다가 다시 쪄서 꿀, 계핏가루, 참기름과 잣을 섞어 만든다.

06 회갑 · 혼례 · 회혼같이 경사스런 날에 음식을 높이 고여 차리는 상을 무엇이라 하는가?

① 주안상　　② 교자상
③ 고배상　　④ 합환주상

해설 경사스러운 날에 떡류, 전류, 적류, 과일류, 건과류, 편육 등 여러 가지 음식을 풍성하고 화려하게 높이 고여 차리는 상이다.

07 감자송편은 어느 지방의 떡인가?

① 서울　　② 황해도
③ 충청도　　④ 강원도

해설 감자 재배가 활발한 강원도에서 삭힌 감자가루로 만든 떡이다.

08 멥쌀가루에 술로 반죽하여 부풀린 다음 찌는 떡은?

① 색편　　② 절편
③ 증편　　④ 부편

해설 증편은 술떡, 기정떡, 기주떡이라고도 하며, 술을 넣어 만든 발효떡으로 잘 쉬지 않아 여름철에 많이 만드는 떡이다.

정답 05 ② 06 ③ 07 ④ 08 ③

09 다음 중 떡이란 호칭을 제일 먼저 사용한 문헌은?

① 임원십육지 ② 규합총서
③ 해동역사 ④ 지봉유설

〈음식디미방〉에서는 떡을 편이라 칭했고, 〈규합총서〉에서 처음 떡이란 호칭이 쓰였다.

10 조선무쌍신식요리제법에 쌀을 쪄서 치는 것을 표기한 것은?

① 이(餌) ② 자(瓷)
③ 당궤(餹饋) ④ 담(餤)

- 이(餌) : 쌀가루를 찐 것(시루떡)
- 자(瓷) : 쌀을 쪄서 치는 것(찹쌀인절미)
- 당궤(餹饋) : 꿀에 반죽한 것(꿀떡)
- 담(餤) : 떡을 얇게 하여서 고기를 싼 것

PART 04

11 멥쌀가루를 푹 쪄서 안반에 놓고 친 다음 잘라서 만든 떡은?

① 인절미 ② 증편
③ 절편 ④ 주악

멥쌀가루를 쪄서 가래떡 모양으로 만든 다음 잘라서(切) 만든 떡이 절편이다.

12 충청도 지방의 떡으로 찹쌀가루에 된장과 고추장이 들어가 구수하고 쫄깃한 맛을 내는 떡은?

① 석탄병 ② 노티떡
③ 신과병 ④ 장떡

장떡은 지역마다 특색이 있는데, 충청도 장떡은 찹쌀가루에 된장과 고추장, 다진 파와 마늘을 넣고 둥굴게 빚어 살짝 말렸다가 지진다.

정답 09 ② 10 ② 11 ③ 12 ④

13 다음 중 토란병을 제조하는 방법에 대하여 적혀 있지 않은 책은?

① 수문사설 ② 삼국유사
③ 규합총서 ④ 역주방문

해설 토란병을 제조하는 방법에 대하여 적혀있는 책은 〈수문사설〉, 〈규합총서〉, 〈역주방문〉이다.

14 양반들의 잔칫상에 오르던 웃기떡으로 크기가 다른 바람떡을 두 개 겹쳐서 만든 떡의 이름은?

① 재증병 ② 두텁떡
③ 여주산병 ④ 개피떡

해설 멥쌀가루로 찌고 친 떡을 얇게 민 다음 큰개피떡과 작은개피떡을 만들어 두 개를 포개어 붙인 떡이다.

15 제주도의 대표적인 떡으로 차조가루를 이용하여 가운데 구멍을 내서 만드는 떡은 무엇인가?

① 부편 ② 주악
③ 곤떡 ④ 오메기떡

해설 차조가루를 익반죽하여 도넛 모양으로 빚어 삶아서 찬물에 헹군 후 물기를 제거하고 고물을 묻힌 떡이다.

16 주로 추석에 많이 먹는 떡으로 솔잎을 깔고 찌는 떡을 무엇이라 하는가?

① 무시루떡 ② 주악
③ 송편 ④ 빙자

해설 송편
- 소에 따른 분류 : 깨송편, 콩송편, 팥송편, 밤송편, 잣송편
- 쌀가루에 혼합된 재료에 따른 분류 : 쑥송편, 송기송편, 모시송편, 감자송편

정답 13 ② 14 ③ 15 ④ 16 ③

17 찹쌀가루를 익반죽하여 누에고치 모양으로 빚은 후 끓는 물에 삶아서 잣가루를 입힌 것은?

① 잣구리 ② 웃지지
③ 산승 ④ 오그랑떡

해설 잣구리는 삶는 떡의 일종으로 안에는 삶아서 으깬 밤을 꿀로 개어 만든 소를 넣는다.

18 아이가 출생한 지 백일이 되는 날이나 돌에 해주는 붉은팥고물차수수경단은 어떤 의미가 있는가?

① 부귀 ② 학문적 성장
③ 건강 ④ 액막이

해설 붉은팥고물차수수경단은 붉은색으로 액막이의 의미가 있다.

PART 04

19 찹쌀가루나 수숫가루 등을 더운 물로 익반죽하여 동그랗게 빚은 뒤 끓는 물에 삶아내어 고물을 묻힌 떡을 무엇이라 부르는가?

① 주악 ② 화전
③ 부꾸미 ④ 경단

해설 경단의 고물로는 콩가루, 경아가루, 붉은팥, 깨, 석이채, 밤채, 대추채 등을 쓴다.

20 혼인 인절미라고도 불리는 연안 인절미는 어느 지방의 떡인가?

① 황해도 ② 경기도
③ 경상도 ④ 충청도

해설 황해도 백천 지방에서 생산되는 찹쌀로 만든 인절미로, 혼례에서 사돈댁으로 이바지를 보낼 때 큼직하게 잘라서 각색의 고물을 묻혀 보냈다.

정답 17 ① 18 ④ 19 ④ 20 ①

21 집안에 재물이 넘쳐나길 기원하며 허리가 잘록한 조랭이떡국을 먹는 지방은?

① 전주 ② 서울
③ 개성 ④ 부산

해설 개성 지방의 향토음식으로 가래떡을 비벼 만들었다.

22 오메기떡은 어떤 곡식을 주재료로 만드는가?

① 차조 ② 찰보리
③ 자수수 ④ 찹쌀

해설 제주의 향토떡으로 차조를 익반죽하여 삶아 만든 떡이다.

23 다음 중 웃기떡이 아닌 것은?

① 주악 ② 산승
③ 화전 ④ 수란

해설 웃기떡은 떡을 괴고 그 위를 장식하는 떡으로 화전, 주악, 단자, 산승 등이 있다.

24 다음 중 제주도의 향토떡이 아닌 것은?

① 빙떡 ② 잣구리
③ 조침떡 ④ 오메기떡

해설 제주도의 향토떡으로는 오메기떡, 차좁쌀떡, 빙떡, 조침떡, 상애떡, 도돔떡 등이 있다.

정답 21 ③ 22 ① 23 ④ 24 ②

25 찹쌀가루나 차수숫가루를 익반죽하여 지진 후 소를 넣고 반달처럼 접은 떡은?

① 개피떡 ② 화전
③ 부꾸미 ④ 경단

해설 부꾸미는 화전이나 주악처럼 기름에 지지는 유전병이다.

26 유리왕과 탈해의 왕위 계승에 관한 떡 이야기가 기록된 역사서는?

① 삼국유사 ② 왕조실록
③ 삼국사기 ④ 고려국사

해설 삼국사기에 유리왕과 탈해가 떡에 난 잇자국 수로 왕위 계승을 결정하였다는 이야기가 기록되어 있다.

27 유교에 인한 관혼상제 등의 의례와 세시행사가 관습으로 자리를 잡게 되어 조과류와 함께 다양한 떡이 전통음식으로서 등장한 시대는?

① 상고시대 ② 조선시대
③ 통일신라시대 ④ 고려시대

해설 조선시대에는 농업기술과 음식의 조리 및 가공기술이 발달하고 유교에 인한 관혼상제 등의 의례와 세시행사가 관습으로 자리를 잡게 되어 다양한 떡이 전통음식으로서 등장하게 되었다.

28 혼례식에 흰 절편을 둥글게 빚어 보름달처럼 밝게 비추고 둥글게 채우며 잘 살도록 기원하는 떡은?

① 용떡 ② 곤떡
③ 골무떡 ④ 달떡

해설 달떡은 달과 같이 밝고 둥글게 서로의 부족함을 채우며 화목하게 살라는 의미로 만든 떡이다.

정답 25 ③ 26 ③ 27 ② 28 ④

29 아이의 백일과 돌 때 우주만물과의 조화를 바라며 만드는 떡은?

① 오색송편 ② 송기송편
③ 도토리송편 ④ 오려송편

해설 오색송편은 아이가 만물과 조화를 이루며 살아가기를 염원하는 의미가 있다.

30 찹쌀가루와 메밀가루, 밀가루로 반죽한 피에 김치와 신선한 굴을 소로 넣어 김치떡을 만들어 먹는 섬은?

① 연평도 ② 백령도
③ 강화도 ④ 안면도

해설 백령도김치떡은 백령도 주민들이 간식용으로 먹던 만두 모양의 떡으로, 찹쌀가루와 메밀가루를 반죽하여 찐 다음 밀가루와 소금을 넣고 다시 반죽하여 피를 만들어 굴과 김치를 소로 넣고 빚어 찌는 떡이다.

31 찹쌀가루를 익반죽한 뒤 엿기름을 넣고 삭혀서 번철에 지져낸 평안도 향토음식은?

① 노티떡 ② 오쟁이떡
③ 증편 ④ 두텁떡

해설 노티떡은 노화가 잘 일어나지 않아 저장성이 좋다.

32 다음 중 발효떡이 아닌 것은?

① 증편 ② 웃지지
③ 상화병 ④ 개성주악

해설 증편, 상화병, 개성주악은 막걸리로 발효시켜 만든 떡이다.

정답 29 ① 30 ② 31 ① 32 ②

33 무탈을 비는 액막이 떡으로 많이 쓰이는 떡은?

① 붉은팥고물시루떡
② 검정팥고물시루떡
③ 녹두고물시루떡
④ 동부고물시루떡

 팥의 붉은색이 사악한 기운을 쫓는다는 의미가 있어 고사 때나 이사할 때, 함을 받을 때 붉은팥고물시루떡을 만들었다.

34 팥죽을 끓여 벽에 바르고 찹쌀로 만든 경단을 팥죽에 넣어 먹는 것은 언제인가?

① 유두
② 칠석
③ 상달
④ 동지

 동짓날을 작은 설이라 부르며 팥죽을 만들고 그 안에 찹쌀로 만든 새알심을 만들어 끓였다. 또한 팥죽을 끓여 벽에 바르는 것은 붉은 팥의 붉은색이 귀신을 쫓는다는 의미가 있어서이다.

35 갖은 편과 인절미를 높이 괴고 웃기를 얹어 아름답게 장식하는 것은 통과의례 중 어느 때인가?

① 회갑
② 책례
③ 제례
④ 돌

 음식 수도 많고 높이 고이는 큰상(고배상)은 대례를 끝낸 신붓집과 신랑집에서 차리거나 회갑 때 차린다.

36 기근과 재해로 인해 만들어 먹던 구황떡이 아닌 것은?

① 쑥떡
② 두텁떡
③ 보리개떡
④ 상자병

해설 구황떡이란 흉년 등으로 기근이 심할 때 굶주림을 벗어나기 위해 먹던 떡으로 쑥, 감자, 조, 피, 보리, 도토리 등에 곡식을 조금 넣어 만든 떡이다.

정답 33 ① 34 ④ 35 ① 36 ②

37 백일부터 10살 이전의 생일까지 만들어 주던 떡은 무엇인가?

① 쑥인절미
② 팥시루떡
③ 사탕설기
④ 찰수수경단

해설 삼신의 보호에 이르는 나이까지 잡귀가 붙지 못하게 하고 화를 피하고자 찰수수경단을 만들어 주었다.

38 정월대보름에 귀밝이술, 묵은 나물, 부럼, 복쌈과 함께 먹는 떡의 이름은?

① 인절미
② 약식
③ 백설기
④ 증편

해설 정월대보름에는 오곡밥, 진채식(묵은 나물로 만든 음식), 복쌈, 귀밝이술, 약식(약밥), 부럼 등을 먹었다.

39 가래떡을 가늘게 하여 누에고치 모양으로 만든 떡은 무엇인가?

① 조랭이떡
② 오쟁이떡
③ 오메기떡
④ 오그랑떡

해설 개성에서는 누에고치 모양으로 만든 조랭이떡으로 떡국을 끓였다.

40 상자병이란 무슨 가루를 섞어 만든 떡인가?

① 보리가루
② 도토리가루
③ 메밀가루
④ 수수가루

해설 상자병은 도토리나 상수리가루에 쌀가루를 조금 섞어 만든 구황떡이었는데, 요즘에는 도토리가 중금속을 제거한다고 하여 새롭게 조명된 떡이다.

정답 37 ④ 38 ② 39 ① 40 ②

41 승검초편이나 단자에 들어가는 승검초는 무엇인가?

① 당귀　　② 두충
③ 생강　　④ 황기

 미나리과에 속하는 다년생 약초인 당귀의 다른 이름이 승검초이며, 편이나 단자, 주악 등에 사용한다.

42 한가위에 먹는 탕은?

① 설렁탕　　② 백탕
③ 토란탕　　④ 곰탕

 〈동국이상국집〉에 한가위의 절식으로 토란국에 대하여 기록되어 있다.

43 향토떡의 연결이 잘못된 것은?

① 개성 – 조랭이떡　　② 제주 – 우메기떡
③ 강화 – 근대떡　　④ 평안도 – 노티떡

 제주의 향토떡은 오메기떡이며 우메기는 개성의 향토떡이다.

정답　41 ①　42 ③　43 ②

PART 5

Craftsman Tteok Making
떡 제 조 기 능 사

기출예상모의고사

CONTENTS

01회 기출예상모의고사

제한 시간 : 60분
남은 시간 :

글자 크기 100% 150% 200% 화면 배치 전체 문제 수 : 안 푼 문제 수 :

답안 표기란

01 멥쌀과 찹쌀에 있어 노화 속도 차이의 원인이 되는 성분은?

① 아밀라제(Amylase) ② 글라이코젠(Glycogen)
③ 아밀로펙틴(Amylopectin) ④ 글루텐(Gluten)

02 부재료를 첨가하는 이유로 알맞은 것은?

① 부재료는 무조건 많은 것이 좋다.
② 색이나 맛을 내기 위해서는 아무것이나 첨가하는 것이 좋다.
③ 부재료의 성질을 알아보고 결정해야 한다.
④ 약리성이 뛰어나면 많이 첨가한다.

03 두류에 대한 설명으로 적합하지 않은 것은?

① 콩을 익히면 단백질 소화율과 이용률이 더 높아진다.
② 콩에는 거품의 원인이 되는 사포닌이 들어 있다.
③ 콩의 주요 단백질은 글루텐이다.
④ 1%의 소금물에 담갔다가 그 용액에 삶으면 연화가 잘된다.

04 HACCP의 7 원칙의 맨 마지막 단계는?

① 개선 조치 방법 수립 ② 위해요소 분석
③ 한계관리기준 설정 ④ 문서화 및 기록 유지

계산기 다음 ▶ 안 푼 문제 답안 제출

글자 크기 100% 150% 200% 화면 배치 전체 문제 수 : 안 푼 문제 수 :

답안 표기란

05 부재료를 넣고 쪄낸 찹쌀 떡을 볶은팥 앙금가루나 흑임자 가루 등의 고물을 묻혀 불규칙한 층이 생기도록 성형하는 떡은?

① 쇠머리떡 ② 구름떡
③ 석탄병 ④ 무지개떡

06 다음 중 찌는 떡이 아닌 것은?

① 백설기 ② 나복병
③ 주악 ④ 잡과병

07 강화미란 주로 어떤 성분을 보충한 쌀인가?

① 비타민 A ② 비타민 B_1
③ 비타민 D ④ 비타민 C

08 설기떡을 만들기 위해 쌀가루를 체에 내리는 이유가 아닌 것은?

① 김이 골고루 올라오게 하기 위해서이다.
② 떡을 빨리 노화시키기 위해서이다.
③ 쌀가루에 섞은 채소나 과일가루가 골고루 섞이게 하기 위해서이다.
④ 쌀의 입자와 입자 사이에 공기층을 형성시켜 떡이 부드럽고 식감이 좋아지도록 하기 위해서이다.

09 주로 절편에 찍는 것으로 누르는 면에 음각 혹은 양각의 아름다운 문양이 새겨진 것은?

① 떡살 ② 다식판
③ 매판 ④ 밀판

계산기 다음 ▶ 안 푼 문제 답안 제출

PART 05

글자 크기 100% 150% 200% | 화면 배치 | 전체 문제 수 : 안 푼 문제 수 :

10 떡을 만들 때 쌀가루의 전분이 빨리 호화되려면?

① 수침을 짧게 하는 것이 좋다.
② 가열온도가 높을수록 좋다.
③ 쌀의 정백도가 낮을수록 좋다.
④ 수소이온 농도가 낮을수록 좋다.

11 떡을 찌고 나서 뜸을 들이는 이유로 옳은 것은?

① 미처 호화가 덜 된 전분입자를 호화시킴으로써 떡의 맛은 부드럽게, 식감은 좋게 하기 때문이다.
② 뜸을 오랫동안 들일수록 맛이 있기 때문이다.
③ 덜 익은 떡도 뜸을 들이면 호화되기 때문이다.
④ 뜸을 들이면 떡이 딱딱해지고 맛있어지기 때문이다.

12 물에 불린 콩이나 곡식 등을 맷돌에 넣고 갈 때 갈려진 음식물이 한곳에 모이도록 맷돌을 올려 놓는 도구는?

① 매판 ② 다식판
③ 목판 ④ 밀판

13 떡을 만들 때 쌀을 깨끗이 씻어야 하는 이유는?

① 맛이 있고 품질이 오래 유지되기 때문이다.
② 빨리 노화되도록 하기 위해서이다.
③ 영양분의 저하를 방지하기 위해서이다.
④ 비타민 B_1의 흡수가 늘어나기 때문이다.

답안 표기란

1	①	②	③	④
2	①	②	③	④
3	①	②	③	④
4	①	②	③	④
5	①	②	③	④
6	①	②	③	④
7	①	②	③	④
8	①	②	③	④
9	①	②	③	④
10	①	②	③	④
11	①	②	③	④
12	①	②	③	④
13	①	②	③	④
14	①	②	③	④
15	①	②	③	④
16	①	②	③	④
17	①	②	③	④
18	①	②	③	④
19	①	②	③	④
20	①	②	③	④
21	①	②	③	④
22	①	②	③	④
23	①	②	③	④
24	①	②	③	④
25	①	②	③	④
26	①	②	③	④
27	①	②	③	④
28	①	②	③	④
29	①	②	③	④
30	①	②	③	④

계산기 | 다음 ▶ | 안 푼 문제 | 답안 제출

글자 크기 100% 150% 200% 화면 배치 전체 문제 수 : 안 푼 문제 수 :

14 찹쌀을 멥쌀보다 다소 거칠게 분쇄해도 떡이 되는 이유는 무슨 성분 때문인가?

① 아미노산 ② 아밀라아제
③ 아밀로펙틴 ④ 펙틴

15 메스실린더는 다음 중 무엇의 부피를 재는 기구인가?

① 액체 ② 고체
③ 기체 ④ 반도체

16 쌀가루를 체에 치는 이유는?

① 쌀가루 입자가 고르게 되며 공기층이 생겨 떡이 부드럽게 된다.
② 쌀가루 입자가 고르게 되며 눌려서 떡이 쫀득해진다.
③ 쌀가루 입자가 고르게 되며 떡의 수분 함량이 증가한다.
④ 쌀가루 입자가 고르게 되며 떡이 단단해진다.

17 떡을 찌면 어떤 현상이 일어나는가?

① 전분이 변화되어 먹기 좋은 상태로 호정화된다.
② 전분이 변화되어 먹기 좋은 상태로 노화된다.
③ 전분이 변화되어 먹기 좋은 상태로 호화된다.
④ 전분이 변화되어 먹기 좋은 상태로 이질화된다.

답안 표기란

1	①	②	③	④
2	①	②	③	④
3	①	②	③	④
4	①	②	③	④
5	①	②	③	④
6	①	②	③	④
7	①	②	③	④
8	①	②	③	④
9	①	②	③	④
10	①	②	③	④
11	①	②	③	④
12	①	②	③	④
13	①	②	③	④
14	①	②	③	④
15	①	②	③	④
16	①	②	③	④
17	①	②	③	④
18	①	②	③	④
19	①	②	③	④
20	①	②	③	④
21	①	②	③	④
22	①	②	③	④
23	①	②	③	④
24	①	②	③	④
25	①	②	③	④
26	①	②	③	④
27	①	②	③	④
28	①	②	③	④
29	①	②	③	④
30	①	②	③	④

계산기 다음 ▶ 안 푼 문제 답안 제출

글자 크기 100% 150% 200% 화면 배치 전체 문제 수 : 안 푼 문제 수 :

답안 표기란

18 떡을 찌고 나서 미처 호화되지 못한 전분입자를 호화시키는 과정은?

① 분쇄하기
② 뜸들이기
③ 가열하기
④ 포장하기

19 찌는 떡을 무엇이라 하는가?

① 증병(甑餠)
② 경단(瓊團)
③ 도병(搗餠)
④ 전병(煎餠)

20 음식을 먹기 전에 가열하여도 식중독 예방이 가장 어려운 균은?

① 포도상구균
② 살모넬라균
③ 장염비브리오균
④ 병원성 대장균

21 미생물이 자라는 데 필요한 조건이 아닌 것은?

① 온도
② 햇빛
③ 수분
④ 영양분

22 황변미 중독을 일으키는 오염 미생물은?

① 곰팡이
② 효모
③ 세균
④ 기생충

계산기 다음 ▶ 안 푼 문제 답안 제출

글자 크기 100% 150% 200% 화면 배치 전체 문제 수 : 안 푼 문제 수 :

답안 표기란

23 식품첨가물 중 보존제의 목적과 가장 거리가 먼 것은?

① 수분 감소의 방지
② 신선도 유지
③ 식품의 영양가 보존
④ 변질 및 부패 방지

24 체내에 흡수되면 신장의 재흡수장애를 일으켜 칼슘 배설을 증가시키는 중금속은?

① 납
② 수은
③ 비소
④ 카드뮴

25 소독의 지표가 되는 소독제는?

① 석탄산
② 크레졸
③ 과산화수소
④ 포르마린

26 주류 발효 과정에서 존재하고 포도주, 사과주 등에 메탄올이 생성되어 함유될 수 있으며, 섭취 시 구토, 복통, 설사 증상이 나타나고 심하면 실명하게 되는 성분은?

① 펙틴
② 구연산
③ 지방산
④ 아미노산

27 일반음식점을 개업하기 위하여 수행하여야 할 사항과 관할 관청은?

① 영업 허가－지방식품의약품안전청
② 영업 신고－지방식품의약품안전청
③ 영업 허가－특별자치도 · 시 · 군 · 구청
④ 영업 신고－특별자치도 · 시 · 군 · 구청

계산기 다음 ▶ 안 푼 문제 답안 제출

글자 크기	100%	150%	200%	화면 배치	전체 문제 수 : 안 푼 문제 수 :

28 **식품취급자의 개인위생에 대한 설명 중 틀린 것은?**

① 위생복은 항상 청결하게 유지한다.
② 조리 도중에는 얼굴 등을 만지지 않는다.
③ 전염병이나 피부병을 가진 사람의 작업을 금지한다.
④ 도마는 손상될 경우 오염의 위험이 있으므로 가끔 소독한다.

29 **식품위생법에서 사용하는 '기구'에 대한 용어의 정의는?**

① 식품, 식품첨가물, 기구 또는 용기 · 포장에 존재하는 위험요소로서 인체의 건강을 해치거나 해칠 우려가 있는 것
② 식품을 제조 · 가공 · 조리 또는 보존하는 과정에 산화방지 등을 목적으로 식품에 사용되는 물질
③ 식품 또는 식품첨가물을 채취 · 제조 · 가공 · 조리 · 소분 등을 하여 판매하는 것
④ 식품 또는 식품첨가물을 채취 · 제조 · 가공 · 조리 · 소분 등을 할 때 사용하는 것

30 **회복기 보균자에 대한 설명으로 옳은 것은?**

① 병원체에 감염되어 있지만 임상증상이 아직 나타나지 않은 상태의 사람
② 병원체를 몸에 지니고 있으나 겉으로는 증상이 나타나지 않는 건강한 사람
③ 질병의 임상증상이 회복되는 시기에도 여전히 병원체를 지닌 사람
④ 몸에 세균 등 병원체를 오랫동안 보유하고 있으면서 자신은 병의 증상을 나타내지 아니하고 다른 사람에게 옮기는 사람

답안 표기란				
1	①	②	③	④
2	①	②	③	④
3	①	②	③	④
4	①	②	③	④
5	①	②	③	④
6	①	②	③	④
7	①	②	③	④
8	①	②	③	④
9	①	②	③	④
10	①	②	③	④
11	①	②	③	④
12	①	②	③	④
13	①	②	③	④
14	①	②	③	④
15	①	②	③	④
16	①	②	③	④
17	①	②	③	④
18	①	②	③	④
19	①	②	③	④
20	①	②	③	④
21	①	②	③	④
22	①	②	③	④
23	①	②	③	④
24	①	②	③	④
25	①	②	③	④
26	①	②	③	④
27	①	②	③	④
28	①	②	③	④
29	①	②	③	④
30	①	②	③	④

계산기

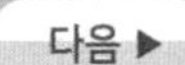

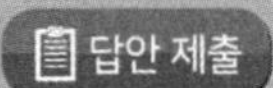

글자 크기 100% 150% 200% 화면 배치 전체 문제 수 : 안 푼 문제 수 :

31 간디스토마와 폐디스토마의 제1중간숙주를 순서대로 짝지어 놓은 것은?

① 우렁이 – 다슬기
② 잉어 – 가재
③ 사람 – 가재
④ 붕어 – 참게

32 다음 감염병 중 바이러스(Virus)가 병원체인 것은?

① 세균성 이질
② 폴리오
③ 파라티푸스
④ 장티푸스

33 만성감염병과 비교할 때 급성감염병의 역학적 특성은?

① 발생률은 낮고 유병률은 높다.
② 발생률은 높고 유병률은 낮다.
③ 발생률과 유병률이 모두 높다.
④ 발생률과 유병률이 모두 낮다.

34 중독될 경우 소변에서 코프로포르피린(Copro–porphyrin)이 검출될 수 있는 중금속은?

① 철(Fe)
② 크롬(Cr)
③ 납(Pb)
④ 시안화합물(CN)

답안 표기란

31	①	②	③	④
32	①	②	③	④
33	①	②	③	④
34	①	②	③	④
35	①	②	③	④
36	①	②	③	④
37	①	②	③	④
38	①	②	③	④
39	①	②	③	④
40	①	②	③	④
41	①	②	③	④
42	①	②	③	④
43	①	②	③	④
44	①	②	③	④
45	①	②	③	④
46	①	②	③	④
47	①	②	③	④
48	①	②	③	④
49	①	②	③	④
50	①	②	③	④
51	①	②	③	④
52	①	②	③	④
53	①	②	③	④
54	①	②	③	④
55	①	②	③	④
56	①	②	③	④
57	①	②	③	④
58	①	②	③	④
59	①	②	③	④
60	①	②	③	④

계산기 다음 ▶ 안 푼 문제 답안 제출

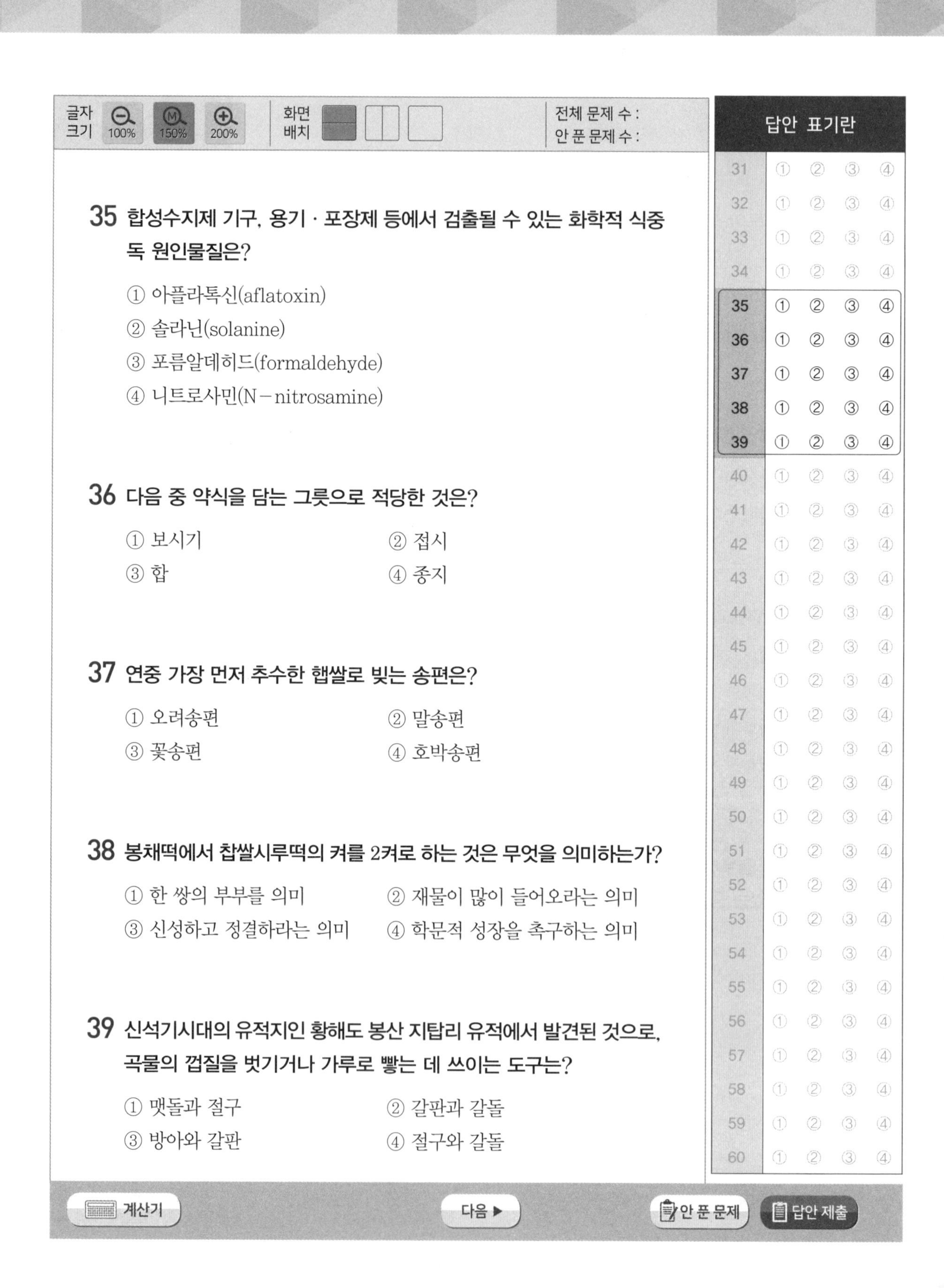

글자 크기 100% 150% 200% 화면 배치 전체 문제 수 : 안 푼 문제 수 :

답안 표기란

35 합성수지제 기구, 용기 · 포장제 등에서 검출될 수 있는 화학적 식중독 원인물질은?

① 아플라톡신(aflatoxin)
② 솔라닌(solanine)
③ 포름알데히드(formaldehyde)
④ 니트로사민(N－nitrosamine)

36 다음 중 약식을 담는 그릇으로 적당한 것은?

① 보시기 ② 접시
③ 합 ④ 종지

37 연중 가장 먼저 추수한 햅쌀로 빚는 송편은?

① 오려송편 ② 말송편
③ 꽃송편 ④ 호박송편

38 봉채떡에서 찹쌀시루떡의 켜를 2켜로 하는 것은 무엇을 의미하는가?

① 한 쌍의 부부를 의미 ② 재물이 많이 들어오라는 의미
③ 신성하고 정결하라는 의미 ④ 학문적 성장을 촉구하는 의미

39 신석기시대의 유적지인 황해도 봉산 지탑리 유적에서 발견된 것으로, 곡물의 껍질을 벗기거나 가루로 빻는 데 쓰이는 도구는?

① 맷돌과 절구 ② 갈판과 갈돌
③ 방아와 갈판 ④ 절구와 갈돌

계산기 다음 ▶ 안 푼 문제 답안 제출

글자 크기 100% 150% 200% | 화면 배치 | 전체 문제 수 : 안 푼 문제 수 :

40 다음 중 떡이란 호칭을 제일 먼저 사용한 문헌은?

① 임원십육지　② 규합총서
③ 해동역사　④ 지봉유설

41 〈규합총서〉에 찹쌀가루, 승검초가루, 후춧가루, 계피가루, 건강, 꿀, 잣 등을 사용하여 두텁떡과 유사하게 조리하였다고 기록된 떡은?

① 혼돈병　② 약식
③ 송기떡　④ 개피떡

42 곡물 생산이 늘어나고 불교의 성행으로 인한 음다풍속의 유행으로 떡의 종류와 조리법이 매우 다양해진 시대는?

① 삼국시대　② 고려시대
③ 통일신라시대　④ 조선시대

43 다음 중 과채류에 속하지 않는 것은?

① 딸기　② 수박
③ 토마토　④ 브로콜리

답안 표기란

31	①	②	③	④
32	①	②	③	④
33	①	②	③	④
34	①	②	③	④
35	①	②	③	④
36	①	②	③	④
37	①	②	③	④
38	①	②	③	④
39	①	②	③	④
40	①	②	③	④
41	①	②	③	④
42	①	②	③	④
43	①	②	③	④
44	①	②	③	④
45	①	②	③	④
46	①	②	③	④
47	①	②	③	④
48	①	②	③	④
49	①	②	③	④
50	①	②	③	④
51	①	②	③	④
52	①	②	③	④
53	①	②	③	④
54	①	②	③	④
55	①	②	③	④
56	①	②	③	④
57	①	②	③	④
58	①	②	③	④
59	①	②	③	④
60	①	②	③	④

계산기　다음 ▶　안 푼 문제　답안 제출

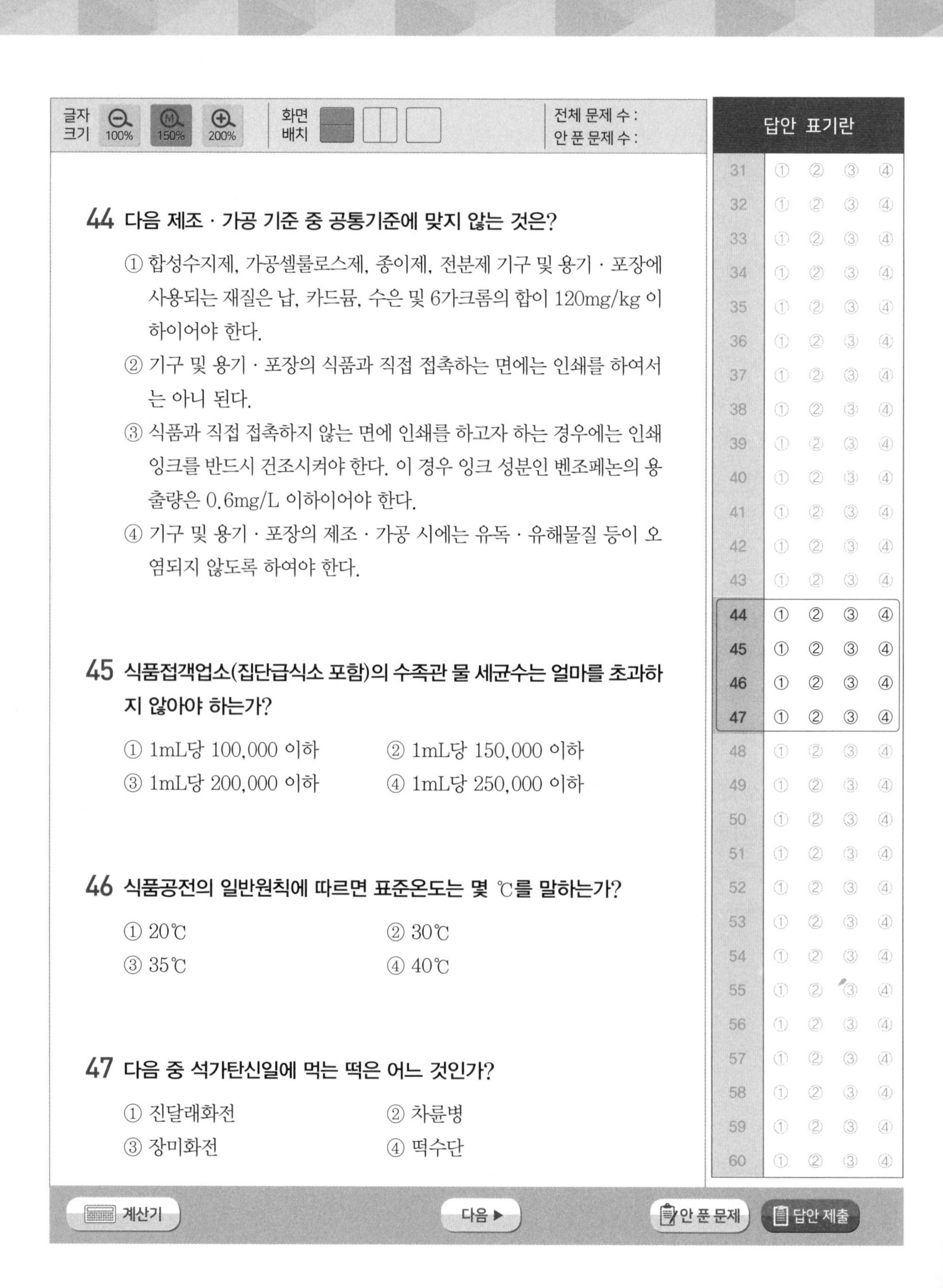

44 다음 제조 · 가공 기준 중 공통기준에 맞지 않는 것은?

① 합성수지제, 가공셀룰로스제, 종이제, 전분제 기구 및 용기 · 포장에 사용되는 재질은 납, 카드뮴, 수은 및 6가크롬의 합이 120mg/kg 이하이어야 한다.

② 기구 및 용기 · 포장의 식품과 직접 접촉하는 면에는 인쇄를 하여서는 아니 된다.

③ 식품과 직접 접촉하지 않는 면에 인쇄를 하고자 하는 경우에는 인쇄잉크를 반드시 건조시켜야 한다. 이 경우 잉크 성분인 벤조페논의 용출량은 0.6mg/L 이하이어야 한다.

④ 기구 및 용기 · 포장의 제조 · 가공 시에는 유독 · 유해물질 등이 오염되지 않도록 하여야 한다.

45 식품접객업소(집단급식소 포함)의 수족관 물 세균수는 얼마를 초과하지 않아야 하는가?

① 1mL당 100,000 이하　② 1mL당 150,000 이하
③ 1mL당 200,000 이하　④ 1mL당 250,000 이하

46 식품공전의 일반원칙에 따르면 표준온도는 몇 ℃를 말하는가?

① 20℃　② 30℃
③ 35℃　④ 40℃

47 다음 중 석가탄신일에 먹는 떡은 어느 것인가?

① 진달래화전　② 차륜병
③ 장미화전　④ 떡수단

글자 크기 100% 150% 200% 화면 배치 전체 문제 수 : 안 푼 문제 수 :

답안 표기란

48 사람이 태어나서 죽을 때까지 거치는 중요한 의례를 무엇이라 하는가?

① 삼칠일 ② 제례
③ 성년례 ④ 통과의례

49 태어난 지 61세가 되는 생일인 회갑(回甲)을 칭하는 말이 아닌 것은?

① 환갑(還甲) ② 고희(古稀)
③ 주갑(周甲) ④ 화갑(華甲)

50 동지 뒤 셋째 미일에 민간이나 조정에서 조상이나 종묘 또는 사직에 제사 지내는 날을 무엇이라 하는가 ?

① 기일(忌日) ② 길일(吉日)
③ 축일(祝日) ④ 납일(臘日)

51 떡에 관한 속담 중 '아무 소득이 없는 일에 헛고생만 한다.'라는 뜻을 가진 속담은?

① 떡심이 좋다.
② 떡 주무르듯 한다.
③ 떡 없는 제사에 절만 한다.
④ 떡이 있어야 제사도 지낸다.

계산기 다음 ▶ 안 푼 문제 답안 제출

PART 05

글자 크기 100% 150% 200% 화면 배치 전체 문제 수 : 안 푼 문제 수 :

답안 표기란

52 '배부른데 선떡준다'라는 속담은 무슨 뜻인가?

① 생색이 나지 않는 행동을 한다는 말
② 어떠한 일을 융통성 있게 할 줄 모른다는 말
③ 다 이루어진 일을 망쳐버렸다는 말
④ 남의 일에 아무런 관심이 없음을 비겨 이르는 말

53 농사철의 시작을 기념하는 음력 2월 초하루를 무엇이라 부르는가?

① 중양절 ② 한식
③ 상원 ④ 중화절

54 감제침떡은 무엇으로 만든 떡인가?

① 조 ② 수수
③ 고구마 ④ 보리

55 떡의 입자를 고르고 곱게 하기 위하여 체에 내리는데, 이때 가장 적당한 메시(mesh)는?

① 10mesh ② 20mesh
③ 30mesh ④ 40mesh

56 다음 중 맛의 상호작용에 해당하지 않는 것은?

① 맛의 대비 ② 맛의 건조
③ 맛의 상쇄 ④ 맛의 피로

31	①	②	③	④
32	①	②	③	④
33	①	②	③	④
34	①	②	③	④
35	①	②	③	④
36	①	②	③	④
37	①	②	③	④
38	①	②	③	④
39	①	②	③	④
40	①	②	③	④
41	①	②	③	④
42	①	②	③	④
43	①	②	③	④
44	①	②	③	④
45	①	②	③	④
46	①	②	③	④
47	①	②	③	④
48	①	②	③	④
49	①	②	③	④
50	①	②	③	④
51	①	②	③	④
52	①	②	③	④
53	①	②	③	④
54	①	②	③	④
55	①	②	③	④
56	①	②	③	④
57	①	②	③	④
58	①	②	③	④
59	①	②	③	④
60	①	②	③	④

계산기 다음 ▶ 안 푼 문제 답안 제출

글자 크기 100% 150% 200% | 화면 배치 | 전체 문제 수 : 안 푼 문제 수 :

57 〈도문대작〉에서 '느티나무 잎으로 만든 떡'이라고 소개한 떡은?

① 나복병 ② 유엽병
③ 상자병 ④ 복령병

58 찌는 떡의 종류가 아닌 것은?

① 나복병 ② 잡과병
③ 차륜병 ④ 와거병

59 삼짇날에 먹는 화전은?

① 장미화전 ② 국화화전
③ 맨드라미화전 ④ 두견화전

60 채소를 세척할 때 올바른 방법은?

① 뜨거운 물에 재빨리 씻는다.
② 진한 소금물에 여러 번 씻는다.
③ 흐르는 물에 3번 이상 씻는다.
④ 흙만 안 보일 정도로 씻는다.

답안 표기란

31	①	②	③	④
32	①	②	③	④
33	①	②	③	④
34	①	②	③	④
35	①	②	③	④
36	①	②	③	④
37	①	②	③	④
38	①	②	③	④
39	①	②	③	④
40	①	②	③	④
41	①	②	③	④
42	①	②	③	④
43	①	②	③	④
44	①	②	③	④
45	①	②	③	④
46	①	②	③	④
47	①	②	③	④
48	①	②	③	④
49	①	②	③	④
50	①	②	③	④
51	①	②	③	④
52	①	②	③	④
53	①	②	③	④
54	①	②	③	④
55	①	②	③	④
56	①	②	③	④
57	①	②	③	④
58	①	②	③	④
59	①	②	③	④
60	①	②	③	④

계산기 다음 ▶ 안 푼 문제 답안 제출

02회 기출예상모의고사

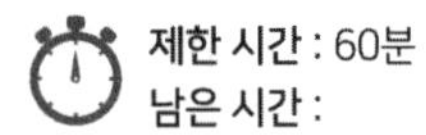

글자 크기 100% 150% 200% 화면 배치 전체 문제 수 : 안 푼 문제 수 :

01 보리에 함유된 단백질은 무엇인가?

① 호르데인(hordein) ② 오리자닌(oryzain)
③ 리신(lysine) ④ 글루텐(guluten)

02 부재료에 따른 분류에 속하지 않는 떡은?

① 호박설기 ② 깨찰편
③ 녹두시루떡 ④ 두텁떡

03 감이나 수수의 떫은 맛은 무슨 성분 때문인가?

① 뮤신 ② 알리신
③ 탄닌 ④ 캡사이신

04 찹쌀의 아밀로스와 아밀로펙틴에 대한 설명으로 옳은 것은?

① 아밀로스의 함량이 더 많다.
② 아밀로스의 함량과 아밀로펙틴의 함량이 거의 같다.
③ 아밀로펙틴으로 이루어져 있다.
④ 아밀로펙틴은 존재하지 않는다.

답안 표기란

1	①	②	③	④
2	①	②	③	④
3	①	②	③	④
4	①	②	③	④
5	①	②	③	④
6	①	②	③	④
7	①	②	③	④
8	①	②	③	④
9	①	②	③	④
10	①	②	③	④
11	①	②	③	④
12	①	②	③	④
13	①	②	③	④
14	①	②	③	④
15	①	②	③	④
16	①	②	③	④
17	①	②	③	④
18	①	②	③	④
19	①	②	③	④
20	①	②	③	④
21	①	②	③	④
22	①	②	③	④
23	①	②	③	④
24	①	②	③	④
25	①	②	③	④
26	①	②	③	④
27	①	②	③	④
28	①	②	③	④
29	①	②	③	④
30	①	②	③	④

계산기 다음 ▶ 안 푼 문제 답안 제출

글자 크기 100% 150% 200% | 화면 배치 | 전체 문제 수 : 안 푼 문제 수 :

답안 표기란

05 전분의 호화에 대한 설명으로 옳은 것은?

① α－전분이 β－전분으로 변하는 현상이다.
② 온도가 낮으면 호화 시간이 빠르다.
③ 전분의 미셀(micelle) 구조가 파괴되는 과정이다.
④ 전분이 덱스트린으로 분해되는 과정이다.

06 현미는 벼의 어느 부위를 벗겨낸 것인가?

① 과피와 종피
② 겨층
③ 겨층과 배아
④ 왕겨층

07 옛날 임금님의 생신 때 올리던 떡으로 '봉우리떡' 이라고도 불리는 떡은?

① 두텁떡
② 용떡
③ 오쟁이떡
④ 곤떡

08 곡류를 그대로 또는 가루 내어 익힌 다음, 안반이나 절구에서 매우 쳐서 만든 떡은?

① 도병(搗餠)
② 증병(甑餠)
③ 유전병(油煎餠)
④ 단자(團子)

계산기 다음 ▶ 안 푼 문제 답안 제출

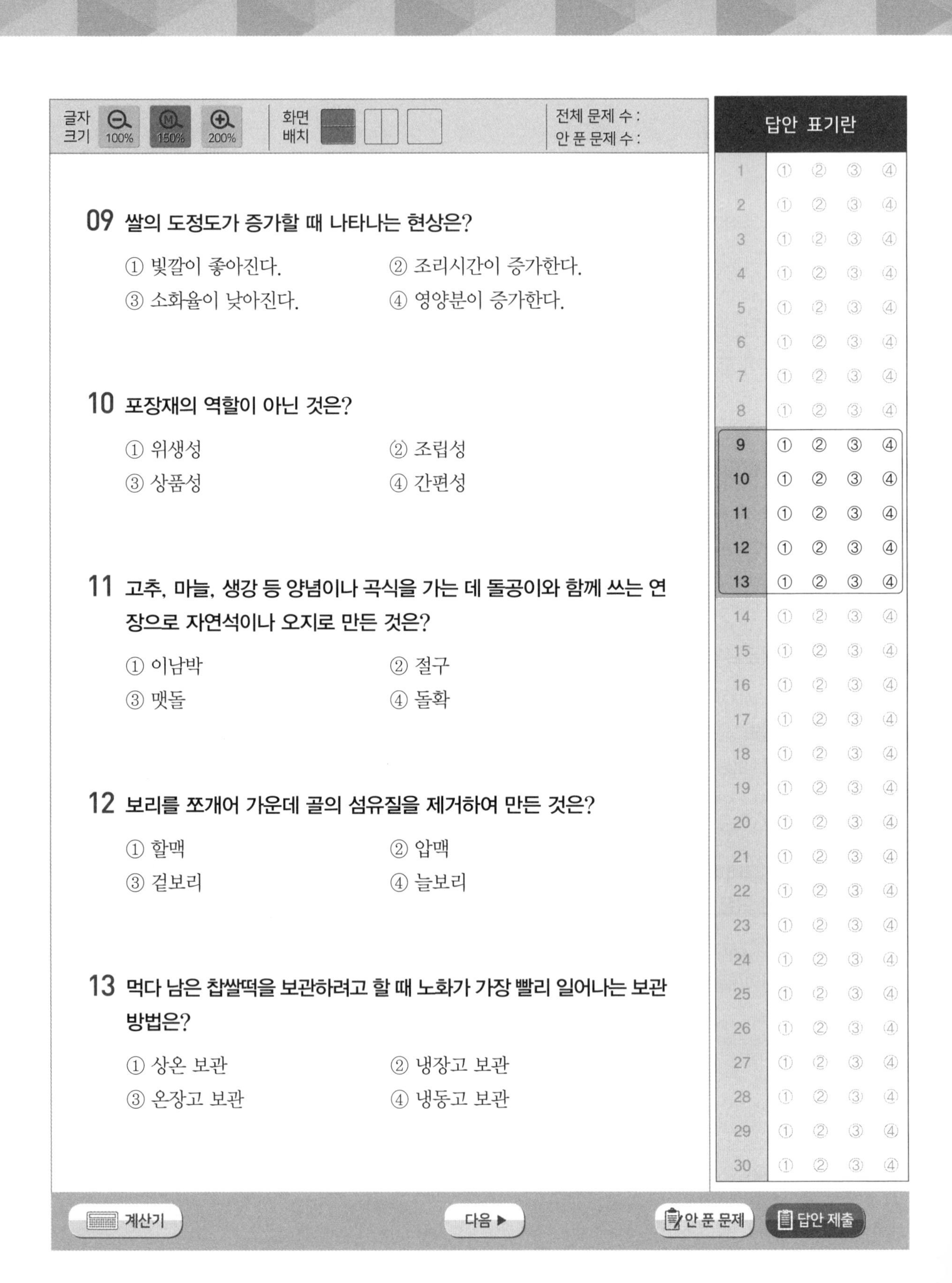

09 쌀의 도정도가 증가할 때 나타나는 현상은?

① 빛깔이 좋아진다.
② 조리시간이 증가한다.
③ 소화율이 낮아진다.
④ 영양분이 증가한다.

10 포장재의 역할이 아닌 것은?

① 위생성
② 조립성
③ 상품성
④ 간편성

11 고추, 마늘, 생강 등 양념이나 곡식을 가는 데 돌공이와 함께 쓰는 연장으로 자연석이나 오지로 만든 것은?

① 이남박
② 절구
③ 맷돌
④ 돌확

12 보리를 쪼개어 가운데 골의 섬유질을 제거하여 만든 것은?

① 할맥
② 압맥
③ 겉보리
④ 늘보리

13 먹다 남은 찹쌀떡을 보관하려고 할 때 노화가 가장 빨리 일어나는 보관 방법은?

① 상온 보관
② 냉장고 보관
③ 온장고 보관
④ 냉동고 보관

글자 크기 100% 150% 200% 화면 배치 전체 문제 수 : 안 푼 문제 수 :

14 **호화전분이 노화를 일으키기 어려운 조건은?**

① 수분 함량이 15% 이하일 때
② 온도가 0~4℃일 때
③ 전분의 아밀로오스 함량이 많을 때
④ 수분 함량이 30~60%일 때

15 **쌀을 수침했을 때 흡수 과정에 영향을 미치지 않는 것은?**

① 품종 ② 발효도
③ 건조도 ④ 수온

16 **쌀가루를 익반죽하는 이유는?**

① 끓는 물로 인해 호화되어 점성이 생기기 때문
② 끓는 물은 노화를 촉진하기 때문
③ 끓는 물이 들어가 빨리 익을 수 있어서
④ 설탕을 빨리 녹이기 위해

17 **다음 중 켜떡에 대한 설명으로 옳은 것은?**

① 켜떡은 지지는 떡의 일종이다.
② 켜떡은 멥쌀가루에 여러 가지 부재료를 섞어 물을 내린 다음 시루에 안쳐 한 덩어리가 되게 찌는 떡이다.
③ 켜떡은 쌀가루와 고물을 시루에 켜켜이 안쳐서 찌는 떡이다.
④ 켜떡을 무리떡이라고도 한다.

답안 표기란

1	①	②	③	④
2	①	②	③	④
3	①	②	③	④
4	①	②	③	④
5	①	②	③	④
6	①	②	③	④
7	①	②	③	④
8	①	②	③	④
9	①	②	③	④
10	①	②	③	④
11	①	②	③	④
12	①	②	③	④
13	①	②	③	④
14	①	②	③	④
15	①	②	③	④
16	①	②	③	④
17	①	②	③	④
18	①	②	③	④
19	①	②	③	④
20	①	②	③	④
21	①	②	③	④
22	①	②	③	④
23	①	②	③	④
24	①	②	③	④
25	①	②	③	④
26	①	②	③	④
27	①	②	③	④
28	①	②	③	④
29	①	②	③	④
30	①	②	③	④

계산기 

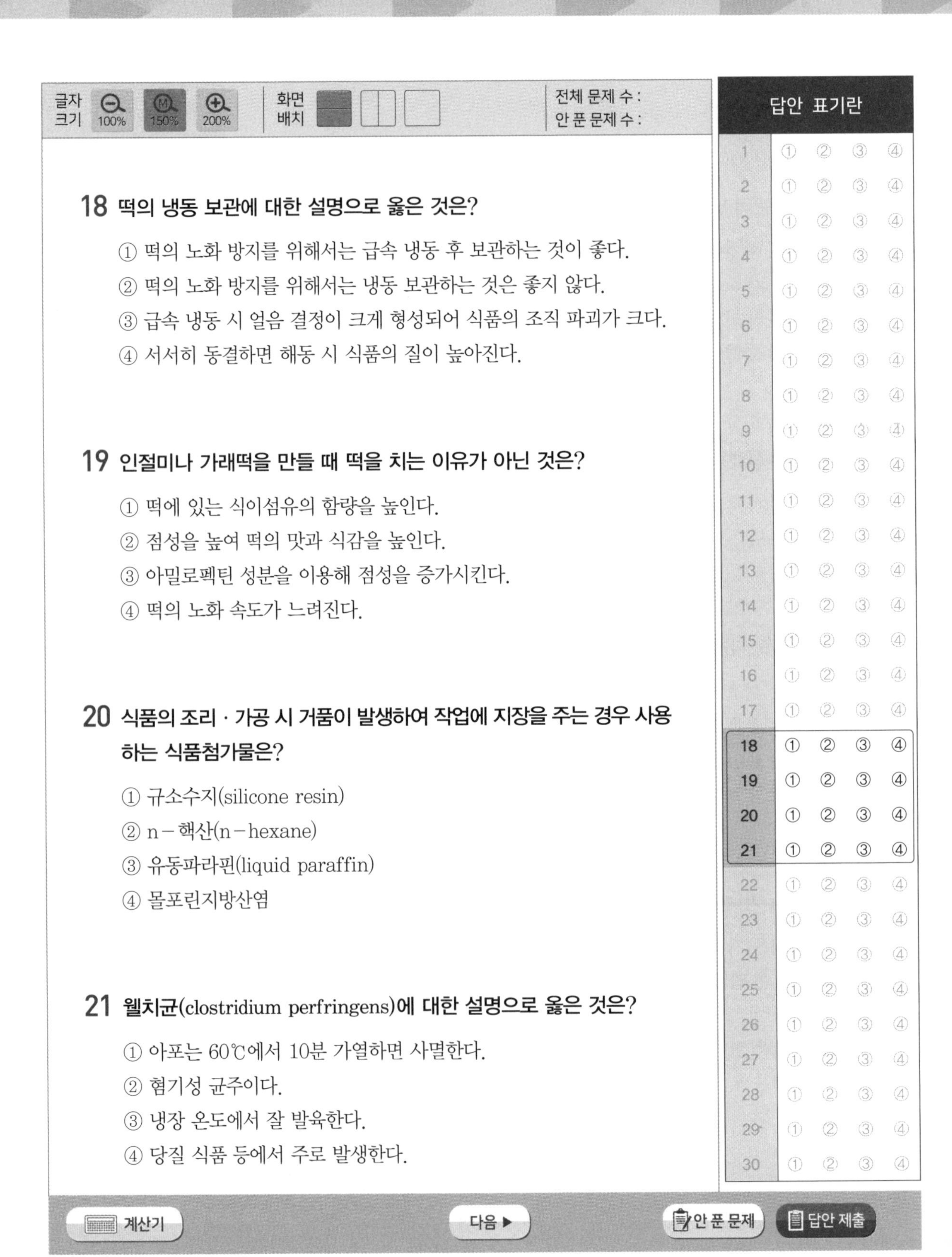

18 떡의 냉동 보관에 대한 설명으로 옳은 것은?

① 떡의 노화 방지를 위해서는 급속 냉동 후 보관하는 것이 좋다.
② 떡의 노화 방지를 위해서는 냉동 보관하는 것은 좋지 않다.
③ 급속 냉동 시 얼음 결정이 크게 형성되어 식품의 조직 파괴가 크다.
④ 서서히 동결하면 해동 시 식품의 질이 높아진다.

19 인절미나 가래떡을 만들 때 떡을 치는 이유가 아닌 것은?

① 떡에 있는 식이섬유의 함량을 높인다.
② 점성을 높여 떡의 맛과 식감을 높인다.
③ 아밀로펙틴 성분을 이용해 점성을 증가시킨다.
④ 떡의 노화 속도가 느려진다.

20 식품의 조리 · 가공 시 거품이 발생하여 작업에 지장을 주는 경우 사용하는 식품첨가물은?

① 규소수지(silicone resin)
② n－핵산(n－hexane)
③ 유동파라핀(liquid paraffin)
④ 몰포린지방산염

21 웰치균(clostridium perfringens)에 대한 설명으로 옳은 것은?

① 아포는 60℃에서 10분 가열하면 사멸한다.
② 혐기성 균주이다.
③ 냉장 온도에서 잘 발육한다.
④ 당질 식품 등에서 주로 발생한다.

글자 크기 100% 150% 200% | 화면 배치 | 전체 문제 수 : 안 푼 문제 수 :

22 식품의 변질 및 부패를 일으키는 주원인은?

① 미생물
② 기생충
③ 농약
④ 자연독

23 절구를 대신하여 편칭기를 사용할 때 올바른 것은?

① 편칭의 속도를 빠르게 한다.
② 물 묻은 손으로 자주 뒤집어준다.
③ 편칭기가 완전히 멈춘 다음 재료를 꺼낸다.
④ 중간에 전기 스위치를 꺼준다.

24 위생 복장 착용 시 주의해야 할 점으로 옳지 않은 것은?

① 앞치마의 끈은 바르게 묶고 안전화를 착용한다.
② 위생모와 위생복은 항상 청결하게 세탁하여 착용한다.
③ 액세서리는 착용하지 않는다.
④ 화장실을 이용할 때는 조리화를 신고 간다.

25 비말감염이 가장 잘 이루어질 수 있는 조건은?

① 군집
② 영양결핍
③ 피로
④ 매개곤충의 서식

답안 표기란

번호				
1	①	②	③	④
2	①	②	③	④
3	①	②	③	④
4	①	②	③	④
5	①	②	③	④
6	①	②	③	④
7	①	②	③	④
8	①	②	③	④
9	①	②	③	④
10	①	②	③	④
11	①	②	③	④
12	①	②	③	④
13	①	②	③	④
14	①	②	③	④
15	①	②	③	④
16	①	②	③	④
17	①	②	③	④
18	①	②	③	④
19	①	②	③	④
20	①	②	③	④
21	①	②	③	④
22	①	②	③	④
23	①	②	③	④
24	①	②	③	④
25	①	②	③	④
26	①	②	③	④
27	①	②	③	④
28	①	②	③	④
29	①	②	③	④
30	①	②	③	④

계산기 | 다음 ▶ | 안 푼 문제 | 답안 제출

글자 크기 100% 150% 200% 화면 배치 전체 문제 수 : 안 푼 문제 수 :

26 **환자나 보균자의 분뇨에 의해서 감염될 수 있는 경구감염병은?**

① 장티푸스 ② 결핵
③ 인플루엔자 ④ 디프테리아

27 **병원성 미생물의 발육과 그 작용을 저지 또는 정지시켜 부패나 발효를 방지하는 조작은?**

① 방부 ② 산화
③ 멸균 ④ 변패

28 **혐기성균으로 열과 소독약에 저항성이 강한 아포를 생산하는 독소형 식중독은?**

① 장염 비브리오균 ② 클로스트리디움 보툴리늄
③ 살모넬라균 ④ 포도상구균

29 **병원체가 생활, 증식, 생존을 계속하여 인간에게 전파될 수 있는 상태로 저장되는 곳을 무엇이라 하는가?**

① 숙주 ② 보균자
③ 환경 ④ 병원소

30 **단체급식이나 외식산업 HACCP의 7가지 원칙에 해당하지 않는 것은?**

① 모니터링 방법 설정 ② 검증 방법 설정
③ 기록 유지 및 문서관리 ④ 공정 흐름도 작성

답안 표기란

1	①	②	③	④
2	①	②	③	④
3	①	②	③	④
4	①	②	③	④
5	①	②	③	④
6	①	②	③	④
7	①	②	③	④
8	①	②	③	④
9	①	②	③	④
10	①	②	③	④
11	①	②	③	④
12	①	②	③	④
13	①	②	③	④
14	①	②	③	④
15	①	②	③	④
16	①	②	③	④
17	①	②	③	④
18	①	②	③	④
19	①	②	③	④
20	①	②	③	④
21	①	②	③	④
22	①	②	③	④
23	①	②	③	④
24	①	②	③	④
25	①	②	③	④
26	①	②	③	④
27	①	②	③	④
28	①	②	③	④
29	①	②	③	④
30	①	②	③	④

계산기 다음 ▶ 안 푼 문제 답안 제출

글자 크기 100% 150% 200% 화면 배치 전체 문제 수 : 안 푼 문제 수 :

31 독소형 세균성 식중독으로 짝지어진 것은?

① 살모넬라 식중독, 장염비브리오 식중독
② 리스테리아 식중독, 복어독 식중독
③ 황색포도상구균 식중독, 클로스트리디움 보툴리늄균 식중독
④ 맥각독 식중독, 콜리균 식중독

32 식품 취급자의 화농성 질환에 의해 감염되는 식중독은?

① 살모넬라 식중독
② 황색포도상구균 식중독
③ 장염비브리오 식중독
④ 병원성대장균 식중독

33 수인성 감염병의 특징으로 옳지 않은 것은?

① 단시간에 다수의 환자가 발생한다.
② 환자의 발생은 그 급수지역과 관계가 깊다.
③ 발생률이 남녀노소, 성별, 연령별로 차이가 크다.
④ 오염원의 제거로 일시에 종식될 수 있다.

34 기생충과 인체 감염원인 식품의 연결이 틀린 것은?

① 동양모양선충 – 민물고기
② 무구조충 – 쇠고기
③ 유구조충 – 돼지고기
④ 아니사키스 – 바다생선

답안 표기란

31	①	②	③	④
32	①	②	③	④
33	①	②	③	④
34	①	②	③	④
35	①	②	③	④
36	①	②	③	④
37	①	②	③	④
38	①	②	③	④
39	①	②	③	④
40	①	②	③	④
41	①	②	③	④
42	①	②	③	④
43	①	②	③	④
44	①	②	③	④
45	①	②	③	④
46	①	②	③	④
47	①	②	③	④
48	①	②	③	④
49	①	②	③	④
50	①	②	③	④
51	①	②	③	④
52	①	②	③	④
53	①	②	③	④
54	①	②	③	④
55	①	②	③	④
56	①	②	③	④
57	①	②	③	④
58	①	②	③	④
59	①	②	③	④
60	①	②	③	④

계산기 다음 ▶ 안 푼 문제 답안 제출

글자 크기 100% 150% 200% 화면 배치 전체 문제 수 : 안 푼 문제 수 :

답안 표기란

35 식품위생법상 영업에 종사하지 못하는 질병의 종류가 아닌 것은?

① 비감염성 결핵 ② 세균성 이질
③ 장티푸스 ④ 화농성 질환

36 풍년을 기원하는 수레바퀴 모양의 수리취떡은 어느 명절에 먹는 떡인가?

① 삼짇날 ② 단오날
③ 초파일 ④ 유두

37 다음 중 떡 어원의 변천으로 맞는 것은?

① 찌기 → 떼기 → 떠기 → 떡
② 떼기 → 떠기 → 찌기 → 떡
③ 떠기 → 찌기 → 떼기 → 떡
④ 찌기 → 떠기 → 떼기 → 떡

38 시루에 붉은팥고물을 써서 두 켜만 안치고 맨 위에 대추와 밤을 둥글게 돌려 놓아 함이 들어올 때 시루째 상에 올리는 붉은팥찰시루떡은?

① 연안인절미 ② 빙자병
③ 잣구리 ④ 봉치떡

39 매달 있는 명절날에 해 먹는 음식을 무엇이라 하는가?

① 시식 ② 계절식
③ 절식 ④ 진식

계산기 다음 ▶ 안 푼 문제 답안 제출

글자 크기 100% 150% 200% 화면 배치 전체 문제 수 : 안 푼 문제 수 :

40 다음 중 조선시대에 떡을 기록한 문헌이 아닌 것은?

① 지리지 ② 도문대작
③ 음식디미방 ④ 부인필지

41 중화절에 한 해 농사를 지을 노비들을 위해 지어주는 떡은?

① 노비단자 ② 노비화전
③ 노비수단 ④ 노비송편

42 <요록>에 '찹쌀가루로 떡을 만들어 삶아 익힌 뒤 꿀물에 담갔다가 꺼내어 그릇에 담아 다시 그 위에 꿀을 더한다'고 설명한 떡은?

① 화전 ② 경단
③ 수단 ④ 주악

43 시루는 어느 시기에 처음 발견되었는가?

① 신석기 ② 청동기
③ 구석기 ④ 가야시대

44 전통적 떡도구와 현대화된 떡 제조 설비와의 관계가 맞는 것은?

① 안반 – 분삭기 ② 키 – 펀칭기
③ 시루 – 제병기 ④ 방아 – 롤러밀

답안 표기란

번호				
31	①	②	③	④
32	①	②	③	④
33	①	②	③	④
34	①	②	③	④
35	①	②	③	④
36	①	②	③	④
37	①	②	③	④
38	①	②	③	④
39	①	②	③	④
40	①	②	③	④
41	①	②	③	④
42	①	②	③	④
43	①	②	③	④
44	①	②	③	④
45	①	②	③	④
46	①	②	③	④
47	①	②	③	④
48	①	②	③	④
49	①	②	③	④
50	①	②	③	④
51	①	②	③	④
52	①	②	③	④
53	①	②	③	④
54	①	②	③	④
55	①	②	③	④
56	①	②	③	④
57	①	②	③	④
58	①	②	③	④
59	①	②	③	④
60	①	②	③	④

계산기 다음 ▶ 안 푼 문제 답안 제출

글자 크기 100% 150% 200% 화면 배치 전체 문제 수 : 안 푼 문제 수 :

45 설탕의 250배의 단맛을 가지며, 독성으로 인해 사용이 금지된 무색 결정의 인공 감미료는?

① 둘신 ② 아스파탐
③ 소르비톨 ④ 시클라메이트

46 인절미를 만들 때 옳은 방법은?

① 찹쌀을 곱게 빻아준다.
② 찹쌀가루를 주먹으로 쥐어 담는다.
③ 찜기에 쌀가루를 눌러 가며 담아준다.
④ 멥쌀로 만든 떡보다 약간 질게 한다.

47 떡을 만들 때 쌀에 섞는 부재료로 올바르지 않은 것은?

① 상추 ② 연육(蓮肉)
③ 맥아 ④ 천남성

48 개피떡의 다른 이름은 무엇인가?

① 혼돈병 ② 갑피병
③ 서여향병 ④ 나복병

49 제례상에 올리는 편류에 속하지 않는 것은?

① 녹두고물편 ② 꿀편
③ 흑임자고물편 ④ 백편

답안 표기란

번호				
31	①	②	③	④
32	①	②	③	④
33	①	②	③	④
34	①	②	③	④
35	①	②	③	④
36	①	②	③	④
37	①	②	③	④
38	①	②	③	④
39	①	②	③	④
40	①	②	③	④
41	①	②	③	④
42	①	②	③	④
43	①	②	③	④
44	①	②	③	④
45	①	②	③	④
46	①	②	③	④
47	①	②	③	④
48	①	②	③	④
49	①	②	③	④
50	①	②	③	④
51	①	②	③	④
52	①	②	③	④
53	①	②	③	④
54	①	②	③	④
55	①	②	③	④
56	①	②	③	④
57	①	②	③	④
58	①	②	③	④
59	①	②	③	④
60	①	②	③	④

계산기 다음 ▶ 안 푼 문제 답안 제출

글자 크기 100% 150% 200% 화면 배치 전체 문제 수 : 안 푼 문제 수 :

답안 표기란

50 오염된 곡물을 섭취해서 장애를 일으키는 곰팡이 독은?

① 삭시톡신 ② 아플라톡신
③ 솔라닌 ④ 무스카린

51 중화절에 대한 내용이 아닌 것은?

① 맑은 시내나 산간폭포에 가서 머리를 감고 몸을 씻은 뒤, 가지고 간 음식을 먹으면서 서늘하게 하루를 지낸다.
② 노비일이라고도 한다.
③ 음력 이월 초하루를 달리 부르는 말이다.
④ 임금이 중화척이라는 자를 신하에게 내려주어 농사를 장려하였다.

52 불린 쌀을 가루로 분쇄하는 떡 설비는?

① 성형기 ② 펀칭기
③ 롤러밀 ④ 절단기

53 경앗가루란 무엇인가?

① 청태콩을 볶아서 가루를 낸 것
② 당귀싹을 통풍이 잘되는 그늘에서 말려서 가루를 낸 것
③ 팥앙금을 쪄서 여러 번 말린 것
④ 땡감의 껍질과 심과 씨를 제거하여 바싹 말린 후 가루를 낸 것

31	①	②	③	④
32	①	②	③	④
33	①	②	③	④
34	①	②	③	④
35	①	②	③	④
36	①	②	③	④
37	①	②	③	④
38	①	②	③	④
39	①	②	③	④
40	①	②	③	④
41	①	②	③	④
42	①	②	③	④
43	①	②	③	④
44	①	②	③	④
45	①	②	③	④
46	①	②	③	④
47	①	②	③	④
48	①	②	③	④
49	①	②	③	④
50	①	②	③	④
51	①	②	③	④
52	①	②	③	④
53	①	②	③	④
54	①	②	③	④
55	①	②	③	④
56	①	②	③	④
57	①	②	③	④
58	①	②	③	④
59	①	②	③	④
60	①	②	③	④

계산기 다음 ▶ 안 푼 문제 답안 제출

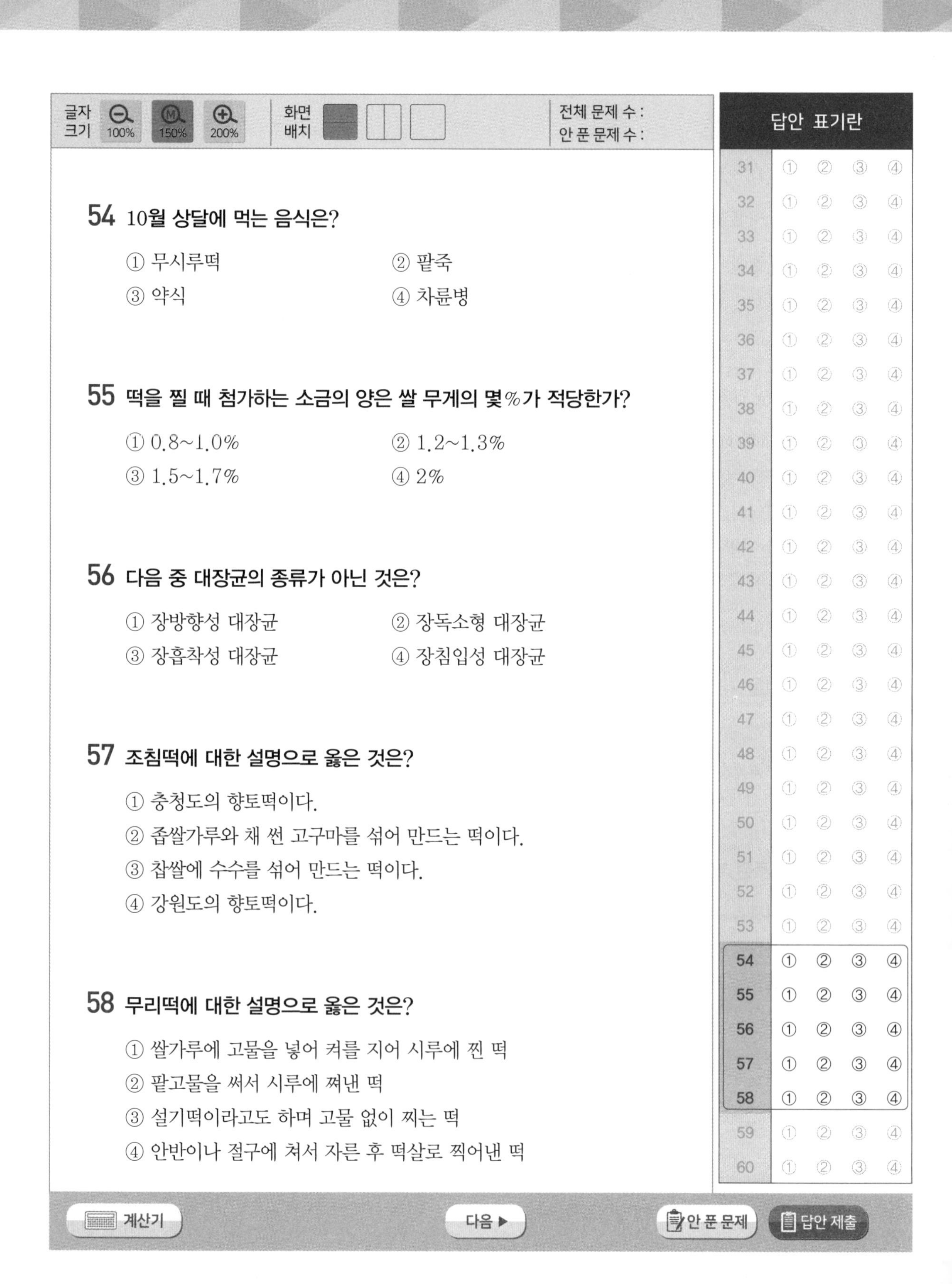

54 10월 상달에 먹는 음식은?

① 무시루떡
② 팥죽
③ 약식
④ 차륜병

55 떡을 찔 때 첨가하는 소금의 양은 쌀 무게의 몇%가 적당한가?

① 0.8~1.0%
② 1.2~1.3%
③ 1.5~1.7%
④ 2%

56 다음 중 대장균의 종류가 아닌 것은?

① 장방향성 대장균
② 장독소형 대장균
③ 장흡착성 대장균
④ 장침입성 대장균

57 조침떡에 대한 설명으로 옳은 것은?

① 충청도의 향토떡이다.
② 좁쌀가루와 채 썬 고구마를 섞어 만드는 떡이다.
③ 찹쌀에 수수를 섞어 만드는 떡이다.
④ 강원도의 향토떡이다.

58 무리떡에 대한 설명으로 옳은 것은?

① 쌀가루에 고물을 넣어 켜를 지어 시루에 찐 떡
② 팥고물을 써서 시루에 쪄낸 떡
③ 설기떡이라고도 하며 고물 없이 찌는 떡
④ 안반이나 절구에 쳐서 자른 후 떡살로 찍어낸 떡

글자 크기 100% 150% 200% 화면 배치 전체 문제 수 : 안 푼 문제 수 :

59 생고구마를 잘랐을 때 나오는 진액으로 정장작용에 탁월한 효과가 있는 것은?

① 이눌린 ② 제인
③ 갈락탄 ④ 야리핀

60 식품위생법상 영업에 종사하지 못하는 전염병이 아닌 것은?

① 장출혈성 대장균 감염증
② 피부병 또는 화농성질환
③ 장티푸스
④ 비감염성인 결핵

답안 표기란

31	①	②	③	④
32	①	②	③	④
33	①	②	③	④
34	①	②	③	④
35	①	②	③	④
36	①	②	③	④
37	①	②	③	④
38	①	②	③	④
39	①	②	③	④
40	①	②	③	④
41	①	②	③	④
42	①	②	③	④
43	①	②	③	④
44	①	②	③	④
45	①	②	③	④
46	①	②	③	④
47	①	②	③	④
48	①	②	③	④
49	①	②	③	④
50	①	②	③	④
51	①	②	③	④
52	①	②	③	④
53	①	②	③	④
54	①	②	③	④
55	①	②	③	④
56	①	②	③	④
57	①	②	③	④
58	①	②	③	④
59	①	②	③	④
60	①	②	③	④

계산기 다음 ▶ 안 푼 문제 답안 제출

03회 기출예상모의고사

제한 시간 : 60분
남은 시간 :

글자 크기 100% 150% 200% 화면 배치 전체 문제 수 : 안 푼 문제 수 :

답안 표기란

01 다음 중 무리떡이 아닌 것은?

① 붉은팥시루떡 ② 백설기
③ 잡과병 ④ 콩설기

02 우리나라의 식품위생행정에 관한 업무를 총괄 · 기획하며 지방행정기관의 식품위생행정업무를 지휘 감독하는 기관은?

① 고용노동부 ② 기획재정부
③ 산업통상자원부 ④ 보건복지부

03 식품위생의 관리 범위는?

① 조리에서 섭취까지 ② 수확에서 섭취까지
③ 재배부터 섭취까지 ④ 저장에서 섭취까지

04 다음 중 미생물이 아닌 것은?

① 촌충 ② 세균
③ 효모 ④ 곰팡이

계산기 다음 ▶ 안 푼 문제 답안 제출

글자 크기	100%	150%	200%	화면 배치				전체 문제 수 : 안 푼 문제 수 :

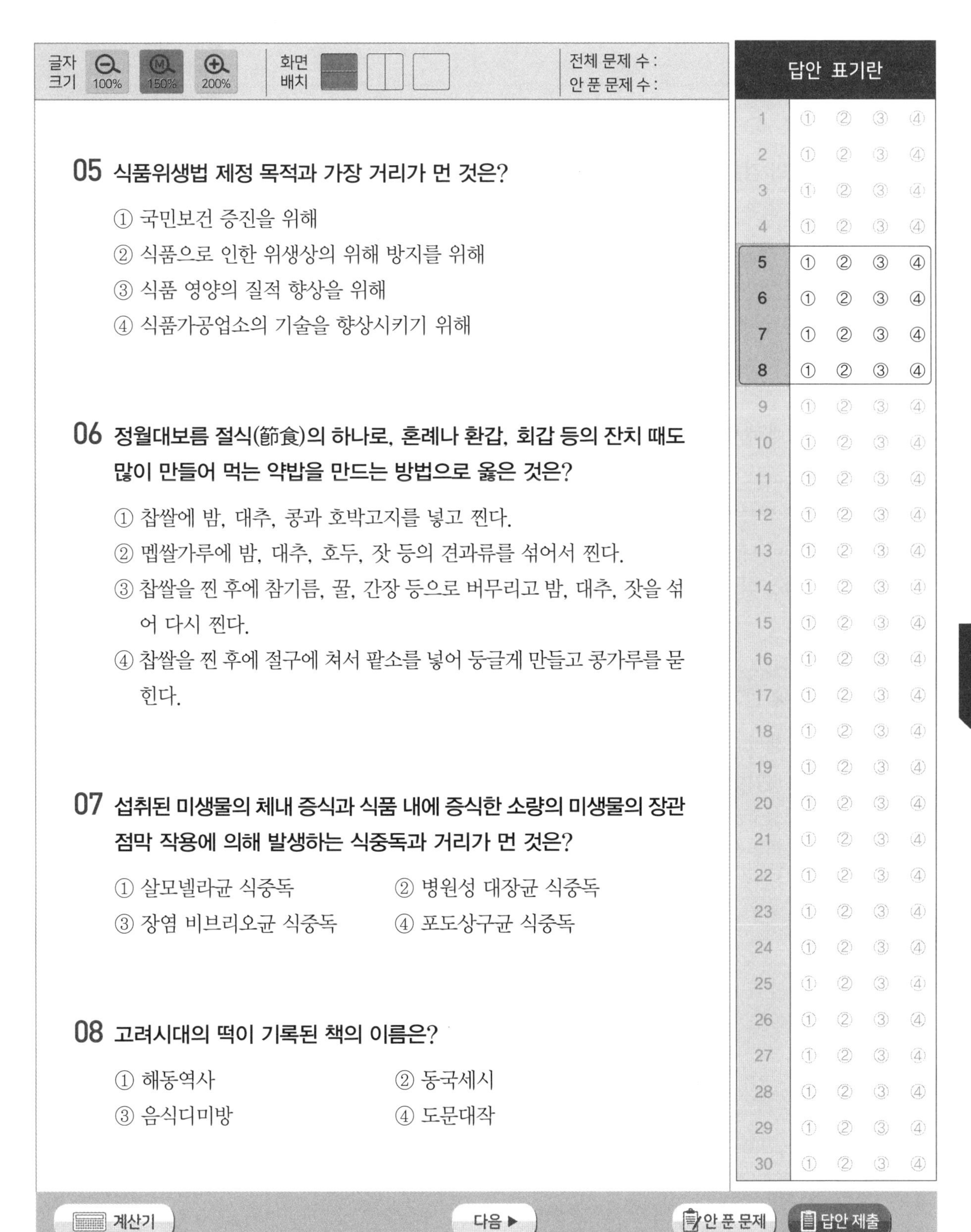

05 식품위생법 제정 목적과 가장 거리가 먼 것은?

① 국민보건 증진을 위해
② 식품으로 인한 위생상의 위해 방지를 위해
③ 식품 영양의 질적 향상을 위해
④ 식품가공업소의 기술을 향상시키기 위해

06 정월대보름 절식(節食)의 하나로, 혼례나 환갑, 회갑 등의 잔치 때도 많이 만들어 먹는 약밥을 만드는 방법으로 옳은 것은?

① 찹쌀에 밤, 대추, 콩과 호박고지를 넣고 찐다.
② 멥쌀가루에 밤, 대추, 호두, 잣 등의 견과류를 섞어서 찐다.
③ 찹쌀을 찐 후에 참기름, 꿀, 간장 등으로 버무리고 밤, 대추, 잣을 섞어 다시 찐다.
④ 찹쌀을 찐 후에 절구에 쳐서 팥소를 넣어 둥글게 만들고 콩가루를 묻힌다.

07 섭취된 미생물의 체내 증식과 식품 내에 증식한 소량의 미생물의 장관 점막 작용에 의해 발생하는 식중독과 거리가 먼 것은?

① 살모넬라균 식중독　② 병원성 대장균 식중독
③ 장염 비브리오균 식중독　④ 포도상구균 식중독

08 고려시대의 떡이 기록된 책의 이름은?

① 해동역사　② 동국세시
③ 음식디미방　④ 도문대작

답안 표기란				
1	①	②	③	④
2	①	②	③	④
3	①	②	③	④
4	①	②	③	④
5	①	②	③	④
6	①	②	③	④
7	①	②	③	④
8	①	②	③	④
9	①	②	③	④
10	①	②	③	④
11	①	②	③	④
12	①	②	③	④
13	①	②	③	④
14	①	②	③	④
15	①	②	③	④
16	①	②	③	④
17	①	②	③	④
18	①	②	③	④
19	①	②	③	④
20	①	②	③	④
21	①	②	③	④
22	①	②	③	④
23	①	②	③	④
24	①	②	③	④
25	①	②	③	④
26	①	②	③	④
27	①	②	③	④
28	①	②	③	④
29	①	②	③	④
30	①	②	③	④

계산기　다음 ▶　안 푼 문제　답안 제출

글자 크기 100% 150% 200% 화면 배치 전체 문제 수 : 안 푼 문제 수 :

답안 표기란

09 대장균의 검출을 수질오염의 생물학적 지표로 이용하는 이유는?

① 병원성이 크므로
② 다른 병원균의 오염을 추측할 수 있으므로
③ 병독성이 크고 감염력이 강하므로
④ 물을 쉽게 변질시키는 원인이 되므로

10 화전에 대해서 틀린 것은?

① 가을에는 국화와 맨드라미를 사용하였다.
② 꽃이 없을 때는 대추로 꽃모양을 만들어 사용하였다.
③ 제철에 나는 꽃은 모두 사용이 가능하다.
④ 찹쌀을 익반죽하여 식용꽃을 올려서 지졌다.

11 식중독에 관여하는 대표적인 미생물과 거리가 먼 것은?

① 살모넬라균(Salmonella Enteritidis)
② 불가리아젖산균(Lactobacillus Bulgaricus)
③ 포도상구균(Staphylococcus Aureus)
④ 보툴리누스균(Clostridium Botulinum)

계산기 다음 ▶ 안 푼 문제 답안 제출

글자 크기 100% 150% 200% 화면 배치 전체 문제 수 : 안 푼 문제 수 :

답안 표기란

12 다음 중 쌀가루에 부재료를 첨가하여 만든 떡이 아닌 것은?

① 쑥설기 ② 상추설기
③ 백설기 ④ 콩설기

13 부적절하게 조리된 햄버거 등을 섭취하여 식중독을 일으키는 O157 : H7균은 다음 중 무엇에 속하는가?

① 살모넬라균 ② 리스테리아균
③ 대장균 ④ 비브리오균

14 다음 미생물 중 곰팡이가 아닌 것은?

① 아스퍼질러스속 ② 페니실리움속
③ 클로스트리디움속 ④ 리조푸스속

15 식품의 변질에 대한 설명 중 잘못된 것은?

① 산패는 유지 식품이 산화되어 냄새가 발생하고 변색된 상태이다.
② 부패는 탄수화물이 미생물의 작용으로 알코올, 각종 유기산을 생성하는 상태이다.
③ 변패는 탄수화물, 지방에 미생물이 번식하여 먹을 수 없는 상태이다.
④ 성분 변화를 가져와 영양소가 파괴되고 냄새, 맛 등이 저하되어 먹을 수 없는 상태이다.

계산기 다음 ▶ 안 푼 문제 답안 제출

PART 05

글자 크기 100% 150% 200% 화면 배치 전체 문제 수 : 안 푼 문제 수 :

16 다음 중 세균성 식중독의 원인균과 원인 식품이 바르게 연결된 것은?

① 살모넬라균 – 어패류, 생선요리, 샐러드
② 장염비브리오균 – 김밥류
③ 병원성 대장균 – 어패류
④ 포도상구균 – 통조림류

17 다음 중 식품 부패의 주원인은?

① 건조 ② 미생물
③ 냉동 ④ 냉장

18 대부분 나무와 사기로 되어 있으며, 도장 모양으로 누르는 면에 문양이 있어서 절편 등에 사용하는 기구를 무엇이라 하는가?

① 떡메 ② 다식판
③ 떡살 ④ 매통

19 다음 중 내열성이 가장 적은 식중독균은?

① 보툴리누스균 ② 포도상구균
③ 살모넬라균 ④ 장염비브리오균

20 살모넬라균 식중독과 밀접한 관계가 있는 것은?

① 식빵 ② 엿류
③ 어패류 ④ 당류

답안 표기란

1	①	②	③	④
2	①	②	③	④
3	①	②	③	④
4	①	②	③	④
5	①	②	③	④
6	①	②	③	④
7	①	②	③	④
8	①	②	③	④
9	①	②	③	④
10	①	②	③	④
11	①	②	③	④
12	①	②	③	④
13	①	②	③	④
14	①	②	③	④
15	①	②	③	④
16	①	②	③	④
17	①	②	③	④
18	①	②	③	④
19	①	②	③	④
20	①	②	③	④
21	①	②	③	④
22	①	②	③	④
23	①	②	③	④
24	①	②	③	④
25	①	②	③	④
26	①	②	③	④
27	①	②	③	④
28	①	②	③	④
29	①	②	③	④
30	①	②	③	④

계산기 다음 ▶ 안 푼 문제 답안 제출

글자 크기 100% 150% 200% 화면 배치 전체 문제 수 : 안 푼 문제 수 :

답안 표기란

21 포도상구균에 의한 식중독 예방 대책으로 가장 관계가 깊은 것은?

① 토양의 오염을 방지하고 특히 통조림의 살균을 철저히 해야 한다.
② 쥐나 곤충 및 조류의 접근을 막아야 한다.
③ 어패류를 저온에서 보존하여 생식하지 않는다.
④ 화농성 질환자의 식품 취급을 금지한다.

22 식품에 오염되어 발암성 물질을 생성하는 대표적인 미생물은?

① 곰팡이 ② 세균
③ 리케치아 ④ 효모

23 떡을 찌고 나서 뜸을 들이는 이유는?

① 떡을 호정화시키기 위해서
② 오랫동안 뜸을 들이면 부드러워지므로
③ 미처 호화가 덜된 전분입자를 호화시키기 위해서
④ 호화시킨 떡을 노화시키키 위해서

24 화학물질에 의한 식중독의 원인물질이라 할 수 없는 것은?

① 사이클라메이트 ② 둘신
③ 아플라톡신 ④ 파라티온

25 잡곡이 쌀보다 흔해서 메밀, 조, 보리, 고구마로 떡을 만들었으며 쌀로 만든 떡은 제사 때만 사용한 지역은 어디인가?

① 경기도 ② 강원도
③ 황해도 ④ 제주도

계산기 다음 ▶ 안 푼 문제 답안 제출

PART 05

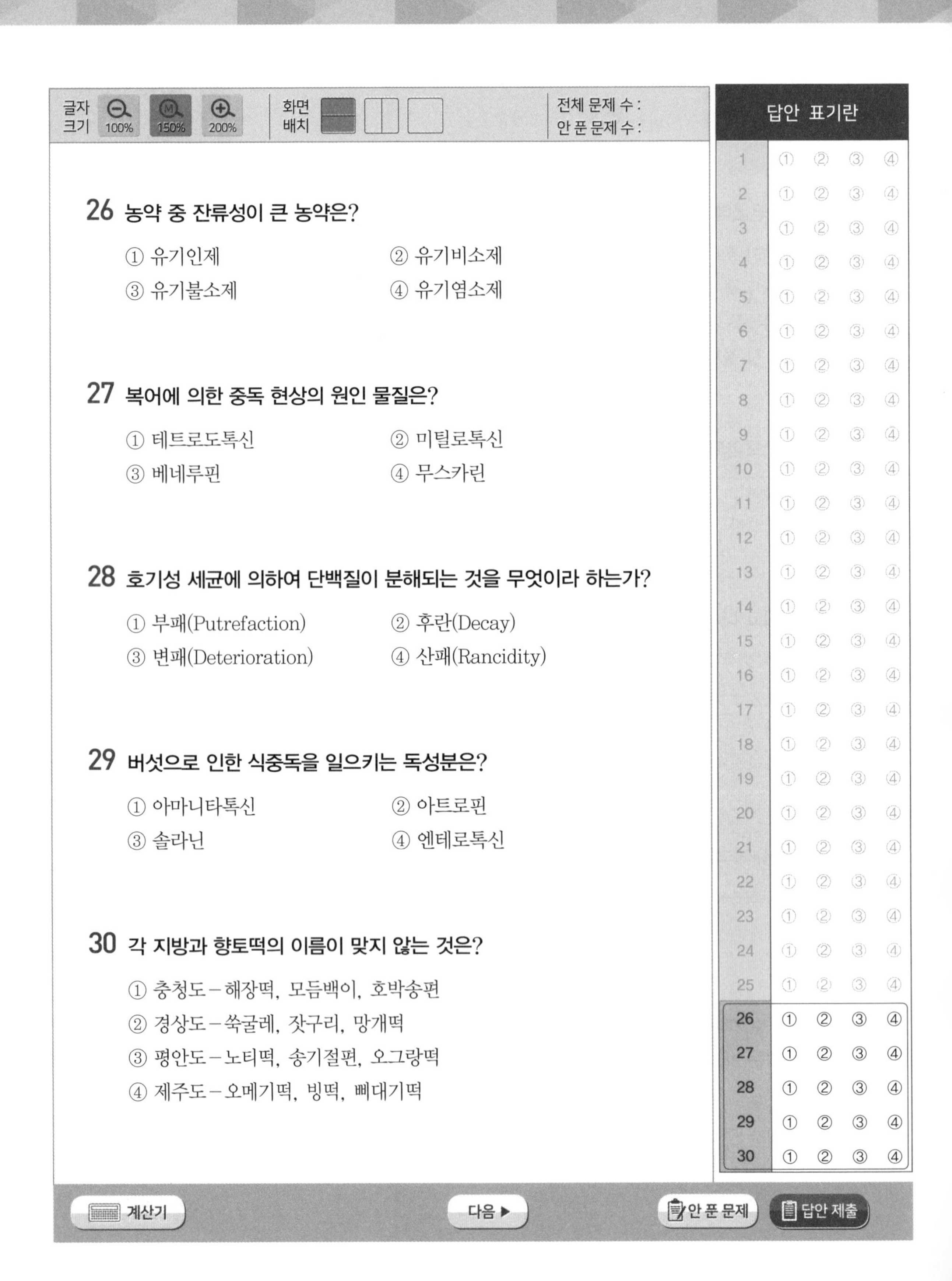

글자 크기 100% 150% 200% 화면 배치 전체 문제 수 : 안 푼 문제 수 :

답안 표기란

26 농약 중 잔류성이 큰 농약은?

① 유기인제 ② 유기비소제
③ 유기불소제 ④ 유기염소제

27 복어에 의한 중독 현상의 원인 물질은?

① 테트로도톡신 ② 미틸로톡신
③ 베네루핀 ④ 무스카린

28 호기성 세균에 의하여 단백질이 분해되는 것을 무엇이라 하는가?

① 부패(Putrefaction) ② 후란(Decay)
③ 변패(Deterioration) ④ 산패(Rancidity)

29 버섯으로 인한 식중독을 일으키는 독성분은?

① 아마니타톡신 ② 아트로핀
③ 솔라닌 ④ 엔테로톡신

30 각 지방과 향토떡의 이름이 맞지 않는 것은?

① 충청도 – 해장떡, 모듬백이, 호박송편
② 경상도 – 쑥굴레, 잣구리, 망개떡
③ 평안도 – 노티떡, 송기절편, 오그랑떡
④ 제주도 – 오메기떡, 빙떡, 빼대기떡

계산기 다음 ▶ 안 푼 문제 답안 제출

글자 크기 100% 150% 200% 화면 배치 전체 문제 수 : 안 푼 문제 수 :

답안 표기란

31 어패류의 조리법에 대한 설명 중 바른 것은?

① 바닷가재는 껍질이 두꺼우므로 찬물에 넣어 오래 끓여야 한다.
② 작은 생새우는 강한 불에서 연한 갈색이 될 때까지 삶은 후 배쪽에 위치한 모래정맥을 제거한다.
③ 조개류는 높은 온도에서 조리하여 단백질을 급격히 응고시킨다.
④ 생선숙회는 신선한 생선편을 끓는 물에 살짝 데치거나 끓는 물을 생선에 끼얹어 회로 이용한다.

32 대기오염을 일으키는 주된 원인은?

① 고기압일 때 ② 저기압일 때
③ 바람이 불지 않을 때 ④ 기온역전일 때

33 백령도 주민들의 향토떡이며, 소로 굴과 김치를 넣어 만드는 떡의 이름은?

① 만두떡 ② 굴떡
③ 해장떡 ④ 김치떡

34 후라이팬에 기름을 넣고 계속 가열하였더니 자극적인 냄새가 발생하였다. 어떤 물질이 생성되었기 때문인가?

① 에테르 ② 알코올
③ 글리세롤 ④ 아크롤레인

계산기 다음 ▶ 안 푼 문제 답안 제출

글자 크기 100% 150% 200% 화면 배치 전체 문제 수 : 안 푼 문제 수 :

답안 표기란

35 **다음 중 발효떡으로 맞는 것은?**

① 상화병 ② 부편
③ 상자병 ⑤ 단자

36 **작업복의 이상적인 조건과 가장 거리가 먼 것은?**

① 보온성 ② 유행성
③ 통기성 ④ 흡습성

37 **식품위생법상 명시된 식품위생감시원의 직무가 아닌 것은?**

① 과대광고 금지의 위반 여부에 관한 단속
② 조리사 · 영양사의 법령 준수 사항 이행 여부 확인 · 지도
③ 생산 및 품질관리 일지의 작성 및 비치
④ 시설기준 적합 여부의 확인 · 검사

38 **우유의 살균 방법으로 130~150℃에서 0.5~5초간 가열하는 것은?**

① 저온살균법 ② 고압증기멸균법
③ 고온단시간살균법 ④ 초고온순간살균법

39 **식품위생법상 식품첨가물이 식품에 사용되는 방법이 아닌 것은?**

① 침윤 ② 반응
③ 첨가 ④ 혼합

번호				
31	①	②	③	④
32	①	②	③	④
33	①	②	③	④
34	①	②	③	④
35	①	②	③	④
36	①	②	③	④
37	①	②	③	④
38	①	②	③	④
39	①	②	③	④
40	①	②	③	④
41	①	②	③	④
42	①	②	③	④
43	①	②	③	④
44	①	②	③	④
45	①	②	③	④
46	①	②	③	④
47	①	②	③	④
48	①	②	③	④
49	①	②	③	④
50	①	②	③	④
51	①	②	③	④
52	①	②	③	④
53	①	②	③	④
54	①	②	③	④
55	①	②	③	④
56	①	②	③	④
57	①	②	③	④
58	①	②	③	④
59	①	②	③	④
60	①	②	③	④

계산기 다음 ▶ 안 푼 문제 답안 제출

글자 크기 100% 150% 200% 화면 배치 전체 문제 수 : 안 푼 문제 수 :

답안 표기란

40 조리사 면허 취소 사유에 해당하지 않는 것은?

① 식중독이나 그 밖에 위생과 관련한 중대한 사고 발생에 직무상의 책임이 있는 경우
② 면허를 타인에게 대여하여 사용하게 한 경우
③ 조리사가 마약이나 그 밖의 약물에 중독된 경우
④ 조리사 면허의 취소처분을 받고 그 취소된 날부터 2년이 지나지 아니한 경우

41 식품공정상 표준온도라 함은 몇 ℃인가?

① 5℃ ② 10℃
③ 15℃ ④ 20℃

42 식품접객업소의 조리판매 등에 기준 및 규격에 의한 요리용 칼 · 도마, 식기류의 미생물 규격은?(단, 사용 중의 것은 제외한다)

① 살모넬라 음성, 대장균 양성
② 살모넬라 음성, 대장균 음성
③ 황색포도상구균 양성, 대장균 음성
④ 황색포도상구균 음성, 대장균 양성

43 유지의 산패에 영향을 미치는 인자가 아닌 것은?

① 효소 ② 광선
③ 열 ④ 지방산의 탄소 수

계산기 다음 ▶ 안 푼 문제 답안 제출

PART 05

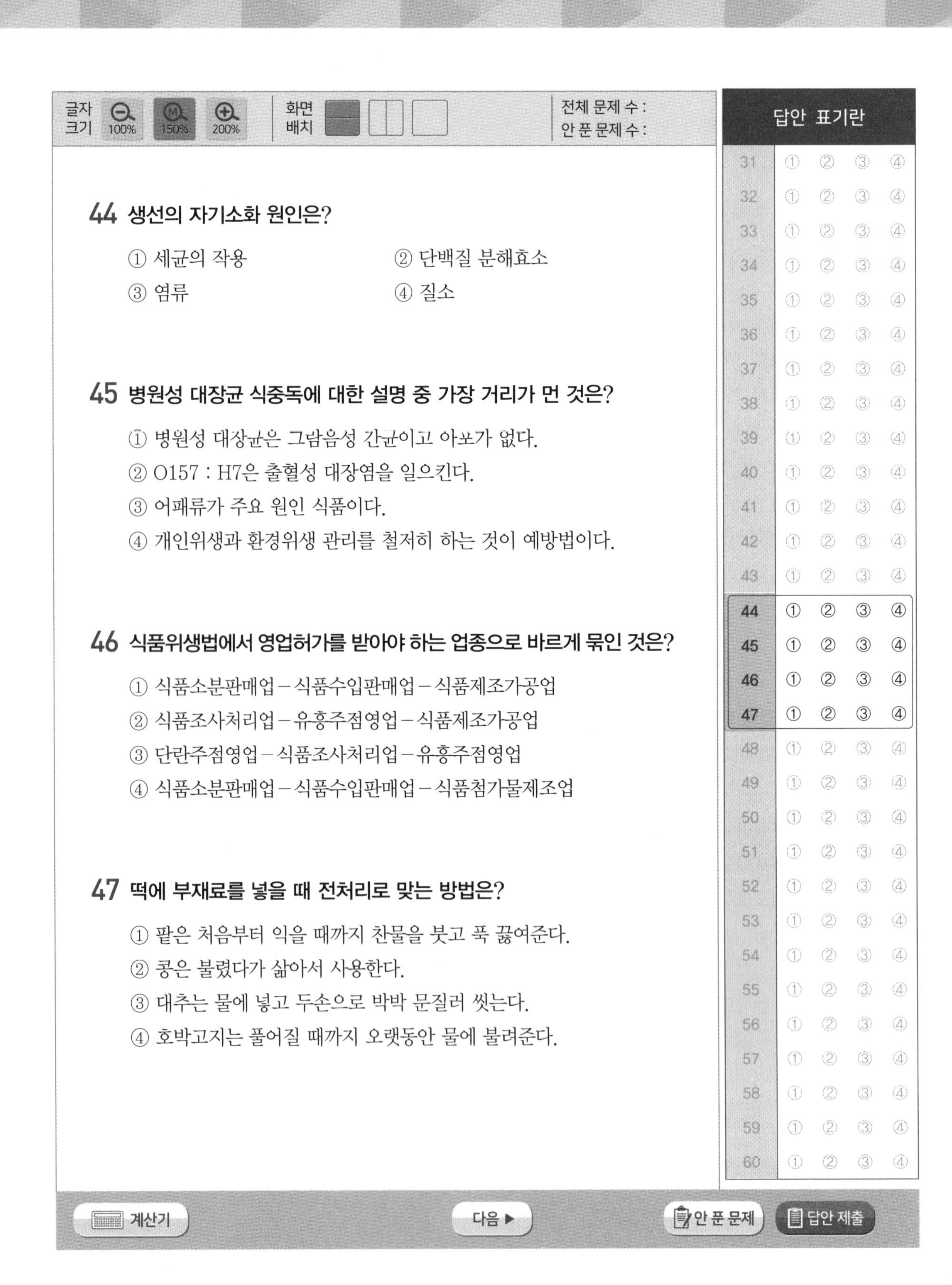

44 **생선의 자기소화 원인은?**

① 세균의 작용 ② 단백질 분해효소
③ 염류 ④ 질소

45 **병원성 대장균 식중독에 대한 설명 중 가장 거리가 먼 것은?**

① 병원성 대장균은 그람음성 간균이고 아포가 없다.
② O157 : H7은 출혈성 대장염을 일으킨다.
③ 어패류가 주요 원인 식품이다.
④ 개인위생과 환경위생 관리를 철저히 하는 것이 예방법이다.

46 **식품위생법에서 영업허가를 받아야 하는 업종으로 바르게 묶인 것은?**

① 식품소분판매업 – 식품수입판매업 – 식품제조가공업
② 식품조사처리업 – 유흥주점영업 – 식품제조가공업
③ 단란주점영업 – 식품조사처리업 – 유흥주점영업
④ 식품소분판매업 – 식품수입판매업 – 식품첨가물제조업

47 **떡에 부재료를 넣을 때 전처리로 맞는 방법은?**

① 팥은 처음부터 익을 때까지 찬물을 붓고 푹 끓여준다.
② 콩은 불렸다가 삶아서 사용한다.
③ 대추는 물에 넣고 두손으로 박박 문질러 씻는다.
④ 호박고지는 풀어질 때까지 오랫동안 물에 불려준다.

글자 크기 100% 150% 200% 화면 배치 전체 문제 수 : 안 푼 문제 수 :

답안 표기란

48 다음 중 식품의 구비 조건에 들지 않는 것은?

① 영양성 ② 위생성
③ 기호성 ④ 사회성

49 폐기물 소각 처리 시의 가장 큰 문제점은?

① 악취가 발생되며 수질이 오염된다.
② 다이옥신이 발생한다.
③ 처리방법이 불쾌하다.
④ 지반이 약화되어 균열이 생길 수 있다.

50 싸리나 대나무 껍질로 둥글고 편평하게 만들어 채소를 널어 말리거나 전이나 지진 떡을 담는 그릇을 무엇이라 하는가?

① 조리 ② 소쿠리
③ 채반 ④ 안반

51 식품 등의 표시기준상 과자류에 포함되지 않는 것은?

① 캔디류 ② 츄잉껌
③ 유바 ④ 빙과류

52 식품위생법상에 따른 나트륨 함량비교 표시 대상 식품에 해당하는 것은?

① 초콜릿 ② 햄버거
③ 김밥 ④ 어육소시지

계산기 다음 ▶ 안 푼 문제 답안 제출

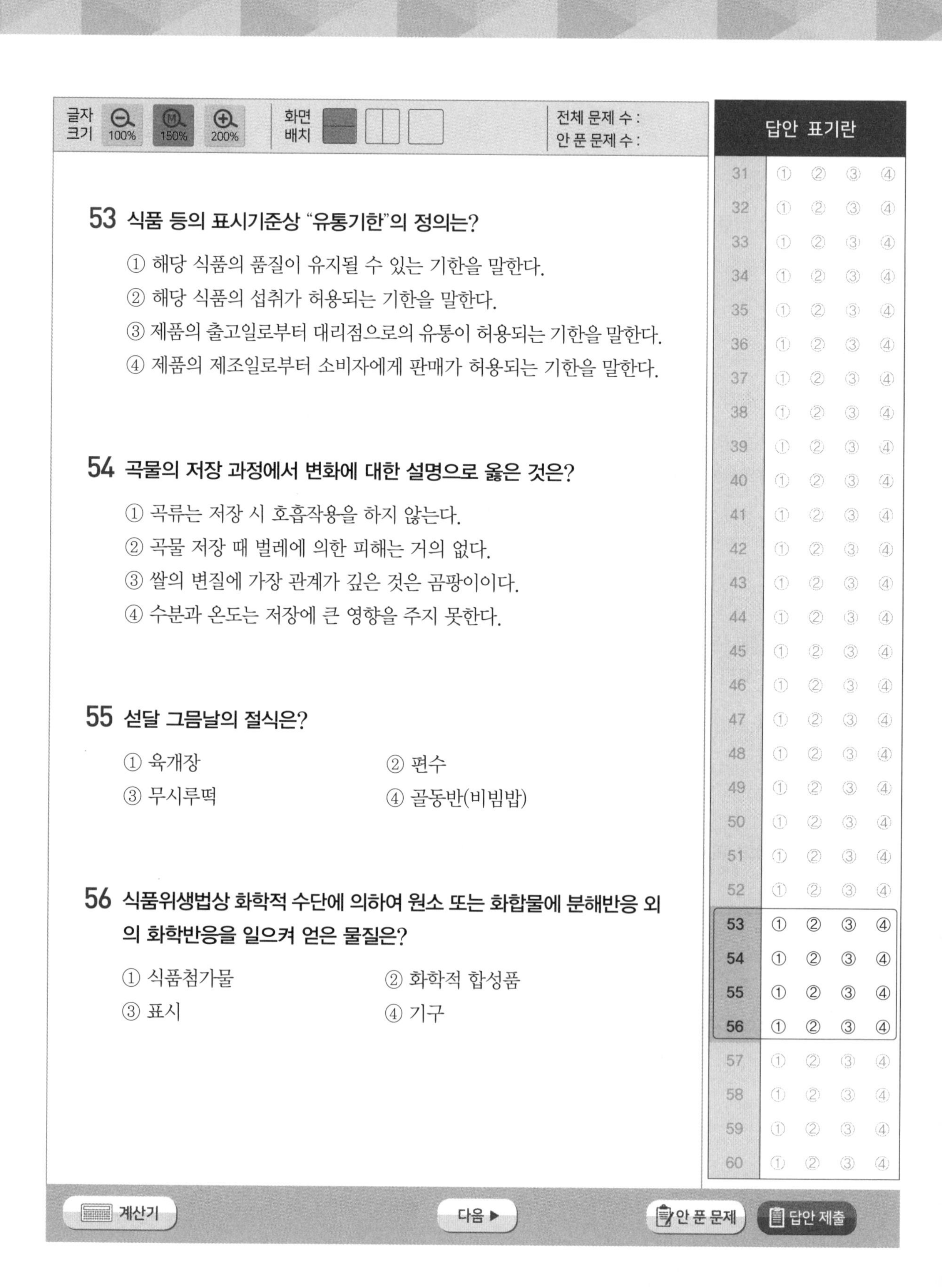

53 식품 등의 표시기준상 "유통기한"의 정의는?

① 해당 식품의 품질이 유지될 수 있는 기한을 말한다.
② 해당 식품의 섭취가 허용되는 기한을 말한다.
③ 제품의 출고일로부터 대리점으로의 유통이 허용되는 기한을 말한다.
④ 제품의 제조일로부터 소비자에게 판매가 허용되는 기한을 말한다.

54 곡물의 저장 과정에서 변화에 대한 설명으로 옳은 것은?

① 곡류는 저장 시 호흡작용을 하지 않는다.
② 곡물 저장 때 벌레에 의한 피해는 거의 없다.
③ 쌀의 변질에 가장 관계가 깊은 것은 곰팡이이다.
④ 수분과 온도는 저장에 큰 영향을 주지 못한다.

55 섣달 그믐날의 절식은?

① 육개장　② 편수
③ 무시루떡　④ 골동반(비빔밥)

56 식품위생법상 화학적 수단에 의하여 원소 또는 화합물에 분해반응 외의 화학반응을 일으켜 얻은 물질은?

① 식품첨가물　② 화학적 합성품
③ 표시　④ 기구

글자 크기 100% 150% 200% 화면 배치 전체 문제 수 : 안 푼 문제 수 :

답안 표기란

31 ① ② ③ ④ … 60 ① ② ③ ④

57 일반음식점에 대하여 모범업소를 지정할 수 있는 권한을 가진 사람은?

① 관할 시장
② 관할 경찰서장
③ 관할 보건소장
④ 관할 세무서장

58 식품 등의 위생적 취급에 관한 기준으로 옳지 않은 것은?

① 식품의 조리에 직접 사용되는 기구는 사용 후에 세척, 살균하는 등 항상 청결하게 유지 · 관리하여야 한다.
② 식품의 조리에 종사하는 자는 위생모를 착용하는 등 개인 위생관리를 철저히 하여야 한다.
③ 유통기한이 경과된 식품을 판매의 목적으로 보관할 수 있다.
④ 식품원료 중 부패 · 변질되기 쉬운 것은 냉동 · 냉장 시설에 보관 · 관리하여야 한다.

59 먹는 물의 수질판정 기준 중에서 과망간산칼륨 소비량의 측정 의미는?

① 무기물의 질 추정
② 유기물의 질 추정
③ 무기물의 양 추정
④ 유기물의 양 추정

60 경태반 전염이 되는 질병은?

① 이질
② 홍역
③ 매독
④ 결핵

계산기 다음 ▶ 안 푼 문제 답안 제출

04회 기출예상모의고사

제한 시간 : 60분
남은 시간 :

글자 크기 100% 150% 200% 화면 배치 전체 문제 수 : 안 푼 문제 수 :

답안 표기란

01 다음의 정의에 해당하는 것은?

> 식품의 원료 관리, 제조 · 가공 및 유통의 전 과정에서 위해 물질이 해당 식품에 혼입되거나 오염되는 것을 사전에 방지하기 위하여 각 과정을 중점적으로 관리하는 기준

① 식품 CODEX 기준
② 위해요소중점관리기준(HACCP)
③ 식품 Recall 제도
④ ISO 인증 제도

02 오월 단오날(음력 5월 5일)의 절식은?

① 오곡밥
② 차륜병
③ 진달래 화채
④ 토란탕

03 집단급식소에 속하는 것은?

① 사회복지시설 식당
② 특급호텔 한식당
③ 정통중국음식점
④ 관광지 식당

04 찹쌀가루로 떡을 만들 때 맞는 것은?

① 찹쌀가루는 시루에 빈틈없이 넣어야 떡이 잘 쪄진다.
② 찹쌀가루는 체로 여러번 쳐야 떡이 잘 쪄진다.
③ 찹쌀가루는 멥쌀가루보다 수분을 더 주어야 한다.
④ 찹쌀은 아밀로펙틴을 함유하고 있어 멥쌀보다 거칠게 빻는다.

계산기 다음 ▶ 안 푼 문제 답안 제출

글자 크기 100% 150% 200% 화면 배치 전체 문제 수 : 안 푼 문제 수 :

답안 표기란

05 **식품위생법상 화학적 합성품의 정의는?**

① 모든 화학반응을 일으켜 얻은 물질을 말한다.
② 모든 분해반응을 일으켜 얻은 물질을 말한다.
③ 화학적 수단에 의하여 원소 또는 화합물에 분해반응 외의 화학반응을 일으켜 얻은 물질을 말한다.
④ 원소 또는 화합물에 화학반응을 일으켜 얻은 물질을 말한다.

06 **다음 중 치는 떡이 아닌 것은?**

① 가래떡　　② 경단
③ 단자　　④ 절편

07 **"판매의 목적으로 식품을 제조 · 가공한 영업자가 그 식품으로 인해 위생상의 위해가 발생할 우려가 있다고 인정하는 경우"라면 다음 내용 중 옳은 것은?**

① 위생상의 위해가 발생할 우려가 있다는 점만으로는 아무런 조치를 취하지 않아도 된다.
② 이러한 경우는 식품의 위해요소중점관리기준에 따라 처리된다.
③ 이러한 자진회수제도는 자동차 등에는 규정되어 있으나 식품과 관련하여서는 식품위생법에 아직 정해진 규정이 없다.
④ 영업자는 그 사실을 국민에게 알리고 유통 중인 당해식품 등을 회수하도록 노력하여야 한다.

계산기　다음 ▶　안 푼 문제

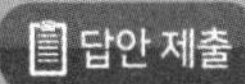

글자 크기 100% 150% 200% 화면 배치 전체 문제 수 : 안 푼 문제 수 :

답안 표기란

08 일반적으로 개달물 전파가 가장 잘되는 것은?

① 공수병　② 일본뇌염
③ 트라코마　④ 황열

09 임금님의 생신 때 올리던 떡으로 '봉우리떡'이라고 불리는 떡의 이름은?

① 경단　② 조침떡
③ 두텁떡　④ 화전

10 히스티딘 식중독을 유발하는 원인 단백질은 어느 것인가?

① 발린　② 히스타민
③ 알리신　④ 트립토판

11 다음 중 발효 식품은?

① 증편　② 사이다
③ 수정과　④ 우유

12 전분질 식품은 시간이 경과함에 따라 노화된다. 다음 중 노화를 방지하는 방법이 아닌 것은?

① 유화제를 첨가한다.
② 냉동고에 보관한다.
③ 수분 함량을 15% 이하로 줄인다.
④ 냉장고에 보관한다.

계산기　다음 ▶　안 푼 문제　답안 제출

글자 크기 100% 150% 200% 화면 배치 전체 문제 수 : 안 푼 문제 수 :

답안 표기란

13 채소류 및 과일류에 적당한 소독법은?

① 승홍수 ② 알코올소독
③ 클로르칼키소독 ④ 열탕소독

14 녹색채소를 데칠 때 소다를 넣어서 생기는 현상이 아닌 것은?

① 채소의 색을 푸르게 고정시킨다.
② 채소의 섬유질을 연화시킨다.
③ 비타민 C가 파괴된다.
④ 채소의 질감을 유지한다.

15 식품위생법에서 다루고 있지 않는 내용은?

① 식품첨가물을 넣은 용기
② 식품저장 중 식품에 직접 접촉되는 기계
③ 농업에서 식품의 채취에 사용되는 기구
④ 화학적 수단에 의하여 분해반응 이외의 화학반응을 일으켜 얻어진 식품첨가물

16 다음 중 고물의 역할이 아닌 것은?

① 맛을 좋게 한다.
② 모양을 아름답게 한다.
③ 영양을 보충하는 역할을 한다.
④ 노화를 촉진시키는 역할을 한다.

계산기 다음 ▶ 안 푼 문제 답안 제출

글자 크기 100% 150% 200%　화면 배치　전체 문제 수 : 안 푼 문제 수 :

답안 표기란

17 공기의 조성원소 중에 가장 많은 체적 백분율을 차지하는 것은?

① 이산화탄소　② 질소
③ 산소　④ 아르곤

18 다음 중 쌀의 품종에 따른 분류가 아닌 것은?

① 자포니카형　② 인디카형
③ 자메이카형　④ 자바니카형

19 전분의 호화 촉진 저해 물질이 아닌 것은?

① 물　② 달걀
③ 소금　④ 분유

20 육류의 색 안정제, 밀가루의 품질개량제, 과채류의 갈변과 변색 방지제로 이용되는 비타민은?

① 나이아신(niacin)　② 리보플라빈(riboflavin)
③ 티아민(thiamin)　④ 아스코르빈산(ascorbic acid)

21 생선이나 조개류의 생식과 가장 관계 깊은 식중독은?

① 살모넬라 식중독　② 병원성 대장균 식중독
③ 장염비브리오 식중독　④ 포도상구균 식중독

계산기　다음 ▶　안 푼 문제　답안 제출

글자 크기 100% 150% 200% 화면 배치 전체 문제 수 : 안 푼 문제 수 :

답안 표기란

22 현미를 도정하여 백미로 만들 때 거치는 과정이 아닌 것은?

① 탈각
② 탈곡
③ 분쇄
④ 정백

23 식중독 발생 시 보호자의 조치사항 중 잘못된 것은?

① 식중독 발생 사실을 신고한다.
② 즉시 환자를 의사에게 진단하게 한다.
③ 환자의 가검물을 원인 조사 시까지 보관한다.
④ 항생제를 복용시킨다.

24 전분을 호정화시켜 만드는 음식은?

① 떡
② 미숫가루
③ 엿
④ 조청

25 자외선에 의한 인체 건강 장애와 거리가 먼 것은?

① 설안염
② 결막염
③ 백내장
④ 폐기종

26 쓰레기 소각처리 시 가장 위생적으로 문제가 되는 것은?

① 높은 열의 발생
② 사후 폐기물 발생
③ 대기오염과 다이옥신
④ 화재발생

계산기 다음 ▶ 안 푼 문제 답안 제출

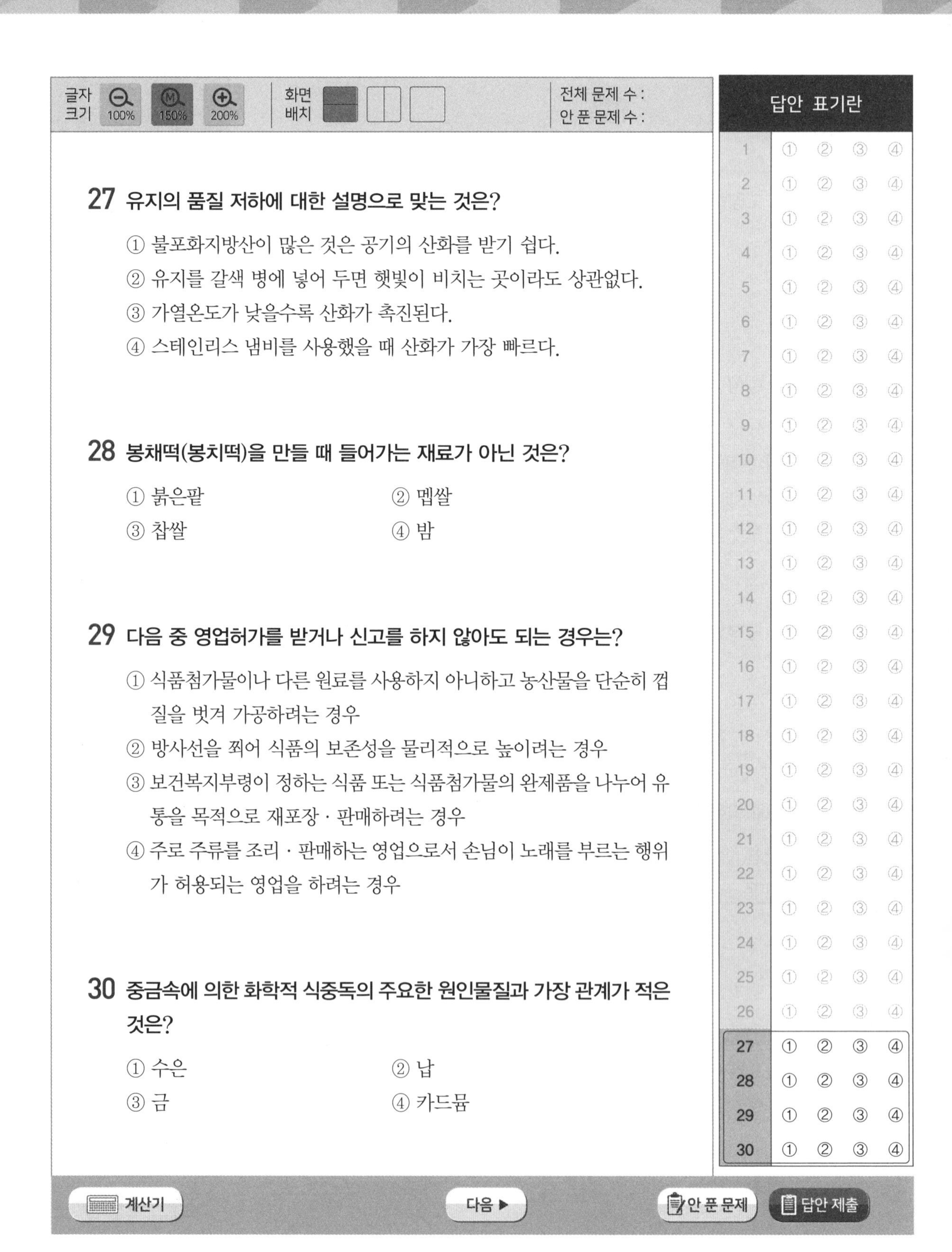

27 유지의 품질 저하에 대한 설명으로 맞는 것은?

① 불포화지방산이 많은 것은 공기의 산화를 받기 쉽다.
② 유지를 갈색 병에 넣어 두면 햇빛이 비치는 곳이라도 상관없다.
③ 가열온도가 낮을수록 산화가 촉진된다.
④ 스테인리스 냄비를 사용했을 때 산화가 가장 빠르다.

28 봉채떡(봉치떡)을 만들 때 들어가는 재료가 아닌 것은?

① 붉은팥　② 멥쌀
③ 찹쌀　④ 밤

29 다음 중 영업허가를 받거나 신고를 하지 않아도 되는 경우는?

① 식품첨가물이나 다른 원료를 사용하지 아니하고 농산물을 단순히 껍질을 벗겨 가공하려는 경우
② 방사선을 쬐어 식품의 보존성을 물리적으로 높이려는 경우
③ 보건복지부령이 정하는 식품 또는 식품첨가물의 완제품을 나누어 유통을 목적으로 재포장 · 판매하려는 경우
④ 주로 주류를 조리 · 판매하는 영업으로서 손님이 노래를 부르는 행위가 허용되는 영업을 하려는 경우

30 중금속에 의한 화학적 식중독의 주요한 원인물질과 가장 관계가 적은 것은?

① 수은　② 납
③ 금　④ 카드뮴

글자 크기 100% 150% 200% 화면 배치 전체 문제 수 : 안 푼 문제 수 :

31 식품첨가물로서 대두 인지질의 용도는?

① 추출제 ② 유화제
③ 표백제 ④ 피막제

32 마에 꿀과 찹쌀가루를 섞어 만든 떡으로 조선시대부터 내려오던 전통 떡은?

① 서여향병 ② 두텁떡
③ 쇠머리떡 ④ 조침떡

33 식품위생법상 식품을 제조 · 가공업소에서 직접 최종소비자에게 판매하는 영업의 종류는?

① 식품운반업 ② 식품소분 · 판매업
③ 즉석판매제조 · 가공업 ④ 식품보존업

34 전분의 호화에 대한 영향을 미치는 내용 중에서 틀린 것은?

① 젓는 정도가 너무 심하거나 너무 오랫동안 저으면 호화전분은 점도가 점점 낮아진다.
② 괴경류 식품의 전분이 곡류 식품의 전분보다 점도나 투명도가 더 낮다.
③ 빨리 가열된 호화전분이 천천히 가열한 것보다 더 걸쭉하다.
④ 설탕이나 식초 등을 호화된 후에 첨가하는 것이 점도에 영향을 덜 받게 된다.

답안 표기란

번호				
31	①	②	③	④
32	①	②	③	④
33	①	②	③	④
34	①	②	③	④
35	①	②	③	④
36	①	②	③	④
37	①	②	③	④
38	①	②	③	④
39	①	②	③	④
40	①	②	③	④
41	①	②	③	④
42	①	②	③	④
43	①	②	③	④
44	①	②	③	④
45	①	②	③	④
46	①	②	③	④
47	①	②	③	④
48	①	②	③	④
49	①	②	③	④
50	①	②	③	④
51	①	②	③	④
52	①	②	③	④
53	①	②	③	④
54	①	②	③	④
55	①	②	③	④
56	①	②	③	④
57	①	②	③	④
58	①	②	③	④
59	①	②	③	④
60	①	②	③	④

계산기 다음 ▶ 안 푼 문제 답안 제출

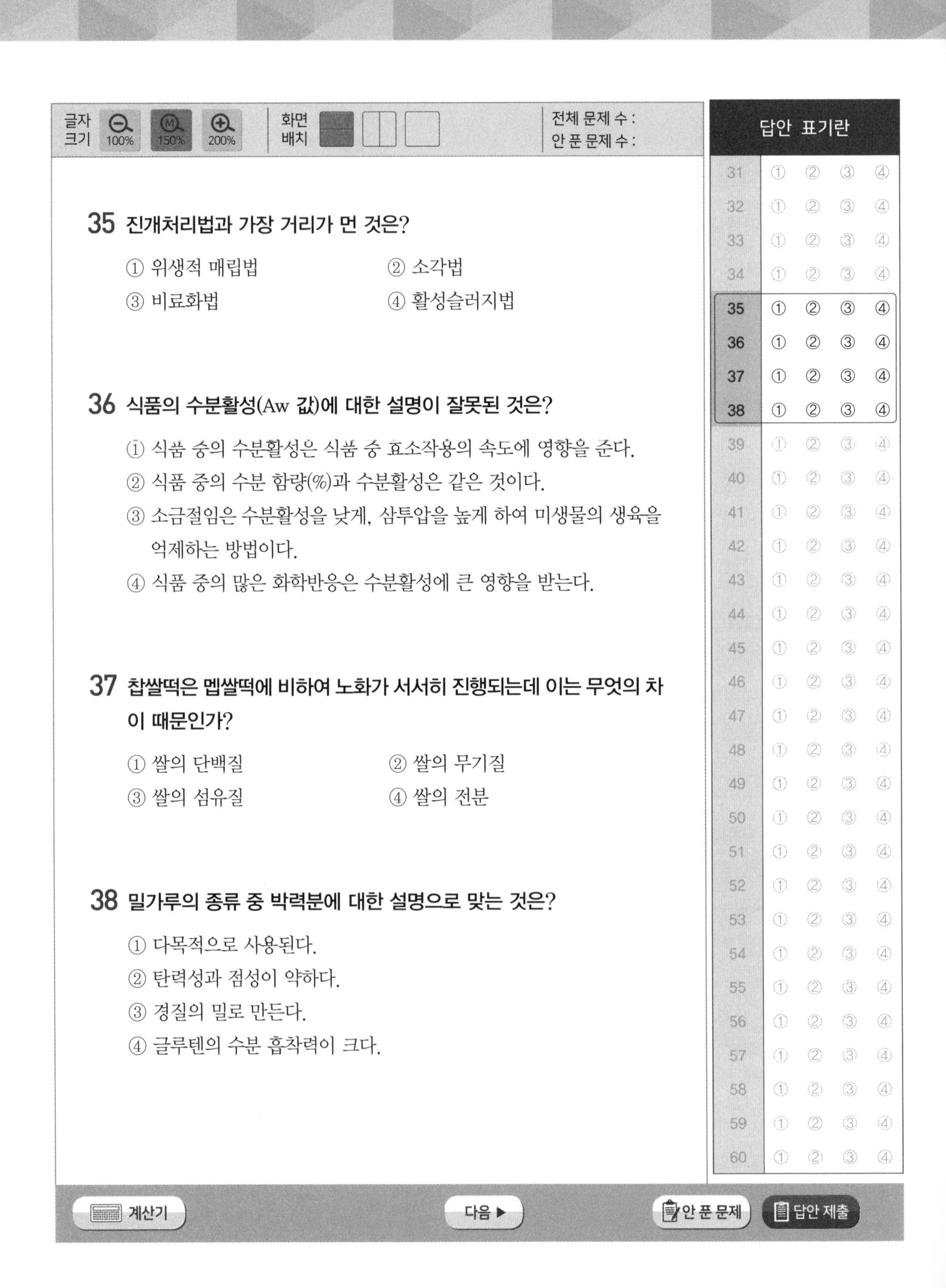

35 진개처리법과 가장 거리가 먼 것은?

① 위생적 매립법
② 소각법
③ 비료화법
④ 활성슬러지법

36 식품의 수분활성(Aw 값)에 대한 설명이 잘못된 것은?

① 식품 중의 수분활성은 식품 중 효소작용의 속도에 영향을 준다.
② 식품 중의 수분 함량(%)과 수분활성은 같은 것이다.
③ 소금절임은 수분활성을 낮게, 삼투압을 높게 하여 미생물의 생육을 억제하는 방법이다.
④ 식품 중의 많은 화학반응은 수분활성에 큰 영향을 받는다.

37 찹쌀떡은 멥쌀떡에 비하여 노화가 서서히 진행되는데 이는 무엇의 차이 때문인가?

① 쌀의 단백질
② 쌀의 무기질
③ 쌀의 섬유질
④ 쌀의 전분

38 밀가루의 종류 중 박력분에 대한 설명으로 맞는 것은?

① 다목적으로 사용된다.
② 탄력성과 점성이 약하다.
③ 경질의 밀로 만든다.
④ 글루텐의 수분 흡착력이 크다.

글자 크기 100% 150% 200% 화면 배치 전체 문제 수 : 안 푼 문제 수 :

답안 표기란

31	①	②	③	④
32	①	②	③	④
33	①	②	③	④
34	①	②	③	④
35	①	②	③	④
36	①	②	③	④
37	①	②	③	④
38	①	②	③	④
39	①	②	③	④
40	①	②	③	④
41	①	②	③	④
42	①	②	③	④
43	①	②	③	④
44	①	②	③	④
45	①	②	③	④
46	①	②	③	④
47	①	②	③	④
48	①	②	③	④
49	①	②	③	④
50	①	②	③	④
51	①	②	③	④
52	①	②	③	④
53	①	②	③	④
54	①	②	③	④
55	①	②	③	④
56	①	②	③	④
57	①	②	③	④
58	①	②	③	④
59	①	②	③	④
60	①	②	③	④

39 식품 내 단백질이 변성되었을 때 나타나는 성질이 아닌 것은?

① 소화 효소의 공격을 받기 어려움
② 침전 용이
③ 점도 상승
④ 용해도 저하

40 집단급식에서 식품의 재고관리가 부적당한 경우는?

① 먼저 구입된 것을 먼저 소비하도록 한다.
② 각 식품에 적당한 재고 기간을 파악하여 신선한 것을 이용하도록 한다.
③ 비상시에 대처하기 위해 가능한 많은 재고량을 확보하도록 한다.
④ 재고량 조사결과 차이가 발생할 때 건조, 폐기량 증가 등과 같은 오차의 면밀한 원인분석을 한다.

41 떡의 구분과 종류가 맞지 않는 것은?

① 증병(甑餠) – 시루떡, 송편, 설기떡
② 도병(搗餠) – 인절미, 절편, 가래떡
③ 전병(煎餠) – 화전, 단자, 주악
④ 경단(瓊團) – 찹쌀경단, 꿀물경단, 수수경단

42 냉장고 사용이 잘못된 것은?

① 대류가 용이하도록 식품량을 조절하여 넣는다.
② 뜨거운 것을 빨리 냉각시키기 위해 바로 넣어 보관한다.
③ 건조되지 않아야 할 식품은 밀폐된 용기에 넣어 보관한다.
④ 식품마다 적정한 냉각온도가 다르므로 식품 넣는 장소에 주의한다.

계산기 다음 ▶

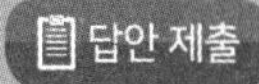

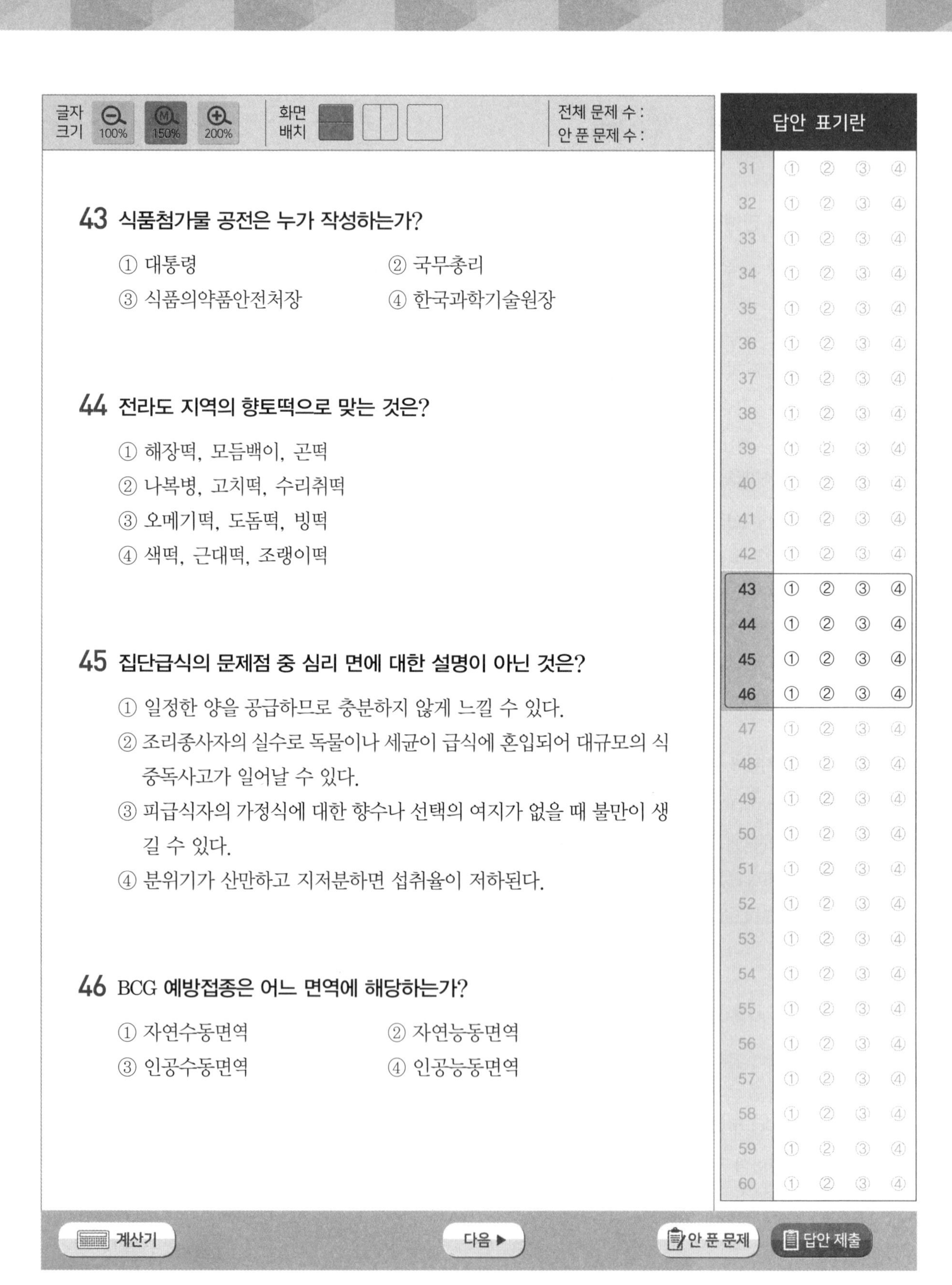

43 식품첨가물 공전은 누가 작성하는가?

① 대통령
② 국무총리
③ 식품의약품안전처장
④ 한국과학기술원장

44 전라도 지역의 향토떡으로 맞는 것은?

① 해장떡, 모듬백이, 곤떡
② 나복병, 고치떡, 수리취떡
③ 오메기떡, 도돔떡, 빙떡
④ 색떡, 근대떡, 조랭이떡

45 집단급식의 문제점 중 심리 면에 대한 설명이 아닌 것은?

① 일정한 양을 공급하므로 충분하지 않게 느낄 수 있다.
② 조리종사자의 실수로 독물이나 세균이 급식에 혼입되어 대규모의 식중독사고가 일어날 수 있다.
③ 피급식자의 가정식에 대한 향수나 선택의 여지가 없을 때 불만이 생길 수 있다.
④ 분위기가 산만하고 지저분하면 섭취율이 저하된다.

46 BCG 예방접종은 어느 면역에 해당하는가?

① 자연수동면역
② 자연능동면역
③ 인공수동면역
④ 인공능동면역

글자 크기 100% 150% 200% 화면 배치 전체 문제 수 : 안 푼 문제 수 :

47 민물고기를 생식한 일이 없는데도 간디스토마에 감염될 수 있는 경우는?

① 민물고기를 요리한 도마를 통해서
② 해삼, 멍게를 생식했을 때
③ 다슬기를 생식했을 때
④ 오염된 야채를 생식했을 때

48 아기의 첫 돌때 차리는 떡이 아닌 것은?

① 백설기
② 붉은팥고물차수수경단
③ 무지개떡
④ 꿀편

49 햄, 소시지, 통조림 식품에 의해서 발생할 수 있는 보툴리누스 식중독의 가장 특징적인 증상은?

① 신경마비
② 심한 설사
③ 복통
④ 고열

50 병원체가 인체에 침입한 후부터 자각적 · 타각적 임상증상인 발병까지의 기간을 일컫는 것은?

① 세대기
② 이환기
③ 잠복기
④ 전염기

51 질병에 걸린 경우 동물의 몸 전부를 사용하지 못하는 질병은?

① 리스테리아병
② 염증
③ 종양
④ 기생충증

답안 표기란

31	①	②	③	④
32	①	②	③	④
33	①	②	③	④
34	①	②	③	④
35	①	②	③	④
36	①	②	③	④
37	①	②	③	④
38	①	②	③	④
39	①	②	③	④
40	①	②	③	④
41	①	②	③	④
42	①	②	③	④
43	①	②	③	④
44	①	②	③	④
45	①	②	③	④
46	①	②	③	④
47	①	②	③	④
48	①	②	③	④
49	①	②	③	④
50	①	②	③	④
51	①	②	③	④
52	①	②	③	④
53	①	②	③	④
54	①	②	③	④
55	①	②	③	④
56	①	②	③	④
57	①	②	③	④
58	①	②	③	④
59	①	②	③	④
60	①	②	③	④

계산기 다음 ▶ 안 푼 문제 답안 제출

글자 크기 100% 150% 200% | 화면 배치 | 전체 문제 수 : 안 푼 문제 수 :

52 곰팡이와 같이 산소가 있어야 생육이 가능한 미생물을 무엇이라고 하는가?

① 혐기성균　② 호기성균
③ 저온성균　④ 통성혐기성균

53 음식물의 부패 여부를 진단하는 초기 관능검사 항목과 관련이 적은 것은?

① 냄새　② 변색
③ 점성　④ 무게

54 고려시대의 떡에 대한 기록이 틀린 것은?

① 해동역사 – 율고　② 규합총서 – 석탄병
③ 목은집 – 수단　④ 지봉유설 – 청애병

55 조리사가 식중독 혹은 기타 위생상 중대한 사고를 발생하게 한 경우에 받는 행정처분 기준은?

① 업무정지 1월　② 업무정지 2월
③ 업무정지 3월　④ 면허취소

답안 표기란

번호				
31	①	②	③	④
32	①	②	③	④
33	①	②	③	④
34	①	②	③	④
35	①	②	③	④
36	①	②	③	④
37	①	②	③	④
38	①	②	③	④
39	①	②	③	④
40	①	②	③	④
41	①	②	③	④
42	①	②	③	④
43	①	②	③	④
44	①	②	③	④
45	①	②	③	④
46	①	②	③	④
47	①	②	③	④
48	①	②	③	④
49	①	②	③	④
50	①	②	③	④
51	①	②	③	④
52	①	②	③	④
53	①	②	③	④
54	①	②	③	④
55	①	②	③	④
56	①	②	③	④
57	①	②	③	④
58	①	②	③	④
59	①	②	③	④
60	①	②	③	④

계산기　다음 ▶　안 푼 문제　답안 제출

글자 크기 100% 150% 200% 화면 배치 전체 문제 수 : 안 푼 문제 수 :

답안 표기란

56 젓갈의 부패를 방지하기 위한 방법이 아닌 것은?

① 고농도의 소금을 사용한다.
② 방습, 차광포장을 한다.
③ 합성보존료를 사용한다.
④ 수분활성도를 증가시킨다.

57 성인병 예방을 위한 급식에서 식단 작성을 하는 데 가장 고려해야 할 점은 무엇인가?

① 전체적인 영양의 균형을 생각하여 식단을 작성하며, 소금이나 지나친 동물성 지방의 섭취를 제한한다.
② 맛을 좋게 하기 위하여 시중에서 파는 천연 또는 화학조미료를 사용하도록 한다.
③ 영양에 중점을 두어 맛있고 변화가 풍부한 식단을 작성하며, 특히 기호에 중점을 둔다.
④ 계절식품과 지역적 배려에 신경을 쓰며, 새로운 메뉴개발에 노력한다.

58 절식 중 수리취떡과 쑥버무리는 어느 명절에 먹는 음식인가?

① 단오 ② 삼짇날
③ 중양절 ④ 상달

계산기 다음 ▶ 안 푼 문제 답안 제출

글자 크기 100% 150% 200% | 화면 배치 | 전체 문제 수 : 안 푼 문제 수 :

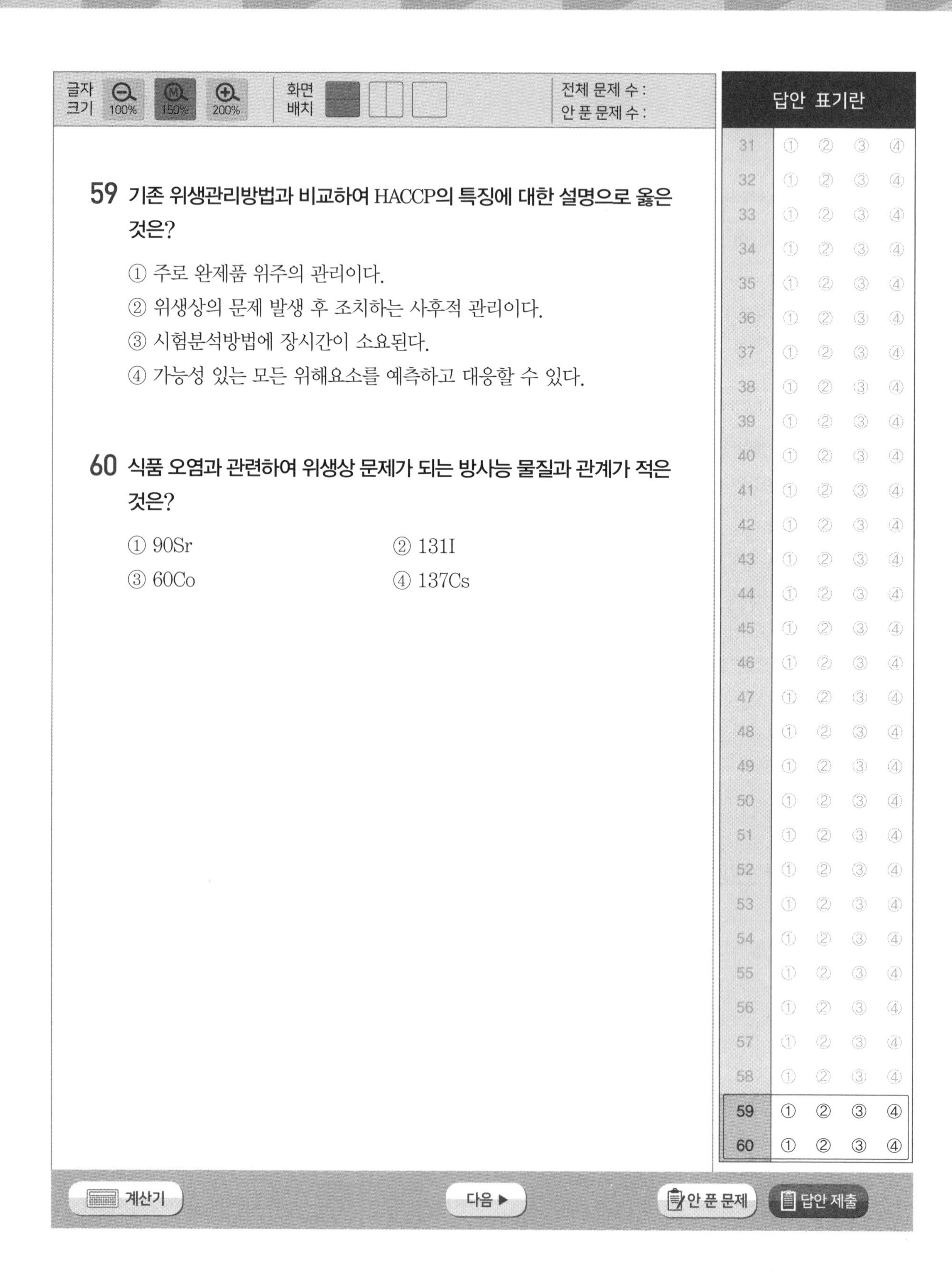

59 **기존 위생관리방법과 비교하여 HACCP의 특징에 대한 설명으로 옳은 것은?**

① 주로 완제품 위주의 관리이다.
② 위생상의 문제 발생 후 조치하는 사후적 관리이다.
③ 시험분석방법에 장시간이 소요된다.
④ 가능성 있는 모든 위해요소를 예측하고 대응할 수 있다.

60 **식품 오염과 관련하여 위생상 문제가 되는 방사능 물질과 관계가 적은 것은?**

① 90Sr
② 131I
③ 60Co
④ 137Cs

답안 표기란

31	①	②	③	④
32	①	②	③	④
33	①	②	③	④
34	①	②	③	④
35	①	②	③	④
36	①	②	③	④
37	①	②	③	④
38	①	②	③	④
39	①	②	③	④
40	①	②	③	④
41	①	②	③	④
42	①	②	③	④
43	①	②	③	④
44	①	②	③	④
45	①	②	③	④
46	①	②	③	④
47	①	②	③	④
48	①	②	③	④
49	①	②	③	④
50	①	②	③	④
51	①	②	③	④
52	①	②	③	④
53	①	②	③	④
54	①	②	③	④
55	①	②	③	④
56	①	②	③	④
57	①	②	③	④
58	①	②	③	④
59	①	②	③	④
60	①	②	③	④

계산기 | 다음 ▶ | 안 푼 문제 | 답안 제출

기출예상모의고사 정답 및 해설

01회 기출예상모의고사

01	02	03	04	05	06	07	08	09	10
③	③	③	④	②	③	②	②	①	②
11	**12**	**13**	**14**	**15**	**16**	**17**	**18**	**19**	**20**
①	①	①	③	①	①	③	②	①	①
21	**22**	**23**	**24**	**25**	**26**	**27**	**28**	**29**	**30**
②	①	①	④	①	①	④	④	④	③
31	**32**	**33**	**34**	**35**	**36**	**37**	**38**	**39**	**40**
①	②	②	③	③	③	①	①	②	②
41	**42**	**43**	**44**	**45**	**46**	**47**	**48**	**49**	**50**
①	②	④	①	①	①	③	④	②	④
51	**52**	**53**	**54**	**55**	**56**	**57**	**58**	**59**	**60**
③	①	④	③	③	②	②	③	④	③

01
아밀로펙틴의 함량에 따라 노화의 속도가 결정된다.

02
부재료를 넣으면 맛과 영양이 좋아지고 종류에 따라 약리 작용도 한다. 또한 증기가 올라오게 하여 떡이 잘 익도록 도움도 준다.

03
콩의 주요 단백질은 글리시닌으로 전체 단백질의 84%를 차지한다.

04
HACCP의 7 원칙

1. 위해요소 분석
2. 중요관리점 (CCP) 결정
3. CCP 한계기준 설정
4. CCP 모니터링 체계확립
5. 개선조치 방법 수립
6. 검증절차 및 방법 수립
7. 문서화, 기록유지 방법설정

05
구름떡은 직사각틀에 굳혀서 썬 떡이 구름처럼 보인다고 하여 붙여진 이름이다.

06
백설기, 나복병(무시루떡), 잡과병은 시루떡(찌는 떡)이고, 주악은 지지는 떡이다.

07
강화미란 백미에 부족한 칼슘이나 비타민 B_1, 아미노산 등의 영양분을 첨가한 쌀이다.

08
쌀가루를 체에 내리면 김이 골고루 올라오게 하며, 쌀가루에 섞은 수분이나 설탕, 채소, 과일가루 등이 골고루 섞이고, 쌀의 입자와 입자 사이에 공기층이 형성되어 떡이 부드럽고 식감이 좋아진다.

09
떡살은 절편에 모양과 무늬를 찍어 떡을 아름답게 함과 동시에 부(富) · 귀(貴) · 다(多) · 남(男) · 수(壽) · 복(福) 등의 글자를 새겨 집안의 번영과 부를 기원하였다.

10
- 쌀을 물에 오래 담글수록 호화가 빨리 된다.
- 가열온도가 높을수록 호화가 빨리 된다.
- 쌀의 정백도가 높을수록 호화가 빨리 된다.
- pH가 높을수록 호화가 빨리 된다.

11
전분입자의 호화를 통해 떡의 식감을 좋게 하고 떡 맛을 부드럽게 하기 위해 뜸을 들인다.

12
매판은 맷돌질할 때에 맷돌 아래에 까는 도구로 짚으로 결어 만든 둥근 방석을 말한다.

13
쌀을 깨끗이 씻으면 이물질이 제거되고 떡의 맛을 좋게 하며 호화가 빨리 되나, 영양분의 손실이 크다는 단점이 있다.

14
찹쌀은 아밀로펙틴으로만 구성된 전분이기 때문에 차진 성질을 갖는다.

15
메스실린더는 액체의 부피를 재는 데 쓰이는 도구로 길쭉하고 좁은 원통 모양이며 표면에 ml 단위로 눈금이 새겨져 있다.

16
쌀가루를 체에 치면 쌀가루 입자가 고르게 되며 공기층이 생겨 떡이 부드럽게 된다.

17
떡을 찌면 전분이 호화되는데 가열 중에 유리아미노산, 덱스트린, 유리당이 침출하여 먹기 좋은 상태로 바뀐다.

18
뜸들이는 과정을 통해 미처 호화되지 못한 전분입자의 호화를 촉진시킨다.

19
증병은 찌는 떡을 말한다. 경단은 삶는 떡이며, 도병은 치는 떡, 전병은 지지는 떡이다.

20
포도상구균은 매우 열에 강한 독소를 생성하는데, 이를 엔테로톡신이라 한다. 엔테로톡신은 내열성이 있어 100℃, 60분간 가열해도 파괴되지 않는다.

21
미생물의 발육은 수분, 영양소, 온도, pH, 산소 등의 영향을 받는다.

22
쌀에 Penicillium 속의 곰팡이가 번식하면서 곡립이 황색 또는 황갈색으로 착색하여 황변미가 된다.

23
보존제는 세균류의 성장을 억제하여 식품의 부패나 변질을 방지하고 식품을 오래 보관할 수 있도록 하기 위한 물질이다.

24
카드뮴은 칼슘과 인의 대사 이상을 초래하여 골연화증과 신장기능 장애를 일으킨다.

25
석탄산은 소독약의 살균력을 비교하는 기준이 된다.

26
알코올 발효 시 펙틴으로부터 만들어지는 메탄올은 두통, 구토, 복통, 설사를 일으키며 실명을 일으키는 경우도 있다.

27
일반음식점을 개업하기 위해서는 영업소를 관할하는 특별자치도지사 또는 시장 · 군수 · 구청장에게 신고를 해야 한다.

28
- 위생모와 위생복은 항상 청결하게 세탁하여 착용한다.
- 앞치마의 끈은 바르게 묶고 안전화를 착용한다.
- 액세서리 착용과 진한 화장은 하지 않는다.
- 남성은 항상 면도를 깔끔하게 하고 여성의 긴 머리는 망으로 감싸서 단정하게 한다.
- 손 세정액을 사용하여 손을 자주 씻는다.
- 손톱은 짧고 정결하게 관리하며 손에 상처를 입지 않도록 한다.
- 정기적으로 건강진단과 예방접종을 받는다.
- 양치질과 목욕을 자주 하고 음식에 침이 튀기지 않도록 마스크를 착용한다.
- 전염병 환자 혹은 피부병이나 화농성 질환을 가진 사람의 작업을 금지한다.
- 물은 끓여 마시고 음식은 익혀 먹도록 한다.
- 조리 도중에는 머리와 얼굴 등을 만지지 않는다.
- 화장실을 이용할 때는 앞치마와 모자를 착용하지 않는 것이 원칙이다.
- 작업대, 도마, 칼, 행주 등은 소독을 철저히 한다.
- 떡 제조실에는 타인의 출입을 금한다.

29

기구
- 음식을 먹을 때 사용하거나 담는 것
- 식품 또는 식품첨가물을 채취 · 제조 · 가공 · 조리 · 저장 · 소분 · 운반 · 진열할 때 사용하는 것

30

- 건강보균자(보균자) : 병원체를 몸에 지니고 있으나 겉으로는 증상이 나타나지 않는 건강한 사람(폴리오, 디프테리아, 일본뇌염)
- 잠복기보균자 : 몸에 세균 등 병원체를 오랫동안 보유하고 있으면서 자신은 병의 증상을 나타내지 아니하고 다른 사람에게 옮기는 사람(디프테리아, 홍역, 백일해)
- 회복기 보균자 : 질병의 임상증상이 회복되는 시기에도 여전히 병원체를 지닌 사람(장티푸스, 세균성 이질, 디프테리아)

31

- 간디스토마(간흡충) : 제1중간숙주(쇠우렁이) → 제2중간숙주(붕어, 잉어) → 종말숙주(사람, 개, 고양이 등)
- 폐디스토마(폐흡충) : 제1중간숙주(다슬기) → 제2중간숙주(게, 가재) → 종말숙주(사람, 개, 고양이 등)

32

- 바이러스 : 폴리오, 두창, 인플루엔자 홍역
- 박테리아 : 장티푸스, 파라티푸스, 콜레라, 파상열, 세균성 이질

33

- 만성감염병 : 발생률은 낮고 유병률은 높다.
- 급성감염병 : 발생률은 높고 유병률은 낮다.

34

납중독 시에는 소변에서 코프로포르피린(Copro－porphyrin)이 검출되며, 두통, 구토, 설사, 식욕부진, 체중감소, 변비 등을 일으킨다.

35

포름알데히드는 메탄올의 산화로 실온에서 자극성이 강한 냄새를 갖는 가연성 무색 기체로, 합성수지나 화학제품 제조, 합판 제조 등에 쓰인다. 주변에서는 담배 연기와 자동차 매연, 음식을 조리할 때도 발생하며 인체에 대한 독성이 강한 물질이다.

36

합은 밑과 뚜껑이 평평한 그릇으로 큰 합은 떡이나 약식, 찜 등을 담는다.

37

오려송편은 올해 가장 먼저 수확한 쌀로 추석에 만드는 송편이다.

38

찹쌀가루를 쓰는 것은 부부의 금실이 찰떡처럼 평생을 화목하게 잘 합쳐지라는 뜻이고, 떡을 두 켜로 하는 것은 한 쌍의 부부를 뜻하는 것이다.

39

- 갈판 : 신석기와 청동기 시대에 열매나 씨앗의 껍질을 벗기거나 가루를 내는 데 사용하던 아랫돌
- 갈돌 : 갈판 위에서 열매나 씨앗을 갈 때 사용하던 돌

40

〈음식디미방〉에서는 떡을 편이라 칭했고, 〈규합총서〉에서 처음 떡이란 호칭이 쓰였다.

41

'혼돈병'은 거피팥가루 볶은 것에 계핏가루와 진간장, 황설탕, 흰설탕, 꿀, 어레미에 내린 삶은 밤을 섞어 소를 만들고, 시루망 위에 볶은 팥가루와 꿀 · 승검초가루 · 건강(말린 생강) 등을 섞어 내린 찹쌀가루를 깐 다음 소를 줄지어 놓고, 그 위에 떡가루를 덮어 대추채, 밤채, 통잣을 박은 다음 볶은 거피팥고물을 두껍게 뿌리고 다시 그 위에 같은 순서로 켜를 올려 봉우리지게 하여 시루에 찐 떡이다.

42

고려시대에는 불교의 융성으로 육식을 멀리하고 차를 즐겨 마시는 풍습이 생기면서 과정류와 함께 떡이 발전하게 되었고 떡의 종류와 조리법이 발전하게 되었다.

43

- 과채류 : 채소의 분류에서 과실과 씨를 식용으로 하는 것으로 딸기, 토마토, 수박, 참외, 가지 등이 있다.
- 엽채류 : 채소의 분류에서 잎을 목적으로 하는 채소, 시금치, 양배추, 브로콜리, 근대, 케일 등이 있다.

44

- 기구 및 용기 · 포장의 제조 · 가공에 사용되는 기계 · 기구류와 부대시설물은 항상 위생적으로 유지 · 관리하여야 한다.
- 기구 및 용기 · 포장의 제조 · 가공 시에는 유독 · 유해물질 등이 오염되지 않도록 하여야 한다.
- 합성수지제, 가공셀룰로스제, 종이제, 전분제 기구 및 용기 · 포장에 사용되는 재질은 납, 카드뮴, 수은 및 6가 크롬의 합이 100mg/kg 이하이어야 한다.
- 동제 또는 동합금제의 기구 및 용기 · 포장은 식품에 접촉하는 부분을 전면 주석도금 또는 은도금이나 기타 위생상 위해가 없도록 적절하게 처리하여야 한다. 다만, 고유의 광택이 있는 것 또는 고온에서 사용하는 것으로서 표면의 도금이 벗겨질 우려가 있는 것은 제외한다.
- 기구 및 용기 · 포장의 식품과 직접 접촉하는 면에는 인쇄를 하여서는 아니 된다.
- 식품과 직접 접촉하지 않는 면에 인쇄를 하고자 하는 경우에는 인쇄잉크를 반드시 건조시켜야 한다. 이 경우 잉크 성분인 벤조페논의 용출량은 0.6mg/L 이하이어야 한다.
- 축산물용 기구는 분해 조립이 가능하고 세척 · 소독 및 검사가 용이한 구조이어야 하고 제품, 세척 및 살균 · 소독제품으로 부식되거나 기타 변화가 없어야 한다.
- 축산물용 기구에는 도자기 또는 법랑 등을 도포하여서는 아니 된다.

45

식품접객업소(집단급식소 포함)의 수족관 물 세균수는 1mL당 100,000 이하의 기준을 갖는다.

46

식품공전의 일반원칙에 따르면 표준온도는 20℃, 상온은 15~25℃, 실온은 1~35℃, 미온은 30~40℃로 한다.

47

① 진달래화전 : 3월 삼짇날
② 차륜병 : 5월 단오
④ 떡수단 : 6월 유두

48

① 삼칠일 : 아이가 태어난 지 21일이 되는 날
② 제례 : 자손들이 고인을 추모하며 올리는 의식
③ 성년례 : 아이가 나이가 들어 성인이 되었음을 축하하며 책임과 의무를 일깨워 주는 의례

49

고희(古稀)는 70세의 생일을 칭하는 말이다.

- 61세 : 회갑(回甲), 환갑(換甲), 화갑(花甲), 환갑(還甲), 주갑(周甲), 화갑(華甲), 환력(還曆)
- 60세 : 이순(耳順), 육순(六旬)

50

① 기일(忌日) : 제삿날
② 길일(吉日) : 상서로운 날
③ 축일(祝日) : 기쁜 일을 축하하는 날

51

① '뇌물을 준 효과가 있다.'
② '자기가 하고 싶은대로 이랬다 저랬다 하는 것'을 의미한다.
④ '어떤 일을 하는 데는 최소한의 밑천이나 경비가 필요하다.'

52

'배부른데 선떡준다'는 생색이 나지 않는 행동을 한다는 말이다.

53

중화절은 농사철의 시작을 알리는 날로, 정조 때 재상과 시종들에게 농업에 힘쓰라고 중화척이라는 자를 나누어 주었던 데에서 유래되었다.
① 중양절 : 세시명절로 음력 9월 9일이며 중구라고도 한다.
② 한식 : 동지 후 105일째 되는 날로 불을 금하고 성묘를 한다.
③ 상원 : 정월대보름을 말하는 것으로 나물과 약식을 먹는다.

54

'감제'는 고구마, '침떡'은 '시루에 찐 떡'이라는 뜻을 가진 제주도 방언이다. 감제침떡은 고구마 가루를 익반죽하여 개떡 모양으로 시루에 찐 떡이다.

55

메시(mesh)는 체의 눈이나 가루 입자의 크기를 나타내는 단위이다. 예컨대 100메시 체란 1제곱인치당 그물코가 100개인 것을 말한다. 따라서 떡의 입자를 곱게 하기 위해서는 30메시가 가장 적당하다.

56

① 맛의 대비 : 몇 가지 성분이 혼합되었을 때 주된 성분의 맛이 더 강해지는 현상
③ 맛의 상쇄 : 두 가지 성분이 혼합되었을 때 한쪽 맛이 약해지는 현상
④ 맛의 피로 : 같은 맛을 지속적으로 맛보면 그 맛을 다르게 느끼거나 미각이 둔해지는 현상

57

① 나복병 : 무시루떡
③ 상자병 : 도토리가루를 넣어 찐 떡
④ 복령병 : 백봉령가루를 넣어 만든 떡

58

차륜병(수리취절편)은 '치는 떡'으로 단오 절식이다.
① 나복병 : 멥쌀가루에 채 썬 무를 섞어 팥고물을 얹어 찌는 떡으로, 경상북도 안동 지역의 향토음식인 무시루떡을 말한다.
② 잡과병 : 멥쌀가루에 밤, 대추, 곶감, 호두, 잣 등의 여러 가지 견과류를 섞어 시루에 찐 무리떡이다.
④ 와거병 :멥쌀가루에 상치잎을 뜯어 거피팥고물을 얹어 찌는 떡이다.

59

삼짇날에는 진달래화전(두견화전)을 먹었다.

60

채소를 세척할 때 흐르는 물에 3번 이상 씻는다.

02회 기출예상모의고사

01	02	03	04	05	06	07	08	09	10
①	④	③	③	③	④	①	①	①	②
11	12	13	14	15	16	17	18	19	20
④	①	②	①	②	①	③	①	①	①
21	22	23	24	25	26	27	28	29	30
②	①	③	④	①	①	①	②	④	④
31	32	33	34	35	36	37	38	39	40
③	②	③	①	①	②	①	④	③	①
41	42	43	44	45	46	47	48	49	50
④	②	②	④	①	②	④	②	④	②
51	52	53	54	55	56	57	58	59	60
①	③	③	①	②	①	②	③	④	④

01

보리의 단백질은 호르데인이다. 오리자닌(oryzain)은 쌀 단백질이며, 글루텐(guluten)은 밀가루에 많이 들어있는 불용성 단백질이다.

02

호박설기, 깨찰편, 녹두시루떡은 호박과 깨, 녹두를 부재료로 하여 찐 떡이지만, 두텁떡은 봉우리 떡이라고도 하며 불린 찹쌀에 꿀 · 간장을 넣고 고루 비빈 다음 체에 내리고 거피한 팥은 찐 뒤 꿀과 간장 · 후추 · 계핏가루를 넣어 반죽하여 볶아서 어레미에 친다. 볶은 팥에 다진 유자와 설탕과 꿀로 반죽하여 밤 · 대추 · 잣을 하나씩 넣어 떡에 박을 소를 동그랗게 만든다. 시루나 찜통에 팥을 한 켜 깔고, 그 위에 떡가루를 한 숟갈씩 드문드문 떠놓고 소를 가운데 하나씩 박고, 다시 가루를 덮고 전체를 팥고물로 덮는다. 이렇게 봉우리 사이로 떡을 3, 4켜 안쳐서 찐 다음 수저로 하나씩 떠내는 떡이다.

03

① 뮤신 – 마
② 알리신 – 마늘
④ 캡사이신 – 고추

04

찹쌀은 100% 아밀로펙틴으로 이루어져 있고 점성이 강하다.

05

전분의 호화란 β – 전분이 가열에 의해 α – 전분으로 변하는 현상으로, 이때 전분의 미셀 구조가 파괴된다.

06

현미는 벼의 왕겨층을 벗겨낸 것이고, 정백미는 현미에서 겨층과 배아를 제거한 것이다.

07

두텁떡은 궁중의 대표적인 떡으로 합병, 후병이라고도 한다.

08

도병(搗餠)은 치는 떡이다.

09

쌀의 도정도가 높아지면 쌀의 빛깔이 좋아지고 조리시간이 단축되며 소화율도 높아지나, 영양분의 손실은 크다.

10

① 위생성 : 해충과 이물질 차단
③ 상품성 : 상품의 가치 상승
④ 간편성 : 운반과 보관 편리

11

돌확의 형태에는 자연석을 우묵하게 파거나 번번하고 넓적하게 판 것과, 오지로 된 자배기 형태의 그릇이 있다.

12

할맥은 보리를 쪼개어 가운데 골의 섬유질을 제거하여 만든 것이다.
② 압맥 : 보리를 납작하게 눌러서 소화가 쉽게 만든 것
③ 겉보리 : 껍질을 벗기지 않은 보리
④ 늘보리 : 겉보리의 겨를 벗긴 보리

13

노화는 온도가 0~4℃일 때와 수분이 30~60%일 때 가장 잘 일어난다.

14

노화 억제 방법

- α화한 전분을 80℃ 이상에서 급속 건조한다.
- 0℃ 이하에서 급속 냉동한다.
- 수분의 함량을 15% 이하로 한다.

15

쌀을 수침했을 때 흡수 과정에 영향을 미치는 것은 품종, 수온, 건조도, 도정일 등이다.

16

쌀에는 밀과 같은 글루텐 단백질이 없어 반죽하였을 때 점성이 없기 때문에, 끓는 물을 넣어 전분의 일부를 호화시김으로써 점성이 생기게 한다.

17

켜떡은 쌀가루와 고물을 시루에 켜켜이 안쳐서 찌는 떡이고, 무리떡(설기떡)은 떡의 켜를 만들지 않고 한 덩어리가 되게 찌는 떡이다.

18

급속 냉동을 하면 세포나 식품조직 중에 생기는 얼음의 결정이 미세하므로 세포나 조직이 파괴되지 않아 본래의 식품조직이 거의 완전하게 유지된다.

19

떡을 치는 이유는 점성을 증가시켜 떡의 맛과 식감을 좋게 할 뿐 아니라 노화를 늦추기 때문이다.

20

규소(실리콘)수지는 식품 제조 시 거품을 제거하는 소포제로 사용한다.

21

웰치균

- 원인균 : Clostridium perfringens(Welchii)
- 원인식품 : 부패한 단백질 식품
- 독소형 식중독(주로 A형)
- 편성혐기성간균
- 8~20시간의 잠복기
- A형균의 아포는 100℃에서 4시간 이상 가열해야 사멸

22

미생물의 작용으로 인하여 식품의 변질 및 부패와 식중독 및 감염병 등이 발생한다.

23

펀칭기가 움직일 때는 안에 손이나 조리도구를 넣지 않도록 하여 사고를 예방하고, 전기를 사용하므로 물 묻은 손을 주의하여 감전이 되지 않도록 한다.

24

조리실 밖으로 나갈 때는 조리실의 오염을 피하기 위해서 조리화와 조리복을 착용하지 않는다.

25

비말감염은 기침이나 재채기, 대화 등을 통해 타액 속에 있는 병원체에 감염되는 것으로, 사람이 많은 곳(군집한 곳)에서 감염되기 쉽다.

26

- 장티푸스 : 소화기계 감염병
- 디프테리아 : 호흡기계 감염병

27

미생물의 성장을 억제하여 부패나 발효를 방지하는 것을 방부라 한다.

28

보툴리누스 식중독(독소형 식중독)

- 원인균 : 클로스트리디움 보툴리늄
- 독소 : neurotoxin(뉴로톡신)
- 원인식품 : 통조림, 병조림, 소시지
- 증상 : 두통, 편기증, 약시, 언어장애, 기립 불능, 보행 곤란

29

① 숙주 : 병원체의 감수성이 있는 사람
② 보균자 : 병원체를 몸에 지니고 있으나 겉으로는 증상이 나타나지 않는 건강한 사람
③ 환경 : 전염 경로

30

공정 흐름도 작성은 준비단계 5절차에 해당한다.

HACCP의 7가지 원칙

- 위해요소 분석
- 중요관리점(CCP) 결정
- CCP 한계기준 설정
- CCP 모니터링 체계 확립
- 개선조치 방법 수립
- 검증 절차 및 방법 수립
- 문서화, 기록 유지 방법 설정

31

세균성 식중독

- 감염형 : 살모넬라, 장염비브리오, 병원성 대장균, 캄필로박테르
- 독소형 : 포도상구균, 보툴리누스균, 셀레우스

32

식품 취급자의 화농성 질환은 황색포도상구균이 엔테로톡신(독성물질)을 생산하여 일으키는 식중독이다.

33

수인성 감염병은 성별, 연령, 직업, 생활수준에 따른 차이가 없다.

34

회충, 구충, 요충, 편충, 동양모양선충 등은 채소류로부터 감염되는 기생충이다.

35

조리에 종사하지 못하는 질병

- 제1종 전염병 중 소화기계 전염병
- 제3종 전염병 주 결핵(비전염성인 경우 제외)
- 피부병 기타 화농성 질환
- 간염(전염의 우려가 없는 비활동성 간염은 제외)

36

단오 절식으로는 수레바퀴 모양의 절편인 수리취떡(차륜병)을 만들어 먹었다.

37

'찌기 → 떼기 → 떠기 → 떡'순으로 떡의 어원이 변해왔다.

38

봉치떡은 봉채떡이라고도 하며, 대추와 밤은 자식을 의미하고 붉은팥고물은 액을 면하게 한다는 의미가 담겨 있다.

39

절식은 매달 있는 명절날에 해 먹는 음식을 말한다.
① 시식 : 계절에 따라 나는 식품으로 만든 음식

40

조선시대에 떡을 기록한 문헌에는 도문대작, 음식디미방, 음식보, 증보산림경제, 규합총서, 임원십육지, 동국세시기, 음식방문, 시의전서, 부인필지, 요록, 조선무쌍신식요리제법, 시의방, 성호사설 등이 있다. 지리지는 지역 정보를 체계적으로 기술한 지리책이다.

41

중화절은 노비일이라고도 하며 한 해의 농사가 시작되는 때라 주인이 머슴들에게 크게 만든 송편을 머슴의 나이 수만큼 주어 머슴들을 달래고 농사의 풍요를 기원하였다.

42

〈요록〉은 조선시대의 조리서로 음식에 대한 조리법과 장 담그기, 술 빚기, 과일 보관법 등에 대해 설명한 책이다. 경단은 찹쌀가루로 떡을 만들어 삶아 익힌 뒤 꿀물에 담갔다가 꺼내어 그릇에 담아 다시 그 위에 꿀을 더한다고 설명하였다.

43

시루는 쌀이나 잡곡 등을 가루 내어 떡을 찌는 조리 도구로서, 우리나라에서 출토된 시루 중 가장 오래된 것은 청동기시대의 유적인 나진 초도패총에서 출토된 것이다.

44

이남박은 세척기, 절구는 펀칭기, 체는 쌀가루 분쇄기로 현대화되었다.

45

② 아스파탐 : 페닐알라닌과 아스파르트산을 합성해서 만든 아니노산계 인공 감미료로 설탕의 200의 단맛을 가진 인공 감미료이다.
③ 소르비톨 : 포도당과 같은 헥소스를 환원하여 얻는 육가의 알코올로 무설탕 제품이나 치약 등에 쓰인다.
④ 시클라메이트 : 시클라민산염. 나트륨염과 칼슘염은 설탕보다 30~40배의 단맛을 내나 식품첨가물로 사용하지 않는다.

46

수증기가 주먹으로 쥔 찹쌀가루 사이로 올라가 떡이 잘 익을 수 있게 한다.

47

천남성은 매우 독성이 강한 식물이다.
② 연육 : 연꽃의 익은 열매
③ 맥아 : 겉보리의 싹을 틔워서 말린 것

48

① 혼돈병 : 찹쌀가루에 꿀, 승검초가루, 계핏가루 등을 섞은 후 밤소를 방울지게 얹어 밤 채, 대추채, 통잣을 박아 찌는 떡이다.
③ 서여향병 : 마를 쪄서 꿀에 담갔다가 잣가루를 묻힌 떡
④ 나복병 : 무시루떡

49

제례상에 올리는 편류에는 녹두고물편, 꿀편, 흑임자고물편이 있다.

50

아플라톡신은 누룩곰팡이에 의해 생성되는 진균독이다.
① 삭시톡신 : 섭조개, 검은조개, 대합조개에 함유되어 있다.
③ 솔라닌 : 감자의 싹과 녹색으로 변한 껍질에 들어있다.
④ 무스카린 : 광대버섯의 유독성분으로 발한과 동공축소, 경련, 심정지를 일으킨다.

51

①은 유두에 대한 설명이다.

52

롤러밀은 세척하여 불린 쌀을 가루로 분쇄하는 기계로 조작에 의해 곱게 갈 수 있다.

① 성형기 : 떡의 모양과 크기를 조절할 수 있는 기계로 송편, 경단, 꿀떡 등을 만들 수 있다.
② 펀칭기 : 쌀가루나 찐 떡을 반죽할 때 사용한다.
④ 절단기 : 제병기에서 나온 떡을 일정한 크기로 자를 때 사용한다.

53

① 청태콩가루
② 승검초가루
④ 감가루

54

일 년 농사가 마무리되는 10월은 햇곡식과 햇과일을 수확하여 하늘과 조상께 감사의 예를 올리는 기간으로 무시루떡, 팥시루떡을 만들어 먹었다.

55

떡을 찔 때 첨가하는 소금의 양은 쌀 무게의 1.2~1.3%가 적당하다.

56

병원성대장균은 발병 특성에 따라 장출혈성 대장균, 장독소형 대장균, 장침입성 대장균, 장병원성 대장균, 장흡착성 대장균으로 분류된다.

57

조침떡은 좁쌀가루에 채 썬 고구마를 섞고 팥고물을 켜켜이 안쳐서 찐 제주도 지방의 향토떡이다.

58

① 켜떡
② 팥시루떡
④ 절편

59

① 이눌린 : 돼지감자에 많이 들어 있는 천연 저장 탄수화물
② 제인 : 옥수수의 주단백질
③ 갈락탄 : 토란에 들어 있는 수용성의 갈락토오스와 단백질의 결합체인 당단백질로 미끈미끈한 점성물질

60

영업에 종사하지 못하는 질병의 종류(식품위생법 시행규칙 제50조)

- 감염병의 예방 및 관리에 관한 법률 제2조제2호에 따른 제1군 감염병
- 감염병의 예방 및 관리에 관한 법률 제2조제4호나목에 따른 결핵(비감염성인 경우는 제외)
- 후천성면역결핍증(성병에 관한 건강진단을 받아야 하는 영업에 종사하는 사람에 해당)
- 피부병 또는 그 밖의 화농성 질환

03회 기출예상모의고사

01	02	03	04	05	06	07	08	09	10
①	④	③	①	④	③	④	①	②	③
11	12	13	14	15	16	17	18	19	20
②	③	③	③	②	①	②	③	④	③
21	22	23	24	25	26	27	28	29	30
④	①	③	③	④	④	①	②	①	③
31	32	33	34	35	36	37	38	39	40
④	④	④	④	①	②	③	④	②	④
41	42	43	44	45	46	47	48	49	50
④	②	④	②	③	③	②	④	②	③
51	52	53	54	55	56	57	58	59	60
③	②	④	③	④	②	①	③	④	③

01
붉은팥시루떡은 켜떡이다. 켜떡에는 붉은팥시루떡, 물호박떡, 느티떡, 석이편, 두텁떡, 깨찰편, 녹두찰편 등이 있다.

02
식품위생행정업무는 보건복지부에서 총괄하여 지휘 감독한다.

03
식품위생이란 식품의 재배, 생산, 제조부터 인간이 섭취하는 모든 식품의 안전성. 건강성을 확보하기 위한 모든 수단을 말한다.

04
미생물의 종류는 세균, 곰팡이, 효모, 리케차, 바이러스 등이 있다.

05
식품위생법은 "식품으로 인한 위생상의 위해를 방지하고 식품영양의 질적 향상을 도모하며 식품에 관한 올바른 정보를 제공함으로써 국민보건의 증진에 이바지함을 목적으로 한다."

06
①은 모듬백이, ②는 잡과병, ④는 오쟁이떡에 대한 설명이다.

07
포도상구균 식중독은 세균이 생산한 독소에 의해 발생하는 세균성 독소형 식중독이다.

08
고려시대의 떡이 기록된 책은 거가필용, 지봉유설, 목은집, 해동역사, 고려사 등이다.

09
대장균의 오염이 분변의 오염과 반드시 일치한다고 볼 수는 없으나, 대장균의 검출로 다른 미생물이나 분변오염을 추측할 수 있으며 또한 검출 방법이 간편하고 정확하기 때문에 대표적인 지표미생물로 삼고 있다.

10
화전은 찹쌀을 익반죽하여 계절에 따라 진달래꽃, 장미꽃, 국화, 맨드라미를 올려 지지거나 꽃이 없을 경우에는 대추를 꽃 모양으로 만들어 사용하였다.

11
① 살모넬라균 : 가금, 가축, 쥐 등의 장내에서 서식하며 식중독의 원인이 된다.
③ 포도상구균 : 사람, 동물의 표피에서 서식하며 식중독의 원인이 된다.
④ 보툴리누스균 : 유기물이 많은 토양 심층과 동물의 대장에서 서식하며 식중독의 원인이 된다.

12
쌀가루로만 만든 떡을 백설기 또는 백설고라 불렀다.

13
O157 : H7균은 대장균 중 하나로 부적절하게 조리된 소고기나 멸균되지 않은 우유를 섭취할 때 발생한다.

14
클로스트리디움은 미생물로 편성혐기성균, 즉 세균에 속한다.

15
부패는 단백질 식품이 미생물에 의해 변질되어 먹을 수 없는 상태이며, 탄수화물이 미생물의 작용으로 알코올, 각종 유기산을 생성하는 상태는 발효이다.

16

식중독의 원인균과 원인 식품

- 장염비브리오균 식중독 : 어패류
- 병원성 대장균 식중독 : 유제품류
- 포도상구균 식중독 : 유가공품, 김밥류
- 보툴리누스균 식중독 : 통조림류

17

- 부패 : 단백질 식품이 혐기성 미생물에 의해 분해되어 먹지 못하게 되는 변질현상
- 부패 촉진 요인 : 광선, 수분, 온도, 열, 영양소, pH 등

18

① 떡메 : 떡을 내리칠 때 사용하는 몽둥이
② 다식판 : 다식을 만들 때 여러 가지 문양을 새긴 틀에 박아내는 판
④ 매통 : 벼의 껍질을 벗기는 데 쓰이는 통나무로 만든 도구

19

- 보툴리누스균 : 아포를 형성하는 균으로, 독소는 열에 약하나 아포는 열에 강하다.
- 포도상구균 : 80℃에서 30분 가열하면 사멸한다.
- 살모넬라균 : 60℃에서 30분 가열하면 사멸한다.
- 장염비브리오균 : 60℃에서 20분 가열하면 사멸한다.

20

살모넬라균 식중독의 원인식품은 육류 및 그 가공품과 어류, 우유 및 유제품, 채소, 샐러드 등이며, 급격한 발열(38~40℃)과 두통, 복통, 설사, 구토가 주 증상이다.

21

포도상구균은 화농성 질환의 대표적인 원인균이다.

22

곰팡이류가 생산하는 독소인 맥각, 황변미, 아플라톡신 등은 발암물질로 밝혀졌다.

23

떡을 찌고 뜸을 들이면 미처 호화가 덜된 전분입자를 호화시킴으로서 떡맛이 부드럽고 식감이 좋게 된다.

24

① 사이클라메이트 : 설탕보다 40~50배 달고 용해도와 열안정성이 좋아 식품에 쓰였지만 체내에서 발암 물질로 대사되어 사용이 금지되었다.
② 둘신 : 설탕의 250배의 단맛을 내지만 간장 또는 신장장해, 간 종양, 중추신경계 자극을 일으키는 유해물질이다.
④ 파라티온 : 해충 방제 효과는 좋으나 인축에는 접촉독과 가스독, 소화중독을 일으키는 독성이 강한 유기인계 농약이다.

25

제주도는 섬이라는 특성 때문에 쌀이 귀해서 쌀로 만든 떡은 제사 때만 만들었다.

26

- 유기염소제 : 값은 싸지만 잔류성이 길고, 체내에 축적되면 신경과 간에 유해하다.
- 유기인제, 유기비소제, 유기불소제 : 잔류성은 1개월 이내이다.

27

테트로도톡신은 복어의 독성분이다.
② 미틸로톡신 : 섭조개의 독성분
③ 베네루핀 : 모시조개 및 바지락의 독성분
④ 무스카린 : 독버섯의 독성분

28

식품의 성분이나 원인에 따른 변화

- 부패 : 단백질 식품이 혐기성 미생물에 의해 분해되어 변질되는 현상
- 후란 : 단백질 식품이 호기성 미생물에 의해 분해되어 변질되는 현상
- 변패 : 단백질 이외의 당질, 지질식품이 미생물 및 기타의 영향으로 변질되는 현상
- 산패 : 유지가 산화되어 불길한 냄새가 나고 변색, 풍미 등의 노화현상을 일으키는 현상

29

버섯의 독 : 아마니타톡신, 무스카린, 무스카리딘, 뉴린, 팔린, 콜린, 필츠톡신

30

오그랑떡은 함경도의 향토떡이다.

31
숙회는 고기, 생선, 채소를 살짝 끓는 물에 익혀 먹는 것을 말하는데, 재료가 신선해야 한다.

32
기온역전 현상은 상부의 공기보다 지면의 공기가 차가워서 아래의 공기가 위로 올라가지 못하는 현상이다.

33
백령도 김치떡은 백령도 주민들이 먹던 떡으로, 찹쌀가루와 메밀가루를 반죽하여 찐 다음 밀가루와 소금을 넣고 다시 반죽하여 피를 만들고 굴과 김치를 소로 넣은 뒤 만두 모양으로 빚어 찌는 떡이다.

34
유지를 높은 열에서 가열하면 아크롤레인으로 인해 자극성의 검푸른 연기가 난다.

35
증편, 상화병, 개성주악은 막걸리로 발효시켜 만든 떡이다.

36
작업복의 이상적인 조건은 보온성, 통기성, 흡습성이다.

37
③은 산업안전보건법에서 고용하도록 규정한 산업보건의, 공중위생법의 위생관리인이 하는 일이다.

38
- 저온살균법 : 60℃ 정도에서 30분 가열 살균
- 고압증기멸균법 : 121℃에서 15~20분간 증기로 멸균
- 고온단시간살균법 : 70℃ 정도에서 15~20분 가열 살균
- 초고온순간살균법 : 130~150℃에서 0.5~5초간 가열 살균

39
식품첨가물은 식품을 제조, 가공, 보존함에 있어서 식품에 첨가, 혼합, 침윤 및 기타의 방법에 의하여 사용되는 물질이다.

40
조리사 면허의 결격사유
- 정신질환자(다만, 전문의가 조리사로서 적합하다고 인정하는 자는 그러하지 아니하다.)
- 감염병 환자(B형 간염 환자는 제외)
- 마약이나 그밖의 약물중독자
- 조리사 면허의 취소처분을 받고 그 취소된 날부터 1년이 지나지 아니한 자

41
표준온도는 20℃, 상온은 15~25℃, 실온은 1~35℃, 미온은 30~40℃이다.

42
요리용 칼 · 도마, 식기류의 미생물 규격은 살모넬라 음성, 대장균 음성이어야 한다.

43
지방 산패 촉진 인자는 열, 광선, 금속, 미생물, 효소이다.

44
생물이 죽고 난 후 자신이 가지고 있는 효소 작용에 의해 단백질이 분해되는 현상이다.

45
병원성 대장균(O157 : H7)은 출혈성 대장균이다. 감염원은 과일, 채소, 요구르트, 덜 익은 쇠고기 등이다.

46
식품위생법상 영업허가 업종
- 식품조사처리업
- 식품접객업(단란주점영업, 유흥주점영업)

47
콩류는 불려서 사용해야 시간 절약도 되고 속까지 잘 익힐 수 있다.

48
식품의 구비 조건은 영양성, 위생성, 기호성, 경제성이다.

49
폐기물 소각으로 대기오염과 발암을 유발하는 물질인 다이옥신 방출로 인한 환경문제가 발생한다.

50
① 조리 : 가는 대오리나 싸리 등을 이용하여 만들어 쌀을 일거나 물기를 뺄 때 사용하는 도구
② 소쿠리 : 대나무를 가늘게 쪼개어 위가 트이고 테를 둥글게 짠 그릇으로 씻은 식품을 담는데 사용하는 도구
④ 안반 : 떡을 칠 때 쓰는 나무로 만든 받침대

51
- 식품 등의 표시기준상 과자류 : 과자, 캔디류, 츄잉껌, 빙과류
- 유바 : 두부를 가열할 때 표면에 형성된 얇은 막을 건조한 것

52
나트륨 함량비교 표시 대상 식품에는 국수, 냉면, 유탕면류, 햄버거, 샌드위치가 있다.

53
유통기한은 제품의 제조일로부터 소비자에게 판매가 허용되는 기한이다.

54
쌀에 Penicillium 속의 곰팡이가 번식하여 쌀을 누렇게 변색시키며 호흡마비와 간장독, 신장독을 일으킨다.

55
섣달 그믐은 음력 12월 30일로 골동반과 온시루떡, 골무떡, 장김치 등을 먹는다.

56
화학적 합성품은 안정성, 필요성, 유용성이 확인된 경우 사용을 인정한다.

57
식품의약품안전처장 또는 특별자치시장 · 시장 · 군수 · 구청장은 총리령으로 정하는 위생등급 기준에 따라 위생관리 상태 등이 우수한 제조 · 가공업소 · 식품접객업소 또는 집단급식소를 우수업소 또는 모범업소로 지정할 수 있다.

58
유통기한이란 상품이 시중에 유통될 수 있는 기한이므로 유통기한이 경과된 식품은 판매할 수 없다.

59
과망간산칼륨의 소비량은 수질 판정에 있어 중요한 지표로 작용하는데, 과망간산칼륨의 소비량이 높다는 것은 물이 유기물을 다량 함유하여 오염된 물임을 뜻하기 때문이다. COD 1mg/L는 과망간산칼륨소비량 약 4mg/L에 해당한다.

60
경태반이란 태반을 통해서 어머니가 태아에게 전달하는 것을 말하며, 매독과 풍진은 경태반 감염병이다.

04회 기출예상모의고사

01	02	03	04	05	06	07	08	09	10
②	②	①	④	③	②	④	③	③	②
11	12	13	14	15	16	17	18	19	20
①	④	③	④	③	④	②	③	①	④
21	22	23	24	25	26	27	28	29	30
③	③	④	②	④	③	①	②	①	③
31	32	33	34	35	36	37	38	39	40
②	①	③	②	④	②	④	③	①	③
41	42	43	44	45	46	47	48	49	50
③	②	③	②	②	④	①	④	①	③
51	52	53	54	55	56	57	58	59	60
①	②	④	②	④	④	①	①	④	③

01
위해요소중점관리기준(Hazard Analysis and Critical Control Point ; HACCP)이란 식품의 원료 관리, 제조 · 가공 · 조리 · 소분 · 유통의 모든 과정에서 위해한 물질이 식품에 섞이거나 식품이 오염되는 것을 방지하기 위하여 각 과정의 위해요소를 확인 · 평가하여 중점적으로 관리하는 기준을 말한다.

02
단오날에는 차륜병, 준치만두, 제호탕 등을 즐긴다.

03
'집단급식소'란 영리를 목적으로 하지 아니하면서 특정 다수인에게 계속하여 음식물을 공급하는 급식시설로서 대통령령으로 정하는 시설을 말한다.

04
찹쌀가루로 떡을 만들 때는 멥쌀보다 거칠게 빻고 물을 적게 잡으며, 체로 치지 않고 가루를 주먹으로 쥐어 넣어 주면 틈새로 열의 전달이 빨라 잘 익는다.

05
화학적 합성품은 안정성, 필요성, 유용성이 확인이 된 경우 사용을 인정한다.

06
경단은 삶는 떡이다.

07
판매의 목적으로 식품을 제조 · 가공한 영업자가 그 식품으로 인해 위생상의 위해가 발생할 우려가 있다고 인정하는 경우 영업자는 그 사실을 국민에게 알리고 유통 중인 당해 식품 등을 회수해야 할 의무가 있다.

08
개달물 감염에는 트라코마, 결핵 등이 있다.

09
두텁떡은 시루에 안칠 때 위로 소복하게 올라오게 안쳐서 봉우리떡이라고도 부르며, 임금님의 생신에 빠지지 않고 오르던 궁중떡이다.

10
히스타민은 아미노산의 일종인 히스티딘으로부터 생성되는 물질로, 생리작용 조절과 신경 전달을 한다.

11
증편은 막걸리를 넣어 발효시킨 떡이다.

12
노화 억제 방법
- 0℃ 이하로 냉동
- 80℃ 이상으로 급속 건조
- 수분 함량을 15% 이하로 조절
- 설탕 첨가
- 유화제 첨가

13
① 승홍수 : 비금속 소독
② 알코올소독 : 손 소독
③ 열탕소독(자비소독) : 조리도구, 식기소독

14
소다를 넣으면 채소가 물러진다.

15
농업에서 식품의 채취에 사용되는 기구는 식품위생법에 해당이 되지 않는다.

16
고물은 맛과 모양을 좋게 하고 노화를 지연시키며 영양을 보충하는 역할을 한다.

17
- 이산화탄소 : 0.03~0.04%
- 질소 : 78%
- 산소 : 21%
- 기타 : 0.07%

18
① 자포니카형 : 쌀알이 둥글고 굵으며 단단하다.
② 인디카형 : 쌀알이 가늘고 길며 점성이 약하다.
④ 자바니카형 : 자포니카형과 인디카형의 중간형이다.

19
전분의 호화 촉진 저해 물질은 달걀, 지방, 소금, 분유 등이 있다.

20
아스코르빈산은 비타민 C를 말한다.

21
장염비브리오 식중독은 호염성이며 복통, 구토, 설사, 미열 등의 증상이 나타난다.

22
① 탈각 : 벼의 껍질을 벗기는 것
② 탈곡 : 벼이삭을 터는 것
④ 정백 : 현미를 백미로 만드는 과정

23
항생제를 복용시키면 원인을 파악하기 곤란하다.

24
① 떡 : 호화
③, ④ 엿 · 조청 : 당화

25
폐기종은 분진에 의해 발병한다.

26
폐기물 소각으로 대기오염과 발암을 유발하는 물질인 다이옥신 방출로 인한 환경문제가 발생한다.

27
불포화지방산이 많은 것은 더 액상에 가깝기 때문에 산화되기가 쉽다.

28
봉치떡(봉채떡)에 들어가는 재료는 찹쌀과 붉은팥고물, 대추, 밤이다.

29
식품첨가물이나 다른 원료를 사용하지 않고 농산물을 단순히 껍질을 벗겨 가공하려는 경우에는 영업허가를 받거나 신고를 하지 않아도 된다.

30
중금속에 의한 화학적 식중독
- 수은 : 미나마타병
- 납, 카드뮴 : 이타이이타이병

31
유화제 : 레시틴(대두 인지질), 지방산에스테르 4종류, 폴리소르베이트류

32
서여향병은 마를 쪄서 꿀에 재웠다가 찹쌀가루를 입혀 기름에 지진 다음 잣고물을 입힌 떡이다.

33
영업의 종류 : 즉석판매제조 · 가공업, 식품제조 · 가공업, 식품첨가물제조업, 식품운반업, 식품소분판매업, 식품보존업, 용기 · 포장류제조업, 식품접객업

※ 즉석판매제조 · 가공업 : 총리령으로 정하는 식품을 제조 · 가공업소에서 직접 최종소비자에게 판매하는 영업

34
괴경류에는 감자, 토란, 참마, 카사바, 얌 등이 있다. 곡류보다 전분의 점도 및 투명도가 높다.

35

진개처리법 : 위생적 매립법, 비료화법, 소각법

36

수분활성(Water activity)

- 동일 조건하에서 식품의 수증기압을 순수한 물의 수증기압으로 나눈 값이다.
- 수중활성(Aw) = P/Po
  ※ P : 식품의 수증기압, Po(순수한 물의 수증기압)

37

찹쌀은 아밀로펙틴 100%로 이루어졌기 때문이다.

38

- 강력분 : 글루텐 함량이 12~14%로 제빵용에 많이 쓰인다.
- 중력분 : 국수용, 수제비, 라면, 만두용으로 쓰인다.
- 박력분 : 글루텐 함량이 10% 내외로 케이크, 카스테라, 과자, 튀김용으로 쓰인다.

39

단백질이 변성되면 단백질 고유의 성격은 변화되나, 단백질이 체내에서 흡수되기 적합한 상태로 되어 소화가 잘되게 된다.

40

집단급식은 신선한 식품을 공급해야 하기 때문에 수시로 구입해야 하는 재료와 1개월에 한 번씩 구입하는 재료 등을 구분하고, 제조일과 유통기한을 확인한 후 구입하며, 선입선출법에 따라 소비한다.

41

단자는 도병(치는떡)에 속한다.

42

뜨거운 음식을 냉장고에 넣으면 내부 온도의 상승으로 인하여 다른 음식의 부패를 초래할 수 있다.

43

식품첨가물 공전은 식품의약품안전처장이 작성하여 보급한다.

44

①은 충청도, ③은 제주도, ④는 서울 · 경기지역의 향토떡이다.

45

집단급식의 문제점

- 영양적인 문제 : 영양가 산출의 잘못으로 인한 영양부족 현상 초래, 다수의 급식대상자에 대한 기호조사 불충분으로 인한 영양부족 초래, 다양한 음식 개발의 어려움
- 위생적인 문제 : 조리종사원의 실수 또는 고의로 인한 식중독 발생 우려
- 경제적인 문제 : 재료비와 인력의 확보의 부족으로 피급식자의 불만의 소지, 계획된 예산범위 내에서 정확한 수행 필요
- 심리적인 문제 : 경제적, 생리적, 습관적 사정에 따른 식사 행동, 급식대상자의 가정식에 대한 향수나 선택의 여지가 없을 때의 불만으로 집단급식에 대한 선입관 발생, 급식소의 비효율적 운영으로 인한 식욕저하 초래

46

인공능동면역 : 예방접종으로 획득한 면역(종류 : BCG, DTP, 경구용 소아마비)

47

오염된 도마나 칼, 행주 등을 통해서 감염될 수 있다.

48

아기의 첫 돌에는 백설기, 붉은팥고물차수수경단, 무지개떡, 오색송편, 인절미를 만들어 돌상에 올렸다.

49

보툴리누스 식중독의 주요 증상은 신경마비, 언어장애, 시력장애, 호흡 곤란 등이다.

50

병원체가 인체에 침입한 후부터 자각적 · 타각적 임상증상인 발병까지의 기간을 잠복기라고 한다.

51

판매 등이 금지되는 병든 동물 고기 중 총리령으로 정하는 질병은 리스테리아병, 살모넬라병, 파스튜렐라병 및 선모충증 등이다.

52
호기성균은 산소가 있어야 생육이 가능한 미생물을 말한다.

53
부패 여부 진단의 관능검사 : 냄새, 변색, 점성

54
규합총서는 조선시대에 빙허각 이 씨가 가정살림에 관해 쓴 조리서이다.

55
조리사가 식중독 혹은 기타 위생상 중대한 사고를 발생하게 한 경우에는 면허취소의 처분이 내려진다.

56
수분활성도를 증가시키면 더 잘 부패된다.

57
전체적인 영양의 균형을 생각하여 식단을 작성해야 하며, 짠 음식이나 동물성 지방의 섭취를 줄여야 한다.

58
② 삼짇날 : 진달래화전
③ 중양절 : 국화전
④ 상달 : 무시루떡, 붉은팥시루떡, 애단자

59
식품위해요소중점관리기준(HACCP)은 식품의 원재료 생산에서부터 제조, 가공, 보존, 유통단계를 거쳐 소비자가 섭취하기 전까지의 각 단계에서 발생할 우려가 있는 위해요소를 분석하고 이를 중점적으로 관리하기 위한 중요관리점을 결정하여 식품의 안전성을 확보하기 위한 과학적인 위생관리체계라고 할 수 있다.

60
60Co은 곡류, 과일, 채소, 축산물 등에 방사선을 조사하여 미생물을 사멸시키는 데 사용한다.

PART 6

Craftsman Tteok Making
떡 제 조 기 능 사

기출복원모의고사

CONTENTS

01회 기출복원모의고사

제한 시간 : 60분
남은 시간 :

글자 크기 100% 150% 200% | 화면 배치 | 전체 문제 수 : 안 푼 문제 수 :

01 전분의 효소를 작용시키면 가수분해되어 단맛이 증가하면서 조청, 물엿이 만들어지는데, 이 과정을 무엇이라 하는가?

① 호화　② 노화
③ 호정화　④ 당화

02 좋은 보리쌀을 고르는 선별 기준으로 적합하지 않은 것은?

① 도정 상태가 좋고 이물질이 없는 것
② 낱알이 고르고 손상되지 않은 것
③ 수분 함량이 10% 이하로 건조된 것
④ 다른 곡립이 들어 있지 않고 싸라기가 없는 것

03 현미의 도정률 증가에 따른 변화 중 옳지 않은 것은?

① 지방이 감소한다.　② 단백질 손실이 커진다.
③ 소화율이 낮아진다.　④ 탄수화물의 비율이 증가한다.

04 다음의 건조 두류들을 동일한 조건에서 침수할 때 가장 빨리 최대의 수분을 흡수하는 것은?

① 붉은 팥　② 녹두
③ 흰 대두　④ 검은 대두

답안 표기란

번호				
1	①	②	③	④
2	①	②	③	④
3	①	②	③	④
4	①	②	③	④
5	①	②	③	④
6	①	②	③	④
7	①	②	③	④
8	①	②	③	④
9	①	②	③	④
10	①	②	③	④
11	①	②	③	④
12	①	②	③	④
13	①	②	③	④
14	①	②	③	④
15	①	②	③	④
16	①	②	③	④
17	①	②	③	④
18	①	②	③	④
19	①	②	③	④
20	①	②	③	④
21	①	②	③	④
22	①	②	③	④
23	①	②	③	④
24	①	②	③	④
25	①	②	③	④
26	①	②	③	④
27	①	②	③	④
28	①	②	③	④
29	①	②	③	④
30	①	②	③	④

계산기　다음 ▶　안 푼 문제　답안 제출

글자 크기 100% 150% 200% 화면 배치 전체 문제 수 : 안 푼 문제 수 :

답안 표기란

05 완두콩을 조리할 때 정량의 황산구리를 첨가하면 어떤 효과가 있는가?

① 비타민이 보강된다. ② 무기질이 보강된다.
③ 냄새를 보유할 수 있다. ④ 녹색을 유지할 수 있다.

06 비타민 A가 되는 카로틴과 비타민 C, 칼륨, 레시틴 등이 풍부하게 들어 있으며 오가리로 만들어 두었다가 떡을 하기도 하는 것은?

① 가지 ② 당근
③ 호박 ④ 토마토

07 곡식의 가루를 쳐내는 도구로, 가장 굵은 체를 무엇이라 부르는가?

① 깁체 ② 중거리
③ 어레미 ④ 도드미

08 쌀에서 섭취한 전분이 체내에서 에너지를 발생시키기 위해서 반드시 필요한 것은?

① 비타민 A ② 비타민 B_1
③ 비타민 C ④ 비타민 D

09 곡류 중 지방과 단백질의 함량이 가장 높고 무기질과 비타민 B군도 많이 함유된 것은?

① 보리 ② 귀리
③ 호밀 ④ 수수

계산기 다음 ▶ 안 푼 문제 답안 제출

글자 크기 100% 150% 200% 화면 배치 전체 문제 수 : 안 푼 문제 수 :

답안 표기란

10 곡물 저장 시 수분의 함량에 따라 미생물에 의한 변패가 일어나는데, 이를 억제하기 위해서는 수분의 함량을 몇 % 이하로 하여야 하는가?

① 14% 이하 ② 19% 이하
③ 24% 이하 ④ 29% 이하

11 술을 빚거나 떡을 찔 때에 솥과 고리의 이음새 사이로 김이 새어나가지 못하도록 쌀가루나 밀가루를 반죽하여 붙인 것을 무엇이라 하는가?

① 시루망 ② 안반
③ 시룻번 ④ 시룻방석

12 포장재 중 폴리염화비닐의 문제점으로 옳은 것은?

① 가소제와 함께 사용하면 단단해진다.
② 투명성이 좋으나 내수성과 내산성이 나쁘다.
③ 가소제의 첨가량이 많아지면 중금속이 용출된다.
④ 값이 저렴하다.

13 신라 소지왕 때 까마귀에 대한 보은으로 만들던 풍습이 내려와서 절식이 된 음식은?

① 단자 ② 두텁떡
③ 약밥(약식) ④ 경단

계산기 다음 ▶ 안 푼 문제 답안 제출

글자 크기 100% 150% 200% 화면 배치 전체 문제 수 : 안 푼 문제 수 :

답안 표기란

14 다음 중 합성 플라스틱 용기에서 검출되는 유해물질은?

① 비소 ② 주석
③ 포르말린 ④ 수은

15 두류의 조리 시 두류를 연화시키는 방법으로 틀린 것은?

① 1% 정도의 식염용액에 담갔다가 그 용액으로 가열한다.
② 초산 용액에 담근 후 칼슘, 마그네슘이온을 첨가한다.
③ 약알칼리성의 중조수에 담갔다가 그 용액으로 가열한다.
④ 습열 조리 시 연수를 사용한다.

16 용기 또는 포장 표시 사항 및 기준과 거리가 먼 것은?

① 다른 제조업소의 표시가 있는 것도 사용할 수 있다.
② 다시 포장함으로써 본래의 표시가 투시되지 않을 때는 포장한 것에 다시 표시하여야 한다.
③ 표시 항목은 보기 쉬운 곳에 알아보기 쉽도록 표시하여야 한다.
④ 외국어를 한글과 병기할 때 용기 또는 포장의 다른 면에 외국어를 동일하게 표시할 수 있다.

17 떡에 고물을 묻히는 이유가 아닌 것은?

① 떡의 맛을 위해서
② 떡의 모양을 돋보이게 하기 위해서
③ 떡의 노화를 막기 위해서
④ 떡의 호화를 막기 위해서

계산기 다음 ▶ 안 푼 문제 답안 제출

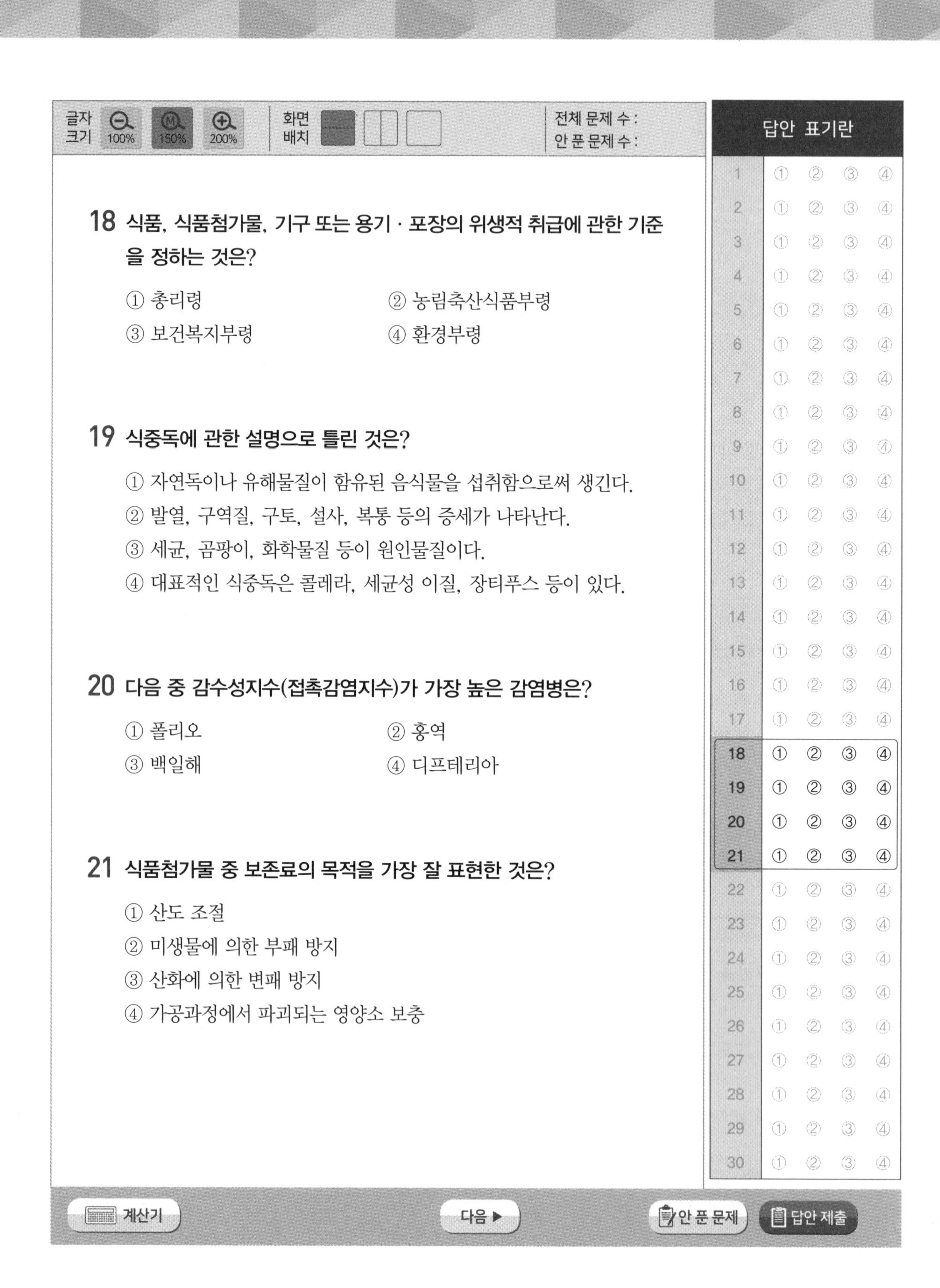

18 식품, 식품첨가물, 기구 또는 용기 · 포장의 위생적 취급에 관한 기준을 정하는 것은?

① 총리령
② 농림축산식품부령
③ 보건복지부령
④ 환경부령

19 식중독에 관한 설명으로 틀린 것은?

① 자연독이나 유해물질이 함유된 음식물을 섭취함으로써 생긴다.
② 발열, 구역질, 구토, 설사, 복통 등의 증세가 나타난다.
③ 세균, 곰팡이, 화학물질 등이 원인물질이다.
④ 대표적인 식중독은 콜레라, 세균성 이질, 장티푸스 등이 있다.

20 다음 중 감수성지수(접촉감염지수)가 가장 높은 감염병은?

① 폴리오
② 홍역
③ 백일해
④ 디프테리아

21 식품첨가물 중 보존료의 목적을 가장 잘 표현한 것은?

① 산도 조절
② 미생물에 의한 부패 방지
③ 산화에 의한 변패 방지
④ 가공과정에서 파괴되는 영양소 보충

글자 크기 100% 150% 200% 화면 배치 전체 문제 수 : 안 푼 문제 수 :

22 알레르기성 식중독에 관계되는 원인물질과 균은?

① 아세토인(Acetoin), 살모넬라균
② 지방(Fat), 장염비브리오균
③ 엔테로톡신(Enterotoxin), 포도상구균
④ 히스타민(Histamine), 모르가니균

23 식품표시광고법상 식품, 식품첨가물, 기구 또는 용기, 포장에 기재하는 '표시'의 범위는?

① 문자
② 문자, 숫자
③ 문자, 숫자, 도형
④ 문자, 숫자, 도형, 음향

24 식품 등을 제조, 가공하는 영업을 하는 자가 제조, 가공하는 식품 등이 식품위생법 규정에 의한 기준, 규격에 적합한지 여부를 검사한 기록서를 보관해야 하는 기간은?

① 6개월
② 1년
③ 2년
④ 3년

답안 표기란

1	①	②	③	④
2	①	②	③	④
3	①	②	③	④
4	①	②	③	④
5	①	②	③	④
6	①	②	③	④
7	①	②	③	④
8	①	②	③	④
9	①	②	③	④
10	①	②	③	④
11	①	②	③	④
12	①	②	③	④
13	①	②	③	④
14	①	②	③	④
15	①	②	③	④
16	①	②	③	④
17	①	②	③	④
18	①	②	③	④
19	①	②	③	④
20	①	②	③	④
21	①	②	③	④
22	①	②	③	④
23	①	②	③	④
24	①	②	③	④
25	①	②	③	④
26	①	②	③	④
27	①	②	③	④
28	①	②	③	④
29	①	②	③	④
30	①	②	③	④

계산기 다음 ▶ 안 푼 문제 답안 제출

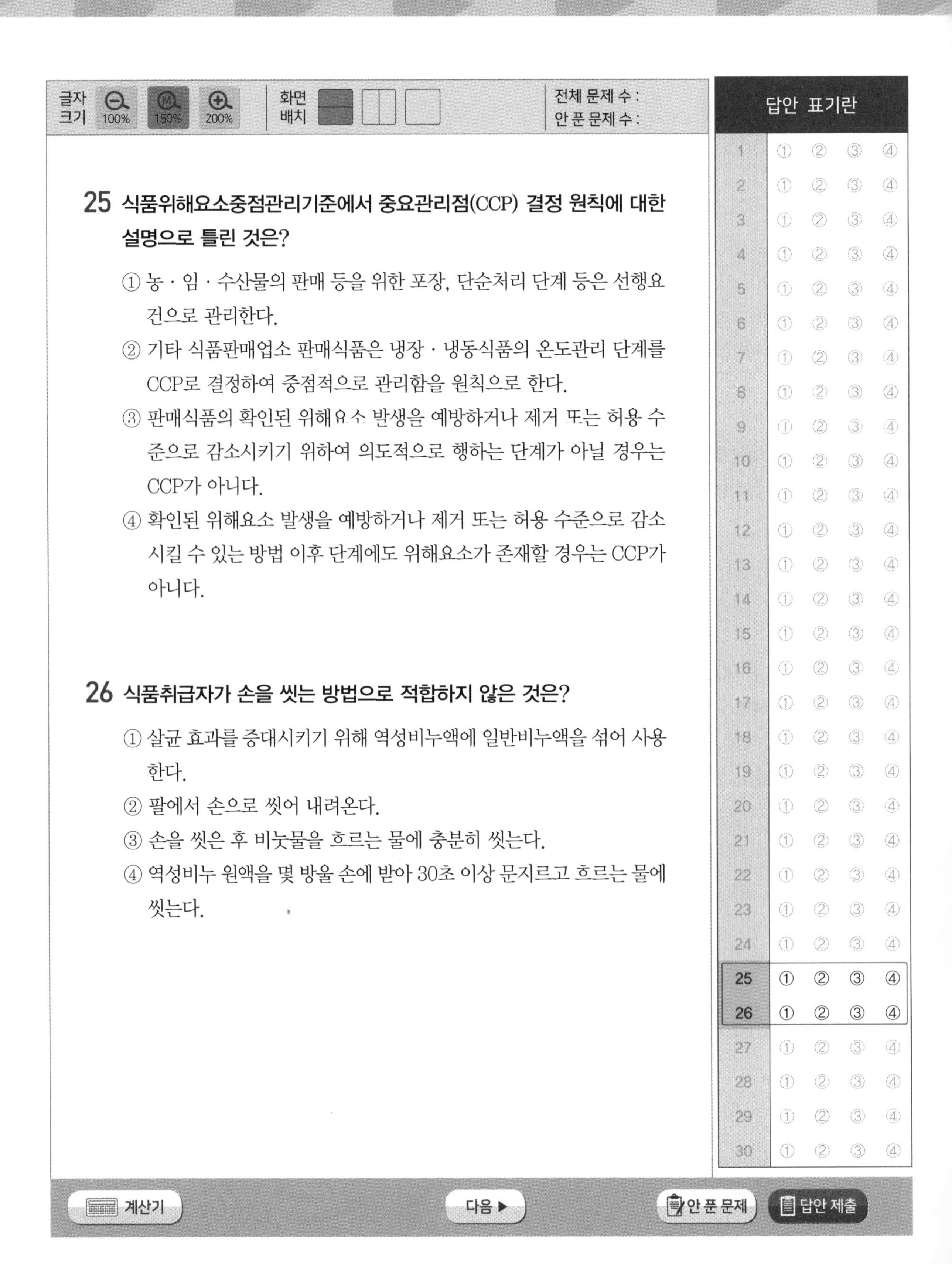

25 **식품위해요소중점관리기준에서 중요관리점(CCP) 결정 원칙에 대한 설명으로 틀린 것은?**

① 농 · 임 · 수산물의 판매 등을 위한 포장, 단순처리 단계 등은 선행요건으로 관리한다.

② 기타 식품판매업소 판매식품은 냉장 · 냉동식품의 온도관리 단계를 CCP로 결정하여 중점적으로 관리함을 원칙으로 한다.

③ 판매식품의 확인된 위해요소 발생을 예방하거나 제거 또는 허용 수준으로 감소시키기 위하여 의도적으로 행하는 단계가 아닐 경우는 CCP가 아니다.

④ 확인된 위해요소 발생을 예방하거나 제거 또는 허용 수준으로 감소시킬 수 있는 방법 이후 단계에도 위해요소가 존재할 경우는 CCP가 아니다.

26 **식품취급자가 손을 씻는 방법으로 적합하지 않은 것은?**

① 살균 효과를 증대시키기 위해 역성비누액에 일반비누액을 섞어 사용한다.

② 팔에서 손으로 씻어 내려온다.

③ 손을 씻은 후 비눗물을 흐르는 물에 충분히 씻는다.

④ 역성비누 원액을 몇 방울 손에 받아 30초 이상 문지르고 흐르는 물에 씻는다.

글자 크기 100% 150% 200% | 화면 배치 | 전체 문제 수 : 안 푼 문제 수 :

27 **다음 중 인공능동면역에 의하여 면역력이 강하게 형성되는 감염병은?**

① 이질　② 말라리아
③ 폴리오　④ 폐렴

28 **주방의 바닥 조건으로 적절한 것은?**

① 산이나 알칼리에 약하고, 습기 · 열에 강해야 한다.
② 바닥 전체의 물매는 20분의 1이 적당하다.
③ 조리작업을 드라이 시스템화할 경우의 물매는 100분의 1 정도가 적당하다.
④ 고무타일, 합성수지타일 등이 잘 미끄러지지 않으므로 적합하다.

29 **식품위생법상 영업신고를 하여야 하는 업종은?**

① 유흥주점영업　② 즉석판매제조 · 가공업
③ 식품조사처리업　④ 단란주점영업

30 **곰팡이 독소와 독성을 나타내는 곳을 잘못 연결한 것은?**

① 오크라톡신(Ochratoxin) – 간장독
② 스테리그마토시스틴(Sterigmatocystin) – 간장독
③ 시트리닌(Citrinin) – 신장독
④ 아플라톡신(Aflatoxin) – 신경독

답안 표기란

번호				
1	①	②	③	④
2	①	②	③	④
3	①	②	③	④
4	①	②	③	④
5	①	②	③	④
6	①	②	③	④
7	①	②	③	④
8	①	②	③	④
9	①	②	③	④
10	①	②	③	④
11	①	②	③	④
12	①	②	③	④
13	①	②	③	④
14	①	②	③	④
15	①	②	③	④
16	①	②	③	④
17	①	②	③	④
18	①	②	③	④
19	①	②	③	④
20	①	②	③	④
21	①	②	③	④
22	①	②	③	④
23	①	②	③	④
24	①	②	③	④
25	①	②	③	④
26	①	②	③	④
27	①	②	③	④
28	①	②	③	④
29	①	②	③	④
30	①	②	③	④

계산기　다음 ▶　안 푼 문제　답안 제출

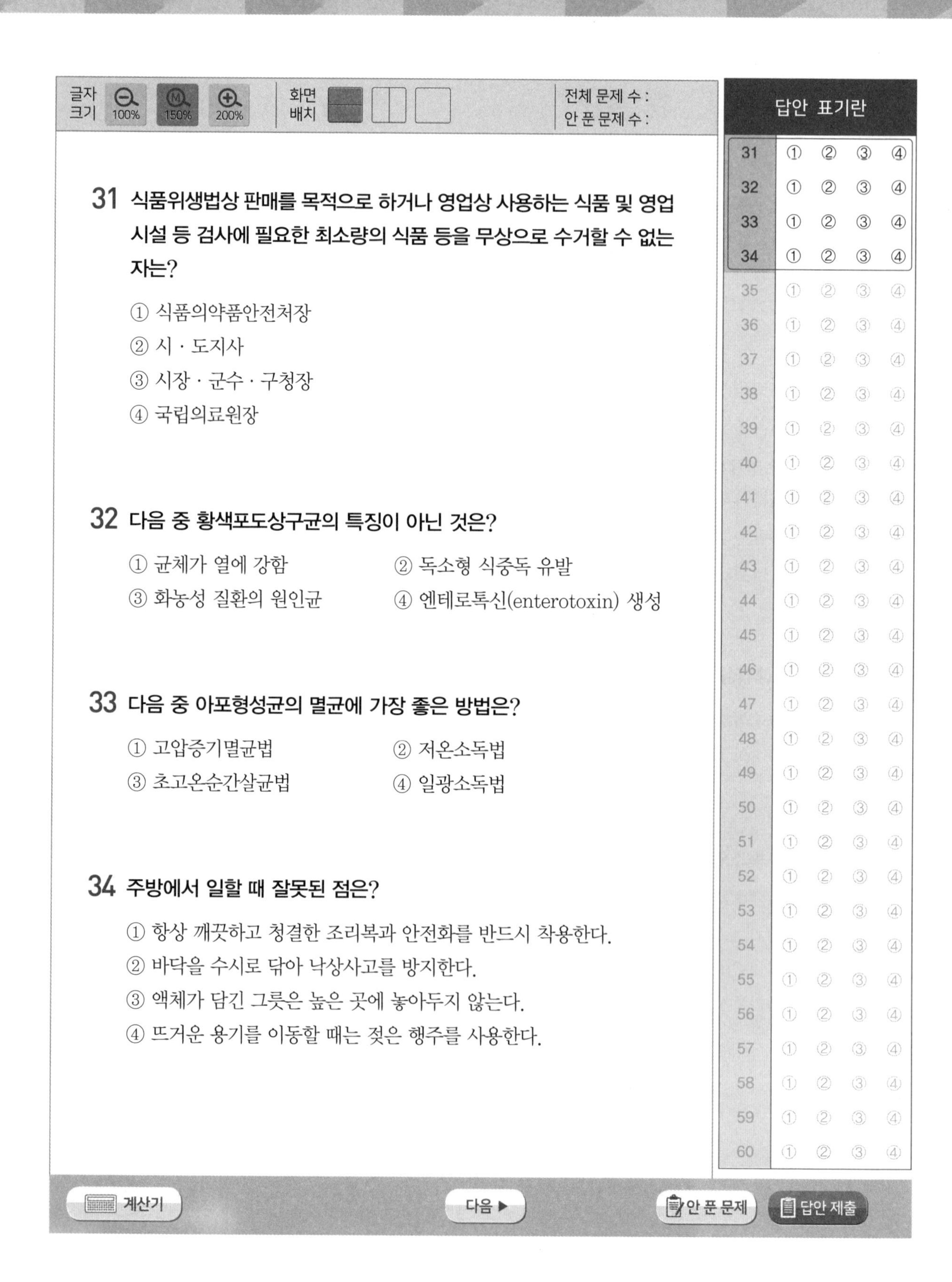

31 식품위생법상 판매를 목적으로 하거나 영업상 사용하는 식품 및 영업 시설 등 검사에 필요한 최소량의 식품 등을 무상으로 수거할 수 없는 자는?

① 식품의약품안전처장
② 시 · 도지사
③ 시장 · 군수 · 구청장
④ 국립의료원장

32 다음 중 황색포도상구균의 특징이 아닌 것은?

① 균체가 열에 강함
② 독소형 식중독 유발
③ 화농성 질환의 원인균
④ 엔테로톡신(enterotoxin) 생성

33 다음 중 아포형성균의 멸균에 가장 좋은 방법은?

① 고압증기멸균법
② 저온소독법
③ 초고온순간살균법
④ 일광소독법

34 주방에서 일할 때 잘못된 점은?

① 항상 깨끗하고 청결한 조리복과 안전화를 반드시 착용한다.
② 바닥을 수시로 닦아 낙상사고를 방지한다.
③ 액체가 담긴 그릇은 높은 곳에 놓아두지 않는다.
④ 뜨거운 용기를 이동할 때는 젖은 행주를 사용한다.

글자 크기 100% 150% 200% 화면 배치 전체 문제 수 : 안 푼 문제 수 :

답안 표기란

35 **식품의 변화 현상에 대한 설명 중 틀린 것은?**

① 산패 : 유지식품의 지방질 산화
② 발효 : 화학물질에 의한 유기화합물의 분해
③ 변질 : 식품의 품질 저하
④ 부패 : 단백질과 유기물이 부패 미생물에 의해 분해

36 **무시루떡은 몇월에 만드는 절식인가?**

① 9월 ② 10월
③ 11월 ④ 12월

37 **다음 중 원나라의 문헌인 〈거가필용〉에도 소개되어 중국에까지 알려진 떡은?**

① 단자 ② 화전
③ 율고 ④ 대추고

38 **음력 6월 15일로 상화병과 밀전병, 떡수단을 즐겨 먹었던 절기는?**

① 상달 ② 단오
③ 유두일 ④ 삼짇날

39 **중양절에 먹는 대표적인 떡은?**

① 진달래전 ② 국화전
③ 장미전 ④ 느티전

계산기 다음 ▶ 안 푼 문제 답안 제출

PART 06

글자 크기 100% 150% 200% 화면 배치 전체 문제 수 : 안 푼 문제 수 :

40 〈동국세시기〉에 기록된 떡으로, 설날 아침에 반드시 먹었으며 '백탕' 또는 '병탕'이란 음식을 만드는 떡은?

① 인절미 ② 쑥갠떡
③ 꽃송편 ④ 가래떡

41 밤이 가장 길고 낮이 가장 짧은 동지는 24절기 중 몇 번째 절기인가?

① 18번째 ② 20번째
③ 22번째 ④ 24번째

42 규합총서에 만드는 법이 처음 기록된 떡은?

① 서여향병 ② 도문대작
③ 동국세시기 ④ 역주방문

43 감 가루를 만들 때 쓰는 감은?

① 연시 ② 홍시
③ 반건시 ④ 땡감

44 둥근 통 속에 장치한 날개를 돌려 일으킨 바람으로 키로 까부르는 역할을 하는 도구는?

① 남방애 ② 매판
③ 풍구 ④ 과반

답안 표기란

31	①	②	③	④
32	①	②	③	④
33	①	②	③	④
34	①	②	③	④
35	①	②	③	④
36	①	②	③	④
37	①	②	③	④
38	①	②	③	④
39	①	②	③	④
40	①	②	③	④
41	①	②	③	④
42	①	②	③	④
43	①	②	③	④
44	①	②	③	④
45	①	②	③	④
46	①	②	③	④
47	①	②	③	④
48	①	②	③	④
49	①	②	③	④
50	①	②	③	④
51	①	②	③	④
52	①	②	③	④
53	①	②	③	④
54	①	②	③	④
55	①	②	③	④
56	①	②	③	④
57	①	②	③	④
58	①	②	③	④
59	①	②	③	④
60	①	②	③	④

계산기 다음 ▶ 안 푼 문제 답안 제출

글자 크기 100% 150% 200% 화면 배치 전체 문제 수 : 안 푼 문제 수 :

45 지역별 송편을 바르게 연결한 것은?

① 전라도 – 삘기송편 ② 충청도 – 감자송편
③ 강원도 – 모시잎송편 ④ 경기도 – 메밀송편

46 혼돈병에 들어가는 재료가 아닌 것은?

① 승검초가루 ② 말린 생강
③ 흑임자가루 ④ 후춧가루

47 다음 중에서 설기떡이 아닌 것은?

① 잡과병 ② 율고
③ 행병 ④ 깨찰편

48 빈대떡을 부칠 때의 방법으로 옳은 것은?

① 빈대떡을 부칠 때는 녹두를 미리 갈아 놓는다.
② 불린 녹두의 껍질은 대강 벗겨 놓는다.
③ 녹두를 거피할 때 제물을 쓰는 것이 껍질이 잘 벗겨진다.
④ 빈대떡을 부칠 때는 식용유를 약간만 사용한다.

답안 표기란

31	①	②	③	④
32	①	②	③	④
33	①	②	③	④
34	①	②	③	④
35	①	②	③	④
36	①	②	③	④
37	①	②	③	④
38	①	②	③	④
39	①	②	③	④
40	①	②	③	④
41	①	②	③	④
42	①	②	③	④
43	①	②	③	④
44	①	②	③	④
45	①	②	③	④
46	①	②	③	④
47	①	②	③	④
48	①	②	③	④
49	①	②	③	④
50	①	②	③	④
51	①	②	③	④
52	①	②	③	④
53	①	②	③	④
54	①	②	③	④
55	①	②	③	④
56	①	②	③	④
57	①	②	③	④
58	①	②	③	④
59	①	②	③	④
60	①	②	③	④

계산기 다음 ▶ 안 푼 문제 답안 제출

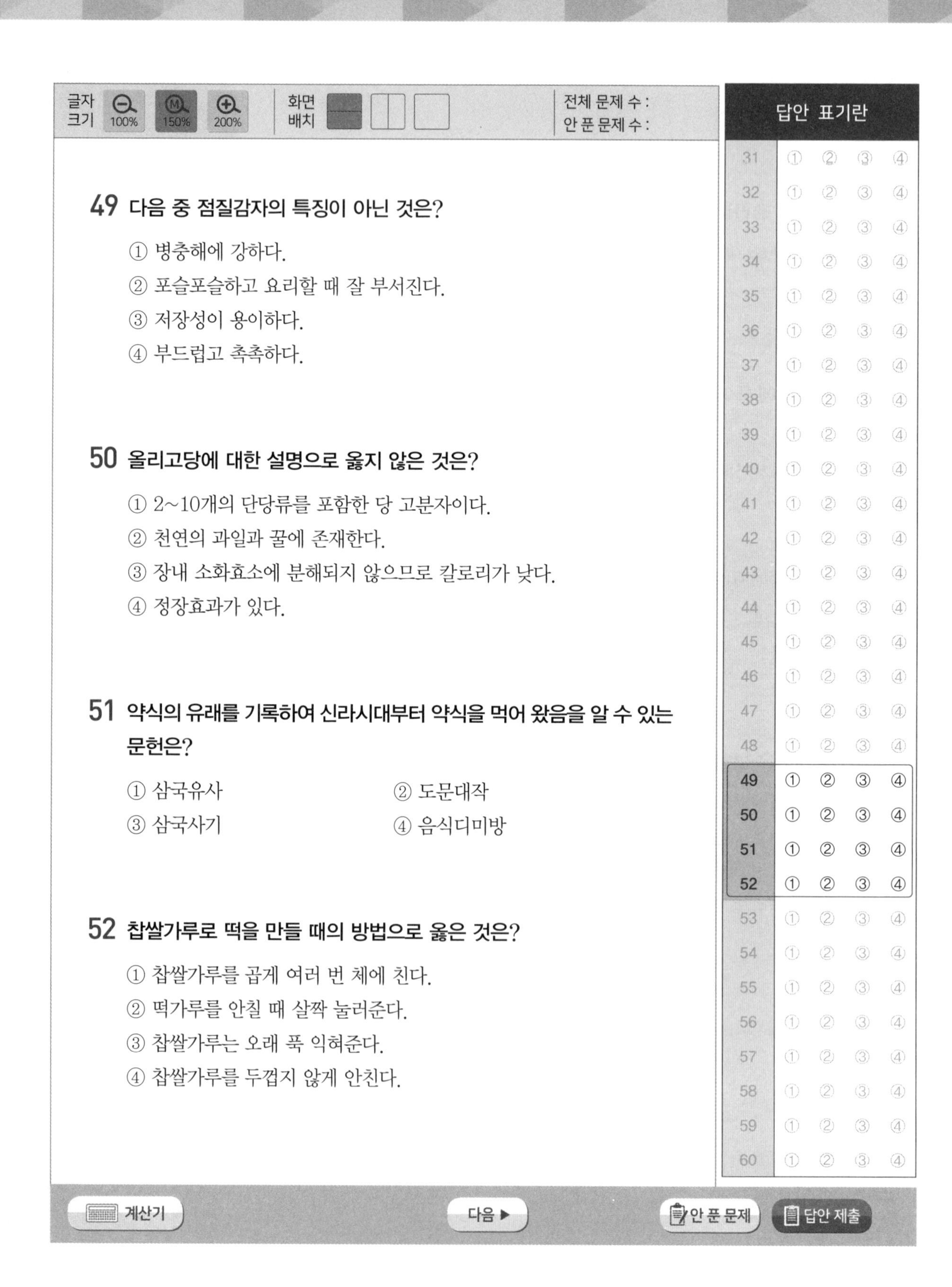

49 다음 중 점질감자의 특징이 아닌 것은?

① 병충해에 강하다.
② 포슬포슬하고 요리할 때 잘 부서진다.
③ 저장성이 용이하다.
④ 부드럽고 촉촉하다.

50 올리고당에 대한 설명으로 옳지 않은 것은?

① 2~10개의 단당류를 포함한 당 고분자이다.
② 천연의 과일과 꿀에 존재한다.
③ 장내 소화효소에 분해되지 않으므로 칼로리가 낮다.
④ 정장효과가 있다.

51 약식의 유래를 기록하여 신라시대부터 약식을 먹어 왔음을 알 수 있는 문헌은?

① 삼국유사
② 도문대작
③ 삼국사기
④ 음식디미방

52 찹쌀가루로 떡을 만들 때의 방법으로 옳은 것은?

① 찹쌀가루를 곱게 여러 번 체에 친다.
② 떡가루를 안칠 때 살짝 눌러준다.
③ 찹쌀가루는 오래 푹 익혀준다.
④ 찹쌀가루를 두껍지 않게 안친다.

글자 크기 100% 150% 200% 화면 배치 전체 문제 수 : 안 푼 문제 수 :

53 복령떡을 만드는 복령은 어디에 기생하는 균류인가?

① 소나무 뿌리 ② 소나무 줄기
③ 소나무 껍질 ④ 소나무 잎

54 붉은 물을 들이거나 차로 사용하는 오미자의 오미와 관련이 없는 맛은?

① 짠맛 ② 신맛
③ 쓴맛 ④ 떫은 맛

55 겉은 검은색이지만 속이 푸른색인 콩은?

① 황대두 ② 청대두
③ 쥐눈이콩 ④ 서리태

56 식품의 냉장효과로 가장 올바른 것은?

① 식품의 세균을 멸균시킨다.
② 식품을 몇 달간 보존할 수 있다.
③ 식품의 세균을 사멸시킨다.
④ 식품의 보존을 연장시킨다.

57 식품 등의 공전을 작성하는 자는?

① 국립검역소장 ② 농림축산식품부
③ 식품의약품안전처장 ④ 국가보훈처

답안 표기란

31	①	②	③	④
32	①	②	③	④
33	①	②	③	④
34	①	②	③	④
35	①	②	③	④
36	①	②	③	④
37	①	②	③	④
38	①	②	③	④
39	①	②	③	④
40	①	②	③	④
41	①	②	③	④
42	①	②	③	④
43	①	②	③	④
44	①	②	③	④
45	①	②	③	④
46	①	②	③	④
47	①	②	③	④
48	①	②	③	④
49	①	②	③	④
50	①	②	③	④
51	①	②	③	④
52	①	②	③	④
53	①	②	③	④
54	①	②	③	④
55	①	②	③	④
56	①	②	③	④
57	①	②	③	④
58	①	②	③	④
59	①	②	③	④
60	①	②	③	④

계산기 다음 ▶ 안 푼 문제 답안 제출

글자 크기 100% 150% 200% 화면 배치 전체 문제 수 : 안 푼 문제 수 :

답안 표기란

31	①	②	③	④
32	①	②	③	④
33	①	②	③	④
34	①	②	③	④
35	①	②	③	④
36	①	②	③	④
37	①	②	③	④
38	①	②	③	④
39	①	②	③	④
40	①	②	③	④
41	①	②	③	④
42	①	②	③	④
43	①	②	③	④
44	①	②	③	④
45	①	②	③	④
46	①	②	③	④
47	①	②	③	④
48	①	②	③	④
49	①	②	③	④
50	①	②	③	④
51	①	②	③	④
52	①	②	③	④
53	①	②	③	④
54	①	②	③	④
55	①	②	③	④
56	①	②	③	④
57	①	②	③	④
58	①	②	③	④
59	①	②	③	④
60	①	②	③	④

58 **식품 등의 취급에 대한 사항으로 옳지 않은 것은?**

① 영업에 사용하는 기구 및 용기 · 포장은 깨끗하고 위생적으로 다루어야 한다.
② 식품, 식품첨가물, 기구 또는 용기 · 포장의 위생적인 취급에 관한 기준은 총리령으로 정한다.
③ 누구든지 판매를 목적으로 식품 또는 식품첨가물을 채취 · 제조 · 가공 · 사용 · 조리 · 저장 · 소분 · 운반 또는 진열을 할 때에는 깨끗하고 위생적으로 하여야 한다.
④ 판매 외의 불특정 다수인에 대한 제공은 화농성질환자도 가능하다.

59 **음식을 조리하기 전 사용하기 적절한 손 세척제는?**

① 승홍 0.1%
② 석탄산 3%
③ 역성비누
④ 치아염소산나트륨

60 **식품위생법상 제한되는 질병에 걸린 동물을 사용하거나 혹은 금지된 원료를 사용하여 제조 · 가공 · 수입 · 조리한 식품 또는 식품첨가물을 판매하였을 때의 벌금은?**

① 소매가격의 2배 이상 5배 이하
② 소매가격의 7배 이상 10배 이하
③ 소매가격의 10배 이상 15배 이하
④ 소매가격의 15배 이상 20배

계산기 다음 ▶ 안 푼 문제 답안 제출

기출복원모의고사

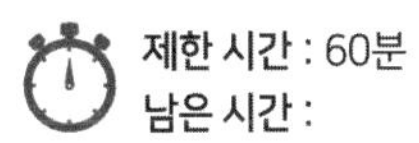

글자 크기 100% 150% 200% 화면 배치 전체 문제 수 : 안 푼 문제 수 :

01 떡 포장재로 주로 사용하는 것은?

① 폴리스티렌 ② 종이
③ 폴리플로필렌 ④ 폴리에틸렌

02 떡 포장의 기능으로 틀린 것은?

① 보존의 용이성 ② 정보성
③ 향미 증진 ④ 안정성

03 서속떡의 이름과 관계된 곡물은?

① 기장과 조 ② 콩과 보리
③ 귀리와 메밀 ④ 율무와 팥

04 봉채떡에 관한 설명으로 틀린 것은?

① 멥쌀가루로 만든다. ② 신부 집에서 만드는 떡이다.
③ 2단으로 켜를 만든다. ④ 시루에 찌는 떡이다.

05 여름철 따뜻한 바닷물에서 증식된 호염균에 의한 식중독은?

① 살모넬라 식중독 ② 캠필로박터 식중독
③ 황색포도상구균 식중독 ④ 장염비브리오 식중독

답안 표기란

1	①	②	③	④
2	①	②	③	④
3	①	②	③	④
4	①	②	③	④
5	①	②	③	④
6	①	②	③	④
7	①	②	③	④
8	①	②	③	④
9	①	②	③	④
10	①	②	③	④
11	①	②	③	④
12	①	②	③	④
13	①	②	③	④
14	①	②	③	④
15	①	②	③	④
16	①	②	③	④
17	①	②	③	④
18	①	②	③	④
19	①	②	③	④
20	①	②	③	④
21	①	②	③	④
22	①	②	③	④
23	①	②	③	④
24	①	②	③	④
25	①	②	③	④
26	①	②	③	④
27	①	②	③	④
28	①	②	③	④
29	①	②	③	④
30	①	②	③	④

계산기 다음 ▶ 안 푼 문제 답안 제출

글자 크기 100% 150% 200% 화면 배치 전체 문제 수 : 안 푼 문제 수 :

답안 표기란

06 루틴의 함유량이 높아 혈관벽의 저항력을 높이는 효과가 있는 곡류는?

① 보리 ② 밀
③ 메밀 ④ 쌀

07 다음 중 켜떡류가 아닌 것은?

① 녹두편 ② 잡과병
③ 팥시루떡 ④ 송피병

08 다음 도구 중 곡물을 찧거나 빻을 때 쓰는 도구가 아닌 것은?

① 절구 ② 맷돌
③ 조리 ④ 방아

09 고임떡에 웃기로 얹는 떡이 아닌 것은?

① 꿀설기 ② 단자
③ 주악 ④ 화전

10 음식디미방에 기록된 석이편법에 사용한 고물로 옳은 것은?

① 잣고물 ② 녹두고물
③ 붉은팥고물 ④ 깨고물

계산기 다음 ▶ 안 푼 문제 답안 제출

글자 크기 100% 150% 200% 화면 배치 전체 문제 수 : 안 푼 문제 수 :

11 백미의 성분 중 함량이 가장 높은 것은?

① 탄수화물 ② 단백질
③ 지방 ④ 수분

12 고수레떡으로 만들 수 없는 떡은?

① 절편 ② 가래떡
③ 개피떡 ④ 언감자송편

13 고려시대의 떡 종류가 아닌 것은?

① 율고 ② 청애병
③ 팥시루떡 ④ 상애병

14 세균성 감염으로 맞는 것은?

① 폴리오 ② 아메바성 이질
③ 콜레라 ④ 급성회백수염

15 돌상에 올리는 떡이 아닌 것은?

① 백설기 ② 석이편
③ 오색송편 ④ 무지개떡

답안 표기란

1	①	②	③	④
2	①	②	③	④
3	①	②	③	④
4	①	②	③	④
5	①	②	③	④
6	①	②	③	④
7	①	②	③	④
8	①	②	③	④
9	①	②	③	④
10	①	②	③	④
11	①	②	③	④
12	①	②	③	④
13	①	②	③	④
14	①	②	③	④
15	①	②	③	④
16	①	②	③	④
17	①	②	③	④
18	①	②	③	④
19	①	②	③	④
20	①	②	③	④
21	①	②	③	④
22	①	②	③	④
23	①	②	③	④
24	①	②	③	④
25	①	②	③	④
26	①	②	③	④
27	①	②	③	④
28	①	②	③	④
29	①	②	③	④
30	①	②	③	④

계산기 다음 ▶ 안 푼 문제 답안 제출

글자 크기 100% 150% 200% | 화면 배치 | 전체 문제 수 :
안 푼 문제 수 :

16 책례 때 나누었던 떡으로 옳은 것은?

① 봉치떡 ② 달떡
③ 오색송편 ④ 가래떡

17 전분의 호정화에 대한 설명으로 틀린 것은?

① 전분에 물을 가하여 높은 온도로 가열하면 발생한다.
② 황갈색을 띠고 용해성이 증가된다.
③ 단맛은 증가한다.
④ 누룽지, 뻥튀기, 미숫가루 등이 있다.

18 도행병에 관한 설명으로 틀린 것은?

① 복숭아와 살구로 만드는 떡이다.
② 만드는 방법이 〈규합총서〉에 나와 있다.
③ 주재료로는 복숭아, 살구, 유자, 적팥, 밤, 꿀, 대추, 잣 등이 있다.
④ 각종 고물을 고명한 멥쌀가루를 시루에 안쳐 찌거나 완자 모양으로 빚어 단자로 만들어 먹었다.

19 다음 중 비타민 B가 많고 철분이 풍부한 재료는?

① 은행 ② 밤
③ 잣 ④ 울금

답안 표기란

번호				
1	①	②	③	④
2	①	②	③	④
3	①	②	③	④
4	①	②	③	④
5	①	②	③	④
6	①	②	③	④
7	①	②	③	④
8	①	②	③	④
9	①	②	③	④
10	①	②	③	④
11	①	②	③	④
12	①	②	③	④
13	①	②	③	④
14	①	②	③	④
15	①	②	③	④
16	①	②	③	④
17	①	②	③	④
18	①	②	③	④
19	①	②	③	④
20	①	②	③	④
21	①	②	③	④
22	①	②	③	④
23	①	②	③	④
24	①	②	③	④
25	①	②	③	④
26	①	②	③	④
27	①	②	③	④
28	①	②	③	④
29	①	②	③	④
30	①	②	③	④

계산기 다음 ▶ 안 푼 문제 답안 제출

글자 크기 100% 150% 200% | 화면 배치 | 전체 문제 수 : 안 푼 문제 수 :

답안 표기란

20 **물이 함유하고 있는 유기물질과 정수 과정에서 살균제로 사용되는 염소가 서로 반응하여 생성되는 발암성 물질은?**

① 트리할로메탄
② 아플라톡신
③ 사이카신
④ 아크릴아마이드

21 **서로 대체하여 사용할 수 있는 발색제의 연결이 잘못된 것은?**

① 백년초 – 비트
② 피멘톤가루 – 황치즈가루
③ 승검초가루 – 석이버섯가루
④ 치자 – 울금

22 **찹쌀을 사용하여 만드는 떡으로 맞는 것은?**

① 봉채떡
② 복령떡
③ 색떡
④ 석탄병

23 **상화에 대한 설명으로 틀린 것은?**

① 귀한 밀가루 대신 쌀가루를 사용하여 증편으로 변하였다.
② 고려시대 원나라의 영향을 받아 만들어졌다.
③ 밀가루를 막걸리로 발효시켜 소를 넣어 만들었다.
④ 고려가요 쌍화점에서 쌍화점은 상화병 가게라는 뜻이다.

계산기 | 다음 ▶ | 안 푼 문제 | 답안 제출

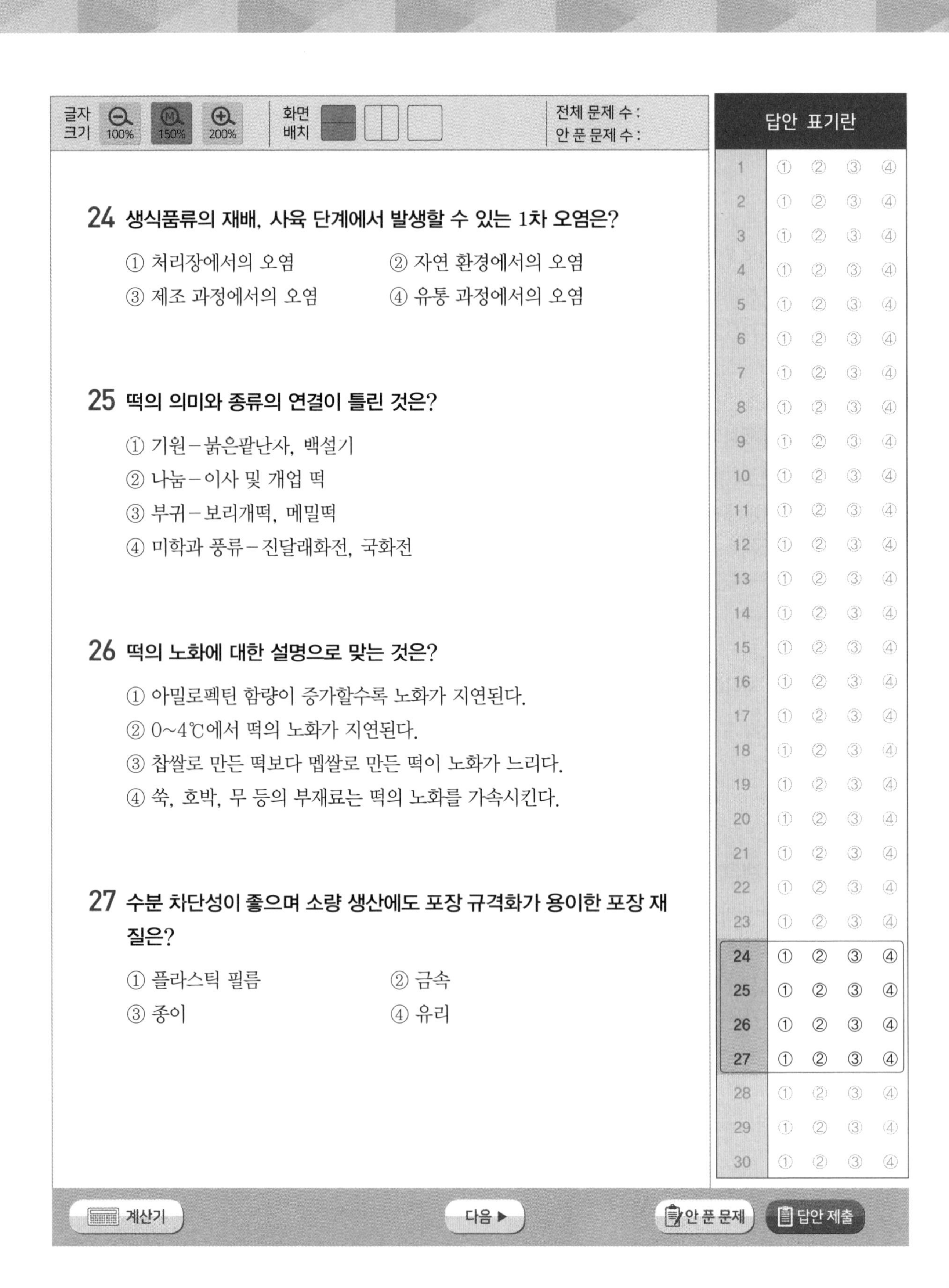

24 생식품류의 재배, 사육 단계에서 발생할 수 있는 1차 오염은?

① 처리장에서의 오염　　② 자연 환경에서의 오염
③ 제조 과정에서의 오염　　④ 유통 과정에서의 오염

25 떡의 의미와 종류의 연결이 틀린 것은?

① 기원 – 붉은팥난사, 백설기
② 나눔 – 이사 및 개업 떡
③ 부귀 – 보리개떡, 메밀떡
④ 미학과 풍류 – 진달래화전, 국화전

26 떡의 노화에 대한 설명으로 맞는 것은?

① 아밀로펙틴 함량이 증가할수록 노화가 지연된다.
② 0~4℃에서 떡의 노화가 지연된다.
③ 찹쌀로 만든 떡보다 멥쌀로 만든 떡이 노화가 느리다.
④ 쑥, 호박, 무 등의 부재료는 떡의 노화를 가속시킨다.

27 수분 차단성이 좋으며 소량 생산에도 포장 규격화가 용이한 포장 재질은?

① 플라스틱 필름　　② 금속
③ 종이　　④ 유리

글자 크기 100% 150% 200% | 화면 배치 | 전체 문제 수 : 안 푼 문제 수 :

답안 표기란

28 떡의 제조과정 설명 중 틀린 것은?

① 송편은 멥쌀가루를 익반죽해서 콩, 깨, 밤, 팥 등의 소를 넣고 찐 떡이다.
② 찹쌀가루는 물을 조금만 넣어도 질어지므로 주의해야 한다.
③ 떡을 익반죽할 때는 미지근한 물을 조금씩 부어 가며 쌀가루에 골고루 가도록 섞는다.
④ 단자는 찹쌀가루를 삶거나 쪄서 익혀 꽈리가 일도록 쳐 고물을 묻힌다.

29 절기와 절식떡의 연결이 틀린 것은?

① 추석－삭일송편
② 삼짇날－진달래화전
③ 정월대보름－약식
④ 단오－차륜병

30 치는 떡을 만들 때 사용하는 도구가 아닌 것은?

① 떡판
② 떡메
③ 절굿공이
④ 동구리

1	①	②	③	④
2	①	②	③	④
3	①	②	③	④
4	①	②	③	④
5	①	②	③	④
6	①	②	③	④
7	①	②	③	④
8	①	②	③	④
9	①	②	③	④
10	①	②	③	④
11	①	②	③	④
12	①	②	③	④
13	①	②	③	④
14	①	②	③	④
15	①	②	③	④
16	①	②	③	④
17	①	②	③	④
18	①	②	③	④
19	①	②	③	④
20	①	②	③	④
21	①	②	③	④
22	①	②	③	④
23	①	②	③	④
24	①	②	③	④
25	①	②	③	④
26	①	②	③	④
27	①	②	③	④
28	①	②	③	④
29	①	②	③	④
30	①	②	③	④

계산기 | 다음 ▶ | 안 푼 문제 |

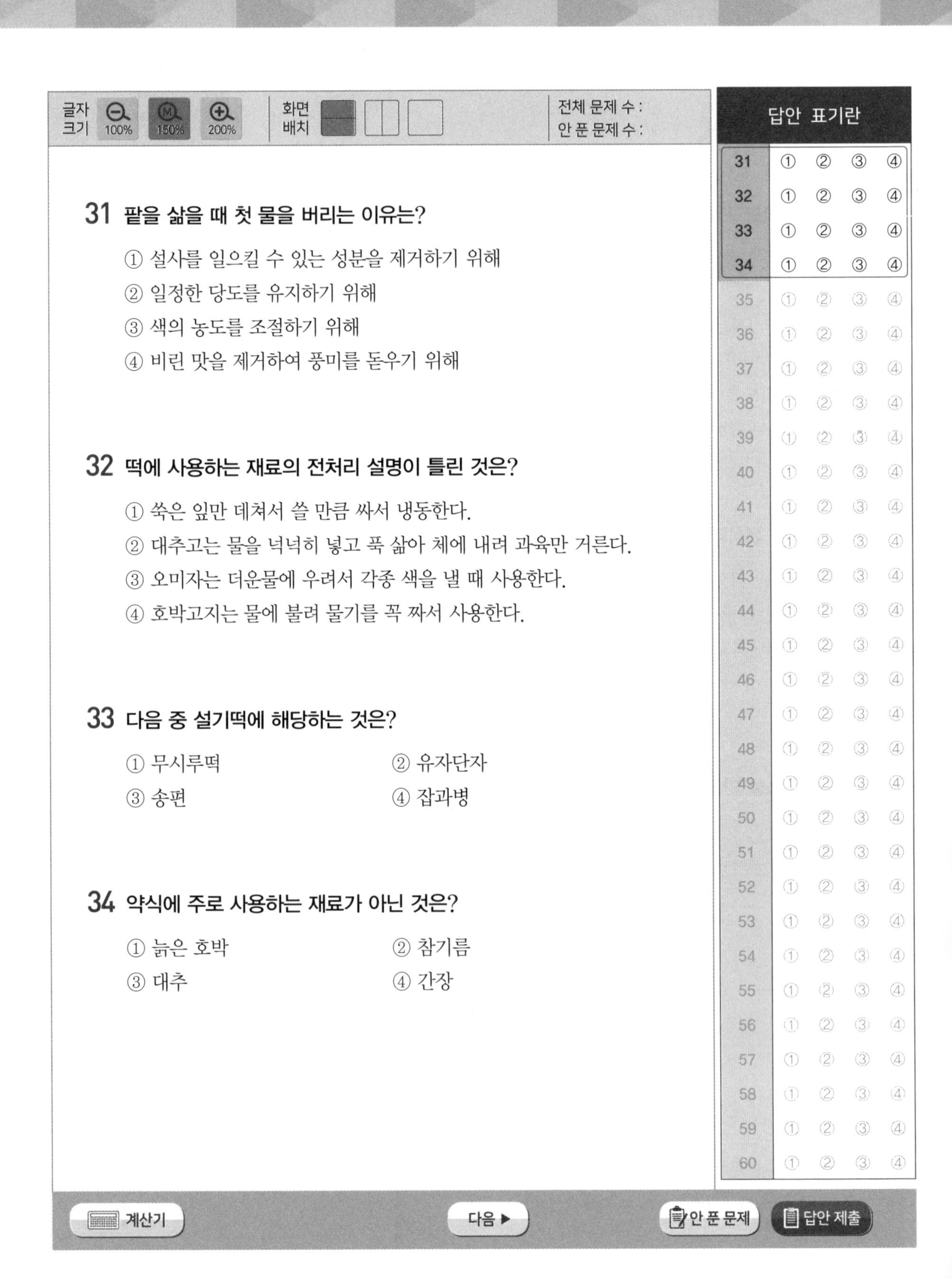

31 팥을 삶을 때 첫 물을 버리는 이유는?

① 설사를 일으킬 수 있는 성분을 제거하기 위해
② 일정한 당도를 유지하기 위해
③ 색의 농도를 조절하기 위해
④ 비린 맛을 제거하여 풍미를 돋우기 위해

32 떡에 사용하는 재료의 전처리 설명이 틀린 것은?

① 쑥은 잎만 데쳐서 쓸 만큼 싸서 냉동한다.
② 대추고는 물을 넉넉히 넣고 푹 삶아 체에 내려 과육만 거른다.
③ 오미자는 더운물에 우려서 각종 색을 낼 때 사용한다.
④ 호박고지는 물에 불려 물기를 꼭 짜서 사용한다.

33 다음 중 설기떡에 해당하는 것은?

① 무시루떡
② 유자단자
③ 송편
④ 잡과병

34 약식에 주로 사용하는 재료가 아닌 것은?

① 늙은 호박
② 참기름
③ 대추
④ 간장

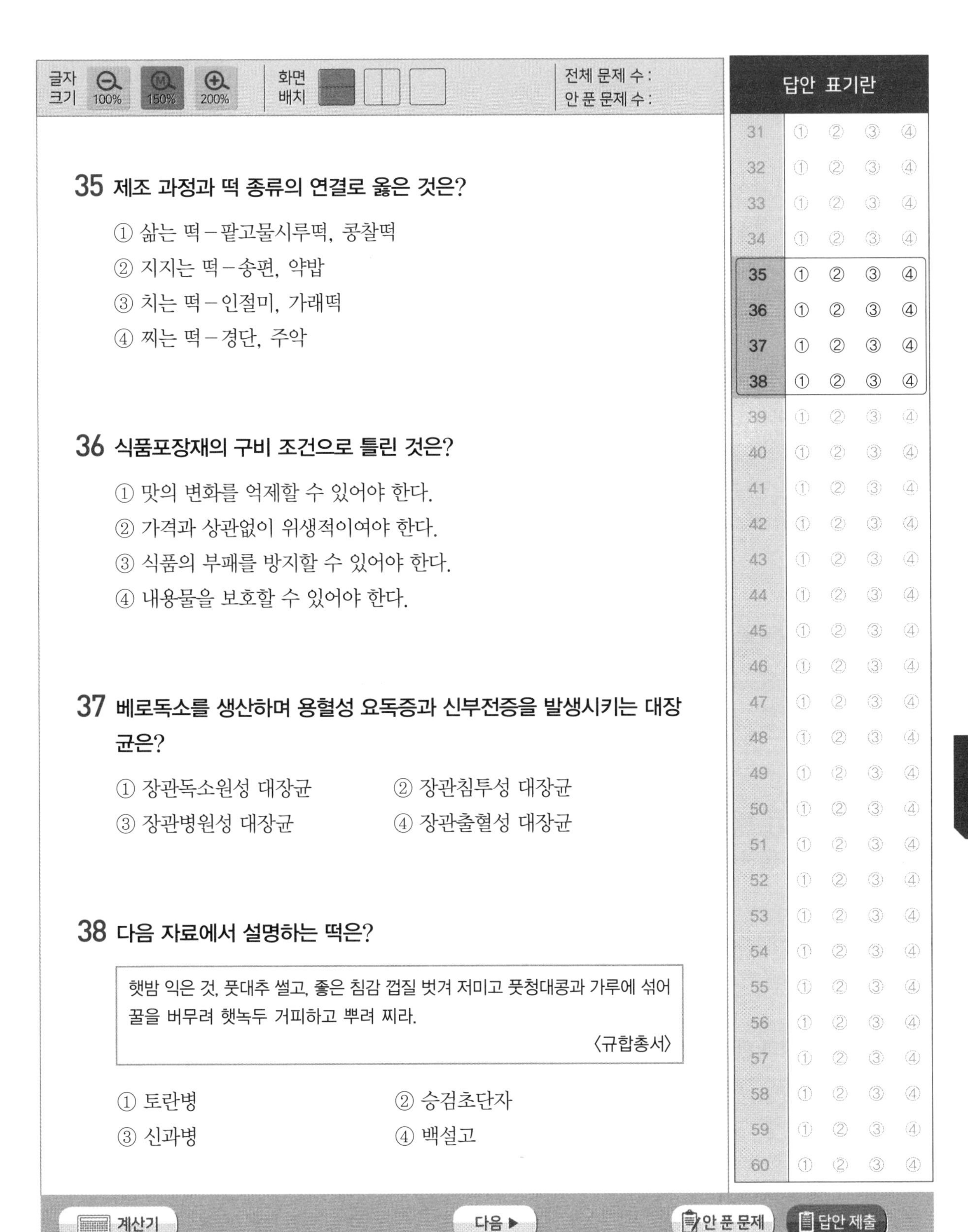

글자 크기 100% 150% 200% 화면 배치 전체 문제 수 : 안 푼 문제 수 :

답안 표기란

35 제조 과정과 떡 종류의 연결로 옳은 것은?

① 삶는 떡 – 팥고물시루떡, 콩찰떡
② 지지는 떡 – 송편, 약밥
③ 치는 떡 – 인절미, 가래떡
④ 찌는 떡 – 경단, 주악

36 식품포장재의 구비 조건으로 틀린 것은?

① 맛의 변화를 억제할 수 있어야 한다.
② 가격과 상관없이 위생적이여야 한다.
③ 식품의 부패를 방지할 수 있어야 한다.
④ 내용물을 보호할 수 있어야 한다.

37 베로독소를 생산하며 용혈성 요독증과 신부전증을 발생시키는 대장균은?

① 장관독소원성 대장균 ② 장관침투성 대장균
③ 장관병원성 대장균 ④ 장관출혈성 대장균

38 다음 자료에서 설명하는 떡은?

햇밤 익은 것, 풋대추 썰고, 좋은 침감 껍질 벗겨 저미고 풋청대콩과 가루에 섞어 꿀을 버무려 햇녹두 거피하고 뿌려 찌라. 〈규합총서〉

① 토란병 ② 승검초단자
③ 신과병 ④ 백설고

계산기 다음 ▶ 안 푼 문제 답안 제출

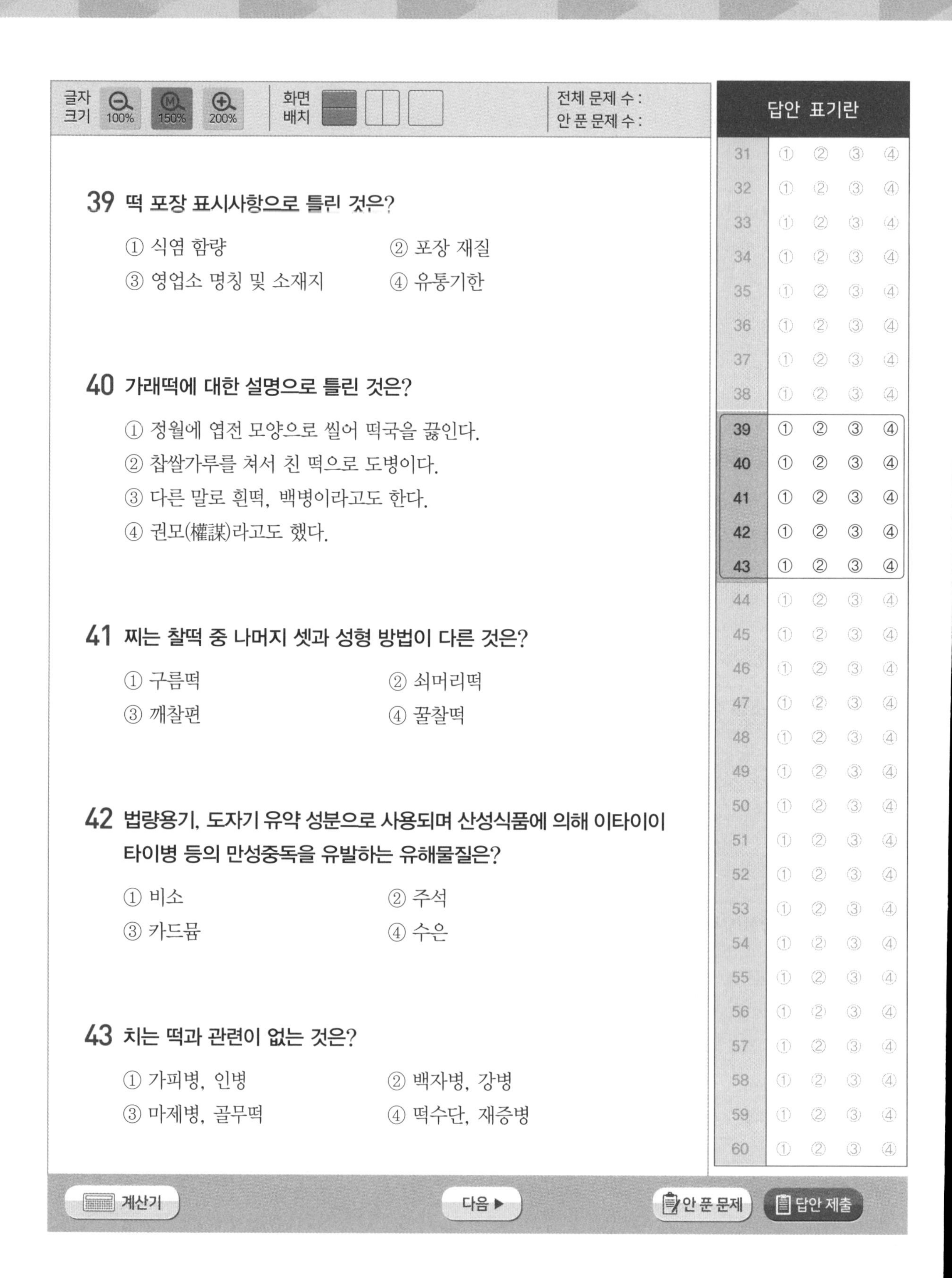

글자 크기 100% 150% 200% 화면 배치 전체 문제 수 : 안 푼 문제 수 :

39 **떡 포장 표시사항으로 틀린 것은?**

① 식염 함량　　② 포장 재질
③ 영업소 명칭 및 소재지　　④ 유통기한

40 **가래떡에 대한 설명으로 틀린 것은?**

① 정월에 엽전 모양으로 썰어 떡국을 끓인다.
② 찹쌀가루를 쳐서 친 떡으로 도병이다.
③ 다른 말로 흰떡, 백병이라고도 한다.
④ 권모(權謀)라고도 했다.

41 **찌는 찰떡 중 나머지 셋과 성형 방법이 다른 것은?**

① 구름떡　　② 쇠머리떡
③ 깨찰편　　④ 꿀찰떡

42 **법랑용기, 도자기 유약 성분으로 사용되며 산성식품에 의해 이타이이타이병 등의 만성중독을 유발하는 유해물질은?**

① 비소　　② 주석
③ 카드뮴　　④ 수은

43 **치는 떡과 관련이 없는 것은?**

① 가피병, 인병　　② 백자병, 강병
③ 마제병, 골무떡　　④ 떡수단, 재증병

답안 표기란

번호				
31	①	②	③	④
32	①	②	③	④
33	①	②	③	④
34	①	②	③	④
35	①	②	③	④
36	①	②	③	④
37	①	②	③	④
38	①	②	③	④
39	①	②	③	④
40	①	②	③	④
41	①	②	③	④
42	①	②	③	④
43	①	②	③	④
44	①	②	③	④
45	①	②	③	④
46	①	②	③	④
47	①	②	③	④
48	①	②	③	④
49	①	②	③	④
50	①	②	③	④
51	①	②	③	④
52	①	②	③	④
53	①	②	③	④
54	①	②	③	④
55	①	②	③	④
56	①	②	③	④
57	①	②	③	④
58	①	②	③	④
59	①	②	③	④
60	①	②	③	④

계산기　　다음 ▶　　안 푼 문제　　답안 제출

글자 크기 100% 150% 200% 화면 배치 전체 문제 수 : 안 푼 문제 수 :

답안 표기란

44 고물 만드는 방법으로 틀린 것은?

① 거피 팥고물은 각종 편, 단자, 송편 소 등으로 쓰인다.
② 밤고물은 밤을 삶아 겉껍질과 속껍질을 벗긴 후 소금을 넣고 빻아 체에 내려 사용한다.
③ 녹두고물은 푸른 녹두를 맷돌에 타서 불려 삶아 사용한다.
④ 붉은 팥고물은 익힌 판에 소금을 넣고 절구방망이로 빻아 사용한다.

45 더 이상 가수분해되지 않는 것은?

① 유당
② 자당
③ 갈락토오스
④ 맥아당

46 웃기떡으로 쓰이지 않는 떡은?

① 각색단자
② 각색주악
③ 각색편
④ 산승

47 쇠머리찰떡의 설명으로 맞는 것은?

① 쇠머리고기를 넣고 만든 음식이다.
② 모두배기 또는 모듬백이떡이라고도 불린다.
③ 멥쌀가루, 검정콩 등을 넣고 만든 떡이다.
④ 전라도에서 즐겨 먹는 떡이다.

31	①	②	③	④
32	①	②	③	④
33	①	②	③	④
34	①	②	③	④
35	①	②	③	④
36	①	②	③	④
37	①	②	③	④
38	①	②	③	④
39	①	②	③	④
40	①	②	③	④
41	①	②	③	④
42	①	②	③	④
43	①	②	③	④
44	①	②	③	④
45	①	②	③	④
46	①	②	③	④
47	①	②	③	④
48	①	②	③	④
49	①	②	③	④
50	①	②	③	④
51	①	②	③	④
52	①	②	③	④
53	①	②	③	④
54	①	②	③	④
55	①	②	③	④
56	①	②	③	④
57	①	②	③	④
58	①	②	③	④
59	①	②	③	④
60	①	②	③	④

계산기 다음 ▶ 안 푼 문제 답안 제출

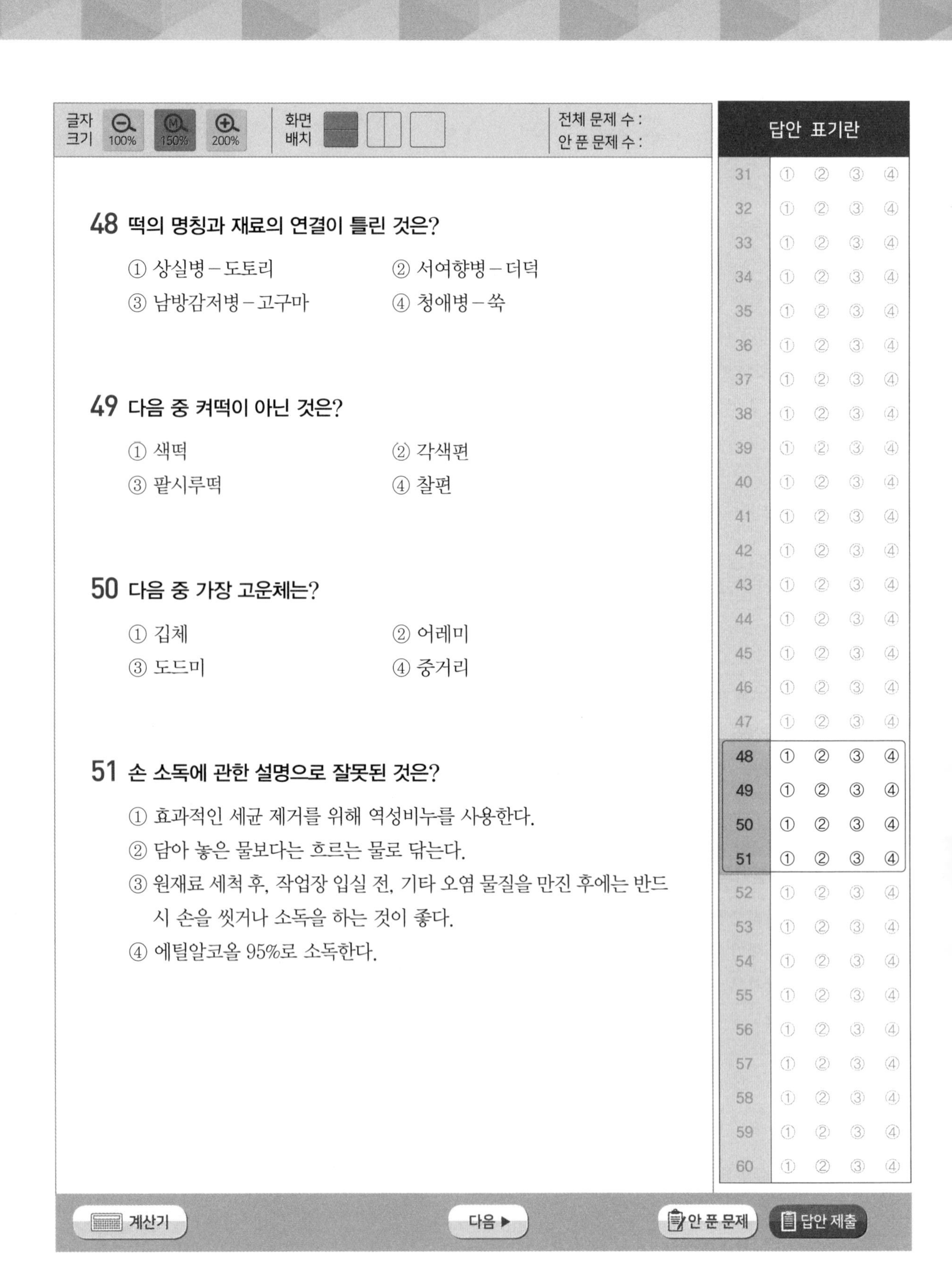

48 떡의 명칭과 재료의 연결이 틀린 것은?

① 상실병 – 도토리　　② 서여향병 – 더덕
③ 남방감저병 – 고구마　　④ 청애병 – 쑥

49 다음 중 켜떡이 아닌 것은?

① 색떡　　② 각색편
③ 팥시루떡　　④ 찰편

50 다음 중 가장 고운체는?

① 깁체　　② 어레미
③ 도드미　　④ 중거리

51 손 소독에 관한 설명으로 잘못된 것은?

① 효과적인 세균 제거를 위해 역성비누를 사용한다.
② 담아 놓은 물보다는 흐르는 물로 닦는다.
③ 원재료 세척 후, 작업장 입실 전, 기타 오염 물질을 만진 후에는 반드시 손을 씻거나 소독을 하는 것이 좋다.
④ 에틸알코올 95%로 소독한다.

글자 크기 100% 150% 200% 화면 배치 전체 문제 수 : 안 푼 문제 수 :

답안 표기란

52 백결 선생이 아내에게 떡방아 소리를 내어 위로하였다는 기록이 담겨 있는 문헌은?

① 삼국사기 ② 삼국유사
③ 도문대작 ④ 규합총서

53 쌀 5컵을 쌀가루로 만들면 나오는 컵 수는?

① 5컵 ② 6컵
③ 6컵 반 ④ 7컵

54 경구감염병과 세균성 식중독의 설명으로 잘못된 것은?

① 세균성 식중독이 경구감염병보다 잠복기가 짧다.
② 경구감염병은 적은 양의 균으로 감염되지만 세균성 식중독은 많은 양의 균과 독소로 감염된다.
③ 경구감염병은 면역성이 없다.
④ 경구감염병은 2차 감염이 있다.

55 중화절에 먹었던 떡의 종류는?

① 노비송편, 삭일송편 ② 약밥, 오곡밥
③ 쑥떡, 노비송편 ④ 느티떡, 장미화전

56 다음 중 미량원소인 것은?

① 칼슘 ② 철
③ 마그네슘 ④ 인

계산기 다음 ▶ 안 푼 문제 답안 제출

PART 06

글자 크기 100% 150% 200% 화면 배치 전체 문제 수 : 안 푼 문제 수 :

답안 표기란

57 100℃ 이상에서 1시간 가열해도 없어지지 않고 잠복기가 짧으며 엔테로톡신이라는 독소를 발생시키는 것은?

① 웰치균
② 장염비브리오
③ 살모넬라균
④ 포도상구균

58 대두에 가장 부족한 아미노산의 종류는?

① 라이신
② 류신
③ 글리시닌
④ 메티오닌

59 식품 변질의 직접적인 요인이 아닌 것은?

① 산소
② 압력
③ 효소
④ 온도

60 조리장 시설 설비기준에 대한 설명으로 틀린 것은?

① 바닥은 내구성, 내수성이 있는 재질로 하되, 미끄럽지 않아야 한다.
② 조리장 출입구에는 신발 소독 설비를 갖추어야 한다.
③ 조리장의 조명은 150룩스(lx) 이상이 되도록 한다.
④ 냉장고(냉장실)와 냉동고는 식재료의 보관, 냉동 식재료의 해동, 가열 조리된 식품의 냉각 등에 충분한 용량과 온도(냉장고 5℃ 이하, 냉동고 −18℃ 이하)를 유지하여야 한다.

31	①	②	③	④
32	①	②	③	④
33	①	②	③	④
34	①	②	③	④
35	①	②	③	④
36	①	②	③	④
37	①	②	③	④
38	①	②	③	④
39	①	②	③	④
40	①	②	③	④
41	①	②	③	④
42	①	②	③	④
43	①	②	③	④
44	①	②	③	④
45	①	②	③	④
46	①	②	③	④
47	①	②	③	④
48	①	②	③	④
49	①	②	③	④
50	①	②	③	④
51	①	②	③	④
52	①	②	③	④
53	①	②	③	④
54	①	②	③	④
55	①	②	③	④
56	①	②	③	④
57	①	②	③	④
58	①	②	③	④
59	①	②	③	④
60	①	②	③	④

계산기 다음 ▶ 안 푼 문제 답안 제출

03회 기출복원모의고사

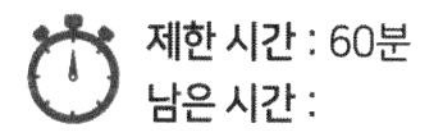

글자 크기 100% 150% 200% 화면 배치 전체 문제 수 : 안 푼 문제 수 :

답안 표기란

1	①	②	③	④
2	①	②	③	④
3	①	②	③	④
4	①	②	③	④
5	①	②	③	④
6	①	②	③	④
7	①	②	③	④
8	①	②	③	④
9	①	②	③	④
10	①	②	③	④
11	①	②	③	④
12	①	②	③	④
13	①	②	③	④
14	①	②	③	④
15	①	②	③	④
16	①	②	③	④
17	①	②	③	④
18	①	②	③	④
19	①	②	③	④
20	①	②	③	④
21	①	②	③	④
22	①	②	③	④
23	①	②	③	④
24	①	②	③	④
25	①	②	③	④
26	①	②	③	④
27	①	②	③	④
28	①	②	③	④
29	①	②	③	④
30	①	②	③	④

01 치는 떡의 표기로 옳은 것은?

① 증병(甑餠) ② 도병(擣餠)
③ 유병(油餠) ④ 전병(煎餠)

02 떡의 영양학적 특성에 대한 설명으로 틀린 것은?

① 팥시루떡의 팥은 멥쌀에 부족한 비타민 D와 비타민 E를 보충한다.
② 무시루떡의 무에는 소화효소인 디아스타제가 들어있어 소화에 도움을 준다.
③ 쑥떡의 쑥은 무기질, 비타민 A, 비타민 C가 풍부하여 건강에 도움을 준다.
④ 콩가루인절미의 콩은 찹쌀에 부족한 단백질과 지질을 함유하여 영양상의 조화를 이룬다.

03 떡을 만드는 도구에 대한 설명으로 틀린 것은?

① 조리는 쌀을 빻아 쌀가루를 내릴 때 사용한다.
② 맷돌은 곡식을 가루로 만들거나 곡류를 타는 기구이다.
③ 맷방석은 멍석보다는 작고 둥글며 곡식을 널 때 사용한다.
④ 어레미는 굵은 체를 말하며 지방에 따라 얼맹이, 얼레미 등으로 불린다.

계산기 다음 ▶ 안 푼 문제 답안 제출

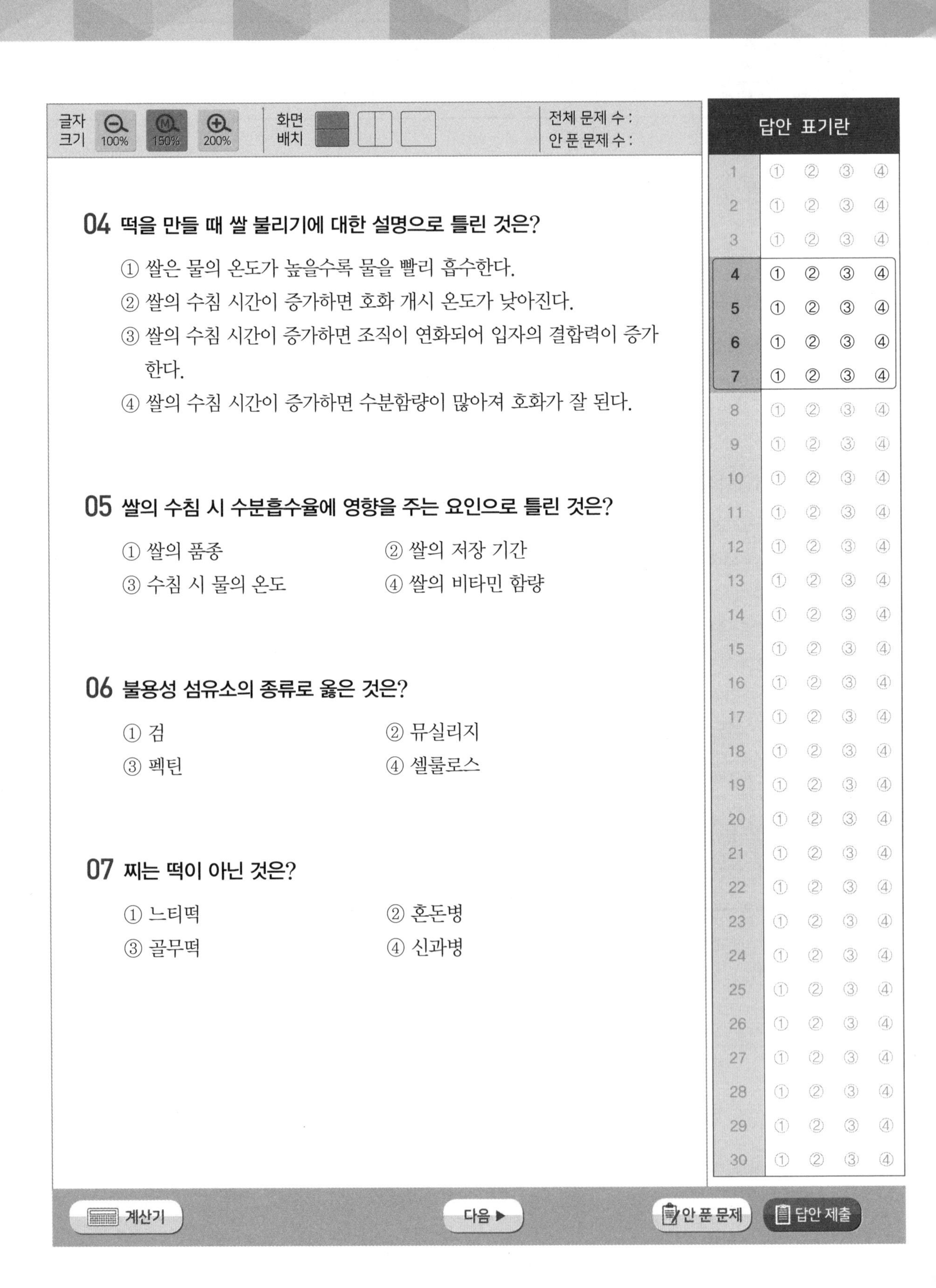

04 떡을 만들 때 쌀 불리기에 대한 설명으로 틀린 것은?

① 쌀은 물의 온도가 높을수록 물을 빨리 흡수한다.
② 쌀의 수침 시간이 증가하면 호화 개시 온도가 낮아진다.
③ 쌀의 수침 시간이 증가하면 조직이 연화되어 입자의 결합력이 증가한다.
④ 쌀의 수침 시간이 증가하면 수분함량이 많아져 호화가 잘 된다.

05 쌀의 수침 시 수분흡수율에 영향을 주는 요인으로 틀린 것은?

① 쌀의 품종
② 쌀의 저장 기간
③ 수침 시 물의 온도
④ 쌀의 비타민 함량

06 불용성 섬유소의 종류로 옳은 것은?

① 검
② 뮤실리지
③ 펙틴
④ 셀룰로스

07 찌는 떡이 아닌 것은?

① 느티떡
② 혼돈병
③ 골무떡
④ 신과병

글자 크기 100% 150% 200% 화면 배치 전체 문제 수 : 안 푼 문제 수 :

답안 표기란

08 떡 제조 시 사용하는 두류의 종류와 영양학적 특성으로 옳은 것은?

① 대두에 있는 사포닌은 설사의 치료제이다.
② 팥은 비타민 B_1이 많아 각기병 예방에 좋다.
③ 검은콩은 금속이온과 반응하면 색이 옅어진다.
④ 땅콩은 지질의 함량이 많으나 필수지방산은 부족하다.

09 인절미나 절편을 칠 때 사용하는 도구로 옳은 것은?

① 안반, 맷방석　② 떡메, 쳇다리
③ 안반, 떡메　④ 쳇다리, 이남박

10 두텁떡을 만드는 데 사용되지 않는 조리도구는?

① 떡살　② 체
③ 번철　④ 시루

11 빚은 떡 제조 시 쌀가루 반죽에 대한 설명으로 틀린 것은?

① 송편 등의 떡 반죽은 많이 치댈수록 부드러우면서 입의 감촉이 좋다.
② 반죽을 치는 횟수가 많아지면 반죽 중에 작은 기포가 함유되어 부드러워진다.
③ 쌀가루를 익반죽하면 전분의 일부가 호화되어 점성이 생겨 반죽이 잘 뭉친다.
④ 반죽할 때 물의 온도가 낮을수록 치대는 반죽이 매끄럽고 부드러워진다.

계산기　다음 ▶　안 푼 문제　답안 제출

글자 크기 100% 150% 200% 화면 배치 전체 문제 수 : 안 푼 문제 수 :

12 병과에 쓰이는 도구 중 어레미에 대한 설명으로 옳은 것은?

① 고운 가루를 내릴 때 사용한다.
② 도드미보다 고운체이다.
③ 팥고물을 내릴 때 사용한다.
④ 약과용 밀가루를 내릴 때 사용한다.

13 떡의 주재료로 옳은 것은?

① 밤, 현미
② 흑미, 호두
③ 감, 차조
④ 찹쌀, 멥쌀

14 떡 조리 과정의 특징으로 틀린 것은?

① 쌀의 수침기간이 증가할수록 쌀의 조직이 연화되어 습식제분을 할 때 전분 입자가 미세화된다.
② 쌀가루는 너무 고운 것보다 어느 정도 입자가 있어야 자체 수분 보유율이 있어 떡을 만들 때 호화도가 더 좋다.
③ 찌는 떡은 멥쌀가루보다 찹쌀가루를 사용할 때 물을 더 보충하여야 한다.
④ 펀칭공정을 거치는 치는 떡은 시루에 찌는 떡보다 노화가 더디게 진행된다.

15 떡의 노화를 지연시키는 방법으로 틀린 것은?

① 식이섬유소 첨가
② 설탕 첨가
③ 유화제 첨가
④ 색소 첨가

답안 표기란

1	①	②	③	④
2	①	②	③	④
3	①	②	③	④
4	①	②	③	④
5	①	②	③	④
6	①	②	③	④
7	①	②	③	④
8	①	②	③	④
9	①	②	③	④
10	①	②	③	④
11	①	②	③	④
12	①	②	③	④
13	①	②	③	④
14	①	②	③	④
15	①	②	③	④
16	①	②	③	④
17	①	②	③	④
18	①	②	③	④
19	①	②	③	④
20	①	②	③	④
21	①	②	③	④
22	①	②	③	④
23	①	②	③	④
24	①	②	③	④
25	①	②	③	④
26	①	②	③	④
27	①	②	③	④
28	①	②	③	④
29	①	②	③	④
30	①	②	③	④

계산기 다음 ▶ 안 푼 문제 답안 제출

글자 크기 100% 150% 200% 화면 배치 전체 문제 수 : 안 푼 문제 수 :

답안 표기란

16 얼음 결정의 크기가 크고 식품의 텍스처 품질 손상 정도가 큰 저장 방법은?

① 완만 냉동 ② 급속 냉동
③ 빙온 냉장 ④ 초급속 냉동

17 떡류의 보관관리에 대한 설명으로 틀린 것은?

① 당일 제조 및 판매 물량만 확보하여 사용한다.
② 오래 보관된 제품은 판매하지 않도록 한다.
③ 진열 전의 떡은 서늘하고 빛이 들지 않는 곳에서 보관한다.
④ 여름철에는 상온에서 24시간까지는 보관해도 된다.

18 약식의 양념(캐러멜 소스) 제조 과정에 대한 설명으로 틀린 것은?

① 설탕과 물을 넣어 끓인다.
② 끓일 때 젓지 않는다.
③ 설탕이 갈색으로 변하면 불을 끄고 물엿을 혼합한다.
④ 캐러멜 소스는 130℃에서 갈색이 된다.

19 설기 제조에 대한 일반적인 과정으로 옳은 것은?

① 멥쌀은 깨끗하게 씻어 8~12시간 정도 불려서 사용한다.
② 쌀가루는 물기가 있는 상태에서 굵은체에 내린다.
③ 찜기에 준비된 재료를 올려 약한 불에서 바로 찐다.
④ 불을 끄고 20분 정도 뜸을 들인 후 그릇에 담는다.

계산기 다음 ▶ 안 푼 문제 답안 제출

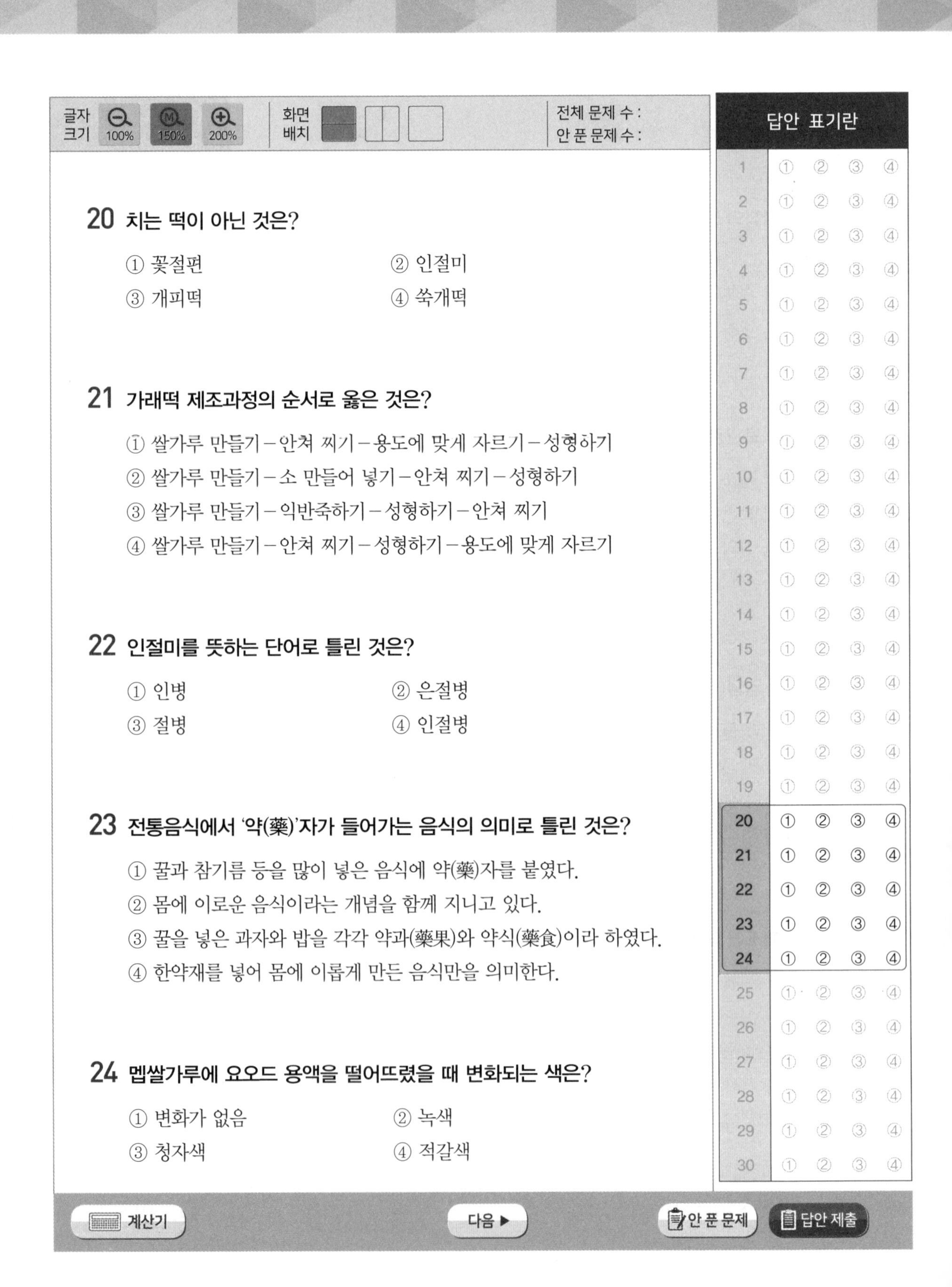

20 치는 떡이 아닌 것은?

① 꽃절편　② 인절미
③ 개피떡　④ 쑥개떡

21 가래떡 제조과정의 순서로 옳은 것은?

① 쌀가루 만들기 – 안쳐 찌기 – 용도에 맞세 자르기 – 성형하기
② 쌀가루 만들기 – 소 만들어 넣기 – 안쳐 찌기 – 성형하기
③ 쌀가루 만들기 – 익반죽하기 – 성형하기 – 안쳐 찌기
④ 쌀가루 만들기 – 안쳐 찌기 – 성형하기 – 용도에 맞게 자르기

22 인절미를 뜻하는 단어로 틀린 것은?

① 인병　② 은절병
③ 절병　④ 인절병

23 전통음식에서 '약(藥)'자가 들어가는 음식의 의미로 틀린 것은?

① 꿀과 참기름 등을 많이 넣은 음식에 약(藥)자를 붙였다.
② 몸에 이로운 음식이라는 개념을 함께 지니고 있다.
③ 꿀을 넣은 과자와 밥을 각각 약과(藥果)와 약식(藥食)이라 하였다.
④ 한약재를 넣어 몸에 이롭게 만든 음식만을 의미한다.

24 멥쌀가루에 요오드 용액을 떨어뜨렸을 때 변화되는 색은?

① 변화가 없음　② 녹색
③ 청자색　④ 적갈색

글자 크기 100% 150% 200% 화면 배치 전체 문제 수 : 안 푼 문제 수 :

답안 표기란

1	①	②	③	④
2	①	②	③	④
3	①	②	③	④
4	①	②	③	④
5	①	②	③	④
6	①	②	③	④
7	①	②	③	④
8	①	②	③	④
9	①	②	③	④
10	①	②	③	④
11	①	②	③	④
12	①	②	③	④
13	①	②	③	④
14	①	②	③	④
15	①	②	③	④
16	①	②	③	④
17	①	②	③	④
18	①	②	③	④
19	①	②	③	④
20	①	②	③	④
21	①	②	③	④
22	①	②	③	④
23	①	②	③	④
24	①	②	③	④
25	①	②	③	④
26	①	②	③	④
27	①	②	③	④
28	①	②	③	④
29	①	②	③	④
30	①	②	③	④

25 전통적인 약밥을 만드는 과정에 대한 설명으로 틀린 것은?

① 간장과 양념이 한쪽에 치우쳐서 얼룩지지 않도록 골고루 버무린다.
② 불린 찹쌀에 부재료와 간장, 설탕, 참기름 등을 한꺼번에 넣고 쪄낸다.
③ 찹쌀을 불려서 1차로 찔 때 충분히 쪄야 간과 색이 잘 배인다.
④ 양념한 밥을 오래 중탕하여 진한 갈색이 나도록 한다.

26 백설기를 만드는 방법으로 틀린 것은?

① 멥쌀을 충분히 불려 물기를 빼고 소금을 넣어 곱게 빻는다.
② 쌀가루에 물을 주어 잘 비빈 후 중간체에 내려 설탕을 넣고 고루 섞는다.
③ 찜기에 시루망을 깔고 체에 내린 쌀가루를 꾹꾹 눌러 안친다.
④ 물솥위에 찜기를 올리고 15~20분간 찐 후 약한 불에서 5분간 뜸을 들인다.

27 저온 저장이 미생물 생육 및 효소 활성에 미치는 영향에 관한 설명으로 틀린 것은?

① 일부의 효모는 －10℃에서도 생존 가능하다.
② 곰팡이 포자는 저온에 대한 저항성이 강하다.
③ 부분 냉동 상태보다는 완전 동결 상태하에서 효소 활성이 촉진되어 식품이 변질되기 쉽다.
④ 리스테리아균이나 슈도모나스균은 냉장 온도에서도 증식 가능하여 식품의 부패나 식중독을 유발한다.

계산기 다음 ▶ 안 푼 문제 답안 제출

PART 06

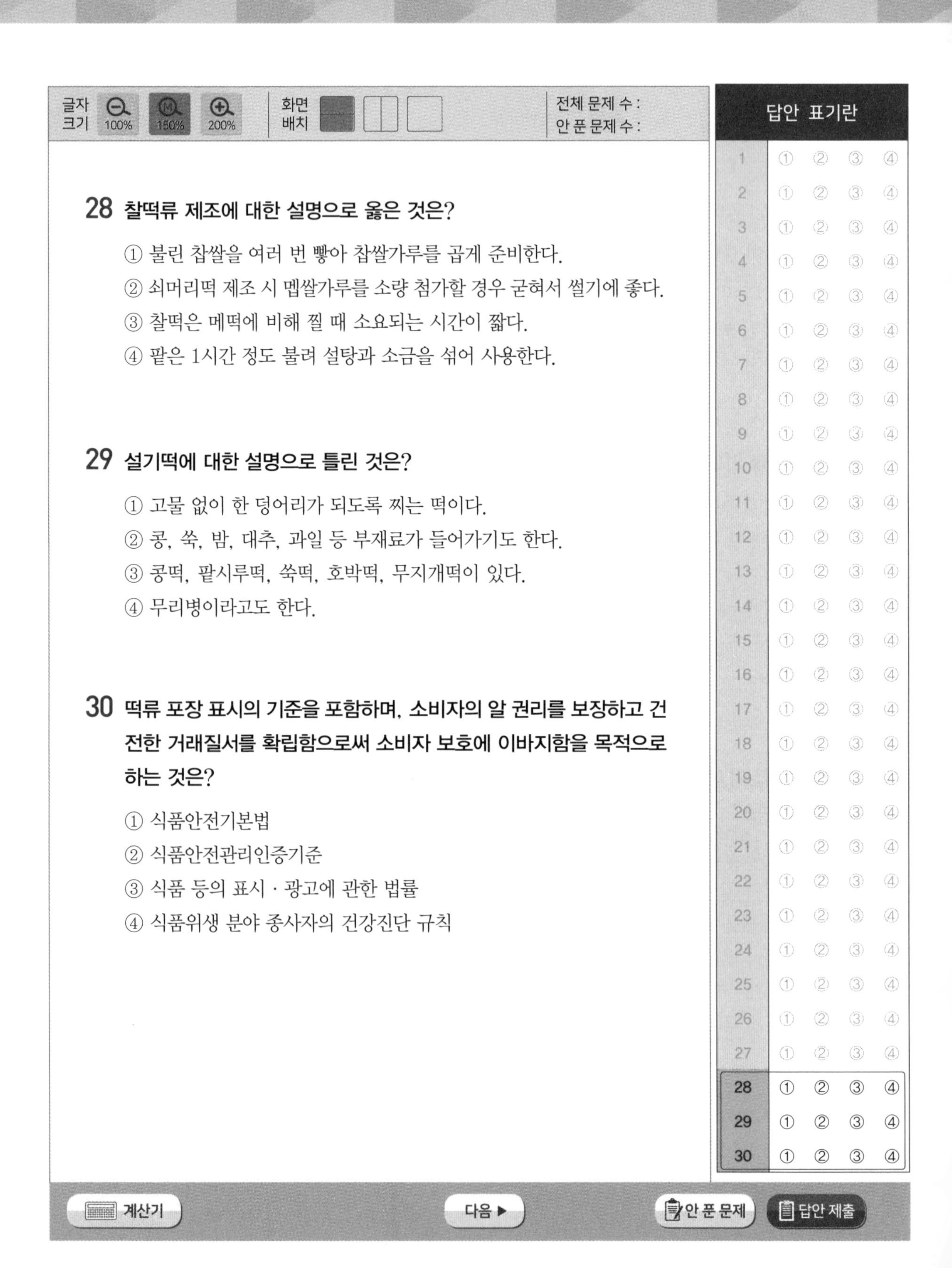

28 **찰떡류 제조에 대한 설명으로 옳은 것은?**

① 불린 찹쌀을 여러 번 빻아 찹쌀가루를 곱게 준비한다.
② 쇠머리떡 제조 시 멥쌀가루를 소량 첨가할 경우 굳혀서 썰기에 좋다.
③ 찰떡은 메떡에 비해 찔 때 소요되는 시간이 짧다.
④ 팥은 1시간 정도 불려 설탕과 소금을 섞어 사용한다.

29 **설기떡에 대한 설명으로 틀린 것은?**

① 고물 없이 한 덩어리가 되도록 찌는 떡이다.
② 콩, 쑥, 밤, 대추, 과일 등 부재료가 들어가기도 한다.
③ 콩떡, 팥시루떡, 쑥떡, 호박떡, 무지개떡이 있다.
④ 무리병이라고도 한다.

30 **떡류 포장 표시의 기준을 포함하며, 소비자의 알 권리를 보장하고 건전한 거래질서를 확립함으로써 소비자 보호에 이바지함을 목적으로 하는 것은?**

① 식품안전기본법
② 식품안전관리인증기준
③ 식품 등의 표시 · 광고에 관한 법률
④ 식품위생 분야 종사자의 건강진단 규칙

글자 크기	100%	150%	200%	화면 배치	전체 문제 수 : 안 푼 문제 수 :

답안 표기란

31	①	②	③	④
32	①	②	③	④
33	①	②	③	④
34	①	②	③	④
35	①	②	③	④
36	①	②	③	④
37	①	②	③	④
38	①	②	③	④
39	①	②	③	④
40	①	②	③	④
41	①	②	③	④
42	①	②	③	④
43	①	②	③	④
44	①	②	③	④
45	①	②	③	④
46	①	②	③	④
47	①	②	③	④
48	①	②	③	④
49	①	②	③	④
50	①	②	③	④
51	①	②	③	④
52	①	②	③	④
53	①	②	③	④
54	①	②	③	④
55	①	②	③	④
56	①	②	③	④
57	①	②	③	④
58	①	②	③	④
59	①	②	③	④
60	①	②	③	④

31 떡 반죽의 특징으로 틀린 것은?

① 많이 치댈수록 공기가 포함되어 부드러우면서 입 안에서의 감촉이 좋다.
② 많이 치댈수록 글루텐이 많이 형성되어 쫄깃해진다.
③ 익반죽할 때 물의 온도가 높으면 점성이 생겨 반죽이 용이하다.
④ 쑥이나 수리취 등을 섞어 반죽할 때 노화속도가 지연된다.

32 재료의 계량에 대한 설명으로 틀린 것은?

① 액체 재료 계량은 투명한 재질로 만들어진 계량컵을 사용하는 것이 좋다.
② 계량 단위 1큰술의 부피는 15mL 정도이다.
③ 저울을 사용할 때는 편평한 곳에서 0점(zero point)을 맞춘 후 사용한다.
④ 고체지방 재료는 계량컵에 잘게 잘라 담아 계량한다.

33 식품 등의 기구 또는 용기 · 포장의 표시기준으로 틀린 것은?

① 재질
② 영업소 명칭 및 소재지
③ 소비자 안전을 위한 주의사항
④ 섭취량, 섭취 방법 및 섭취 시 주의사항

계산기　　다음 ▶　　안 푼 문제　　답안 제출

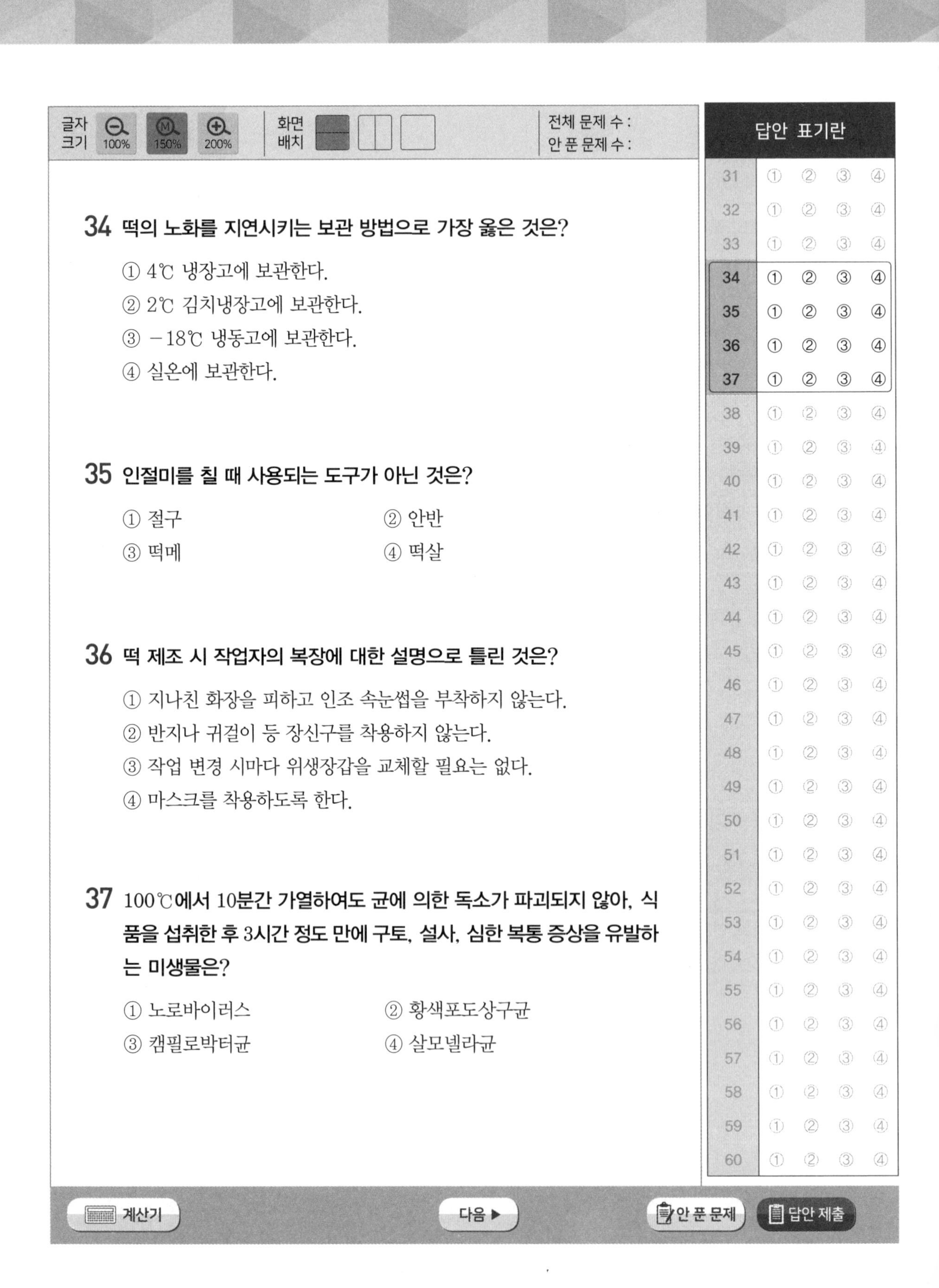

34 떡의 노화를 지연시키는 보관 방법으로 가장 옳은 것은?

① 4℃ 냉장고에 보관한다.
② 2℃ 김치냉장고에 보관한다.
③ －18℃ 냉동고에 보관한다.
④ 실온에 보관한다.

35 인절미를 칠 때 사용되는 도구가 아닌 것은?

① 절구　　② 안반
③ 떡메　　④ 떡살

36 떡 제조 시 작업자의 복장에 대한 설명으로 틀린 것은?

① 지나친 화장을 피하고 인조 속눈썹을 부착하지 않는다.
② 반지나 귀걸이 등 장신구를 착용하지 않는다.
③ 작업 변경 시마다 위생장갑을 교체할 필요는 없다.
④ 마스크를 착용하도록 한다.

37 100℃에서 10분간 가열하여도 균에 의한 독소가 파괴되지 않아, 식품을 섭취한 후 3시간 정도 만에 구토, 설사, 심한 복통 증상을 유발하는 미생물은?

① 노로바이러스　　② 황색포도상구균
③ 캠필로박터균　　④ 살모넬라균

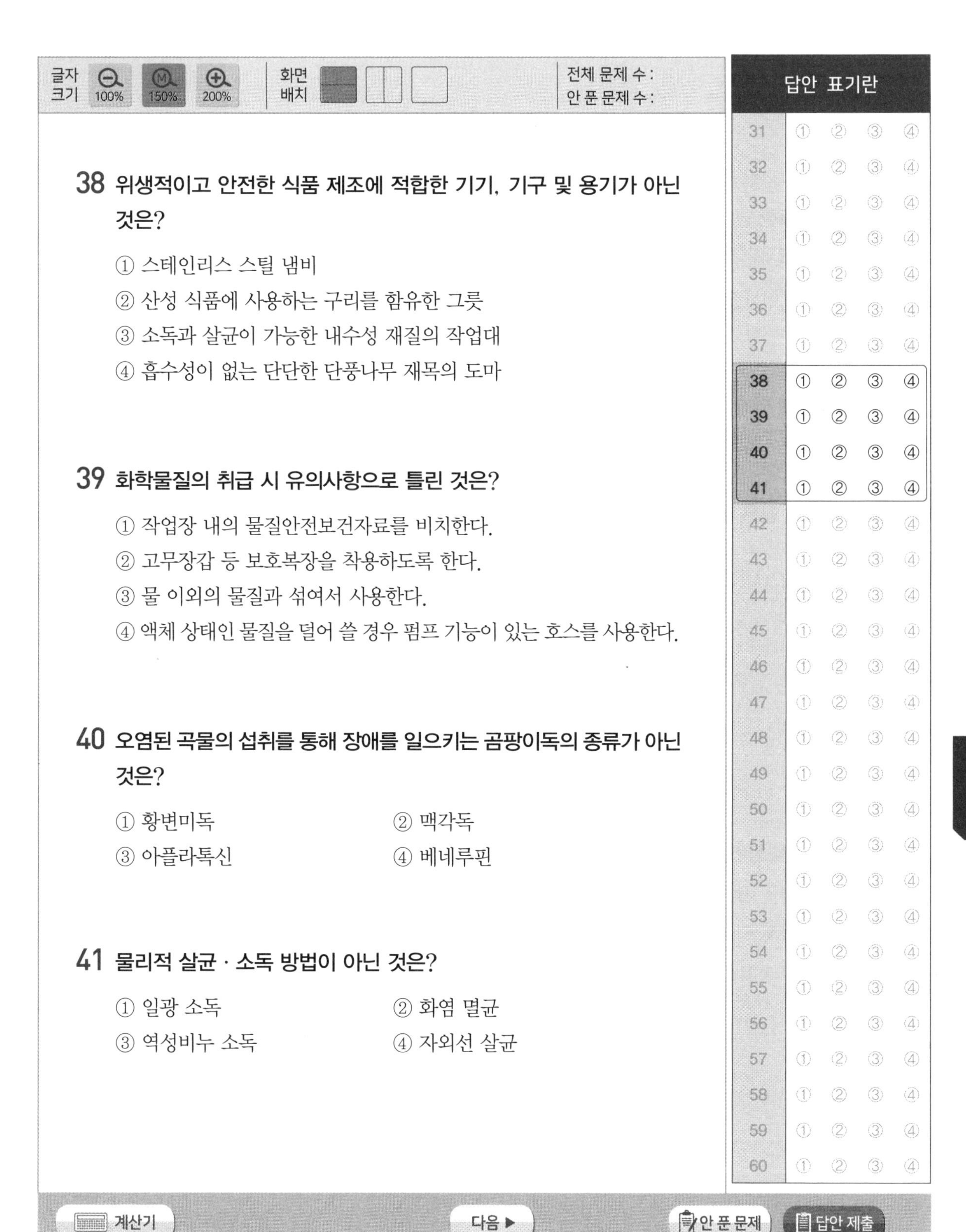

38 위생적이고 안전한 식품 제조에 적합한 기기, 기구 및 용기가 아닌 것은?

① 스테인리스 스틸 냄비
② 산성 식품에 사용하는 구리를 함유한 그릇
③ 소독과 살균이 가능한 내수성 재질의 작업대
④ 흡수성이 없는 단단한 단풍나무 재목의 도마

39 화학물질의 취급 시 유의사항으로 틀린 것은?

① 작업장 내의 물질안전보건자료를 비치한다.
② 고무장갑 등 보호복장을 착용하도록 한다.
③ 물 이외의 물질과 섞여서 사용한다.
④ 액체 상태인 물질을 덜어 쓸 경우 펌프 기능이 있는 호스를 사용한다.

40 오염된 곡물의 섭취를 통해 장애를 일으키는 곰팡이독의 종류가 아닌 것은?

① 황변미독
② 맥각독
③ 아플라톡신
④ 베네루핀

41 물리적 살균 · 소독 방법이 아닌 것은?

① 일광 소독
② 화염 멸균
③ 역성비누 소독
④ 자외선 살균

PART 06

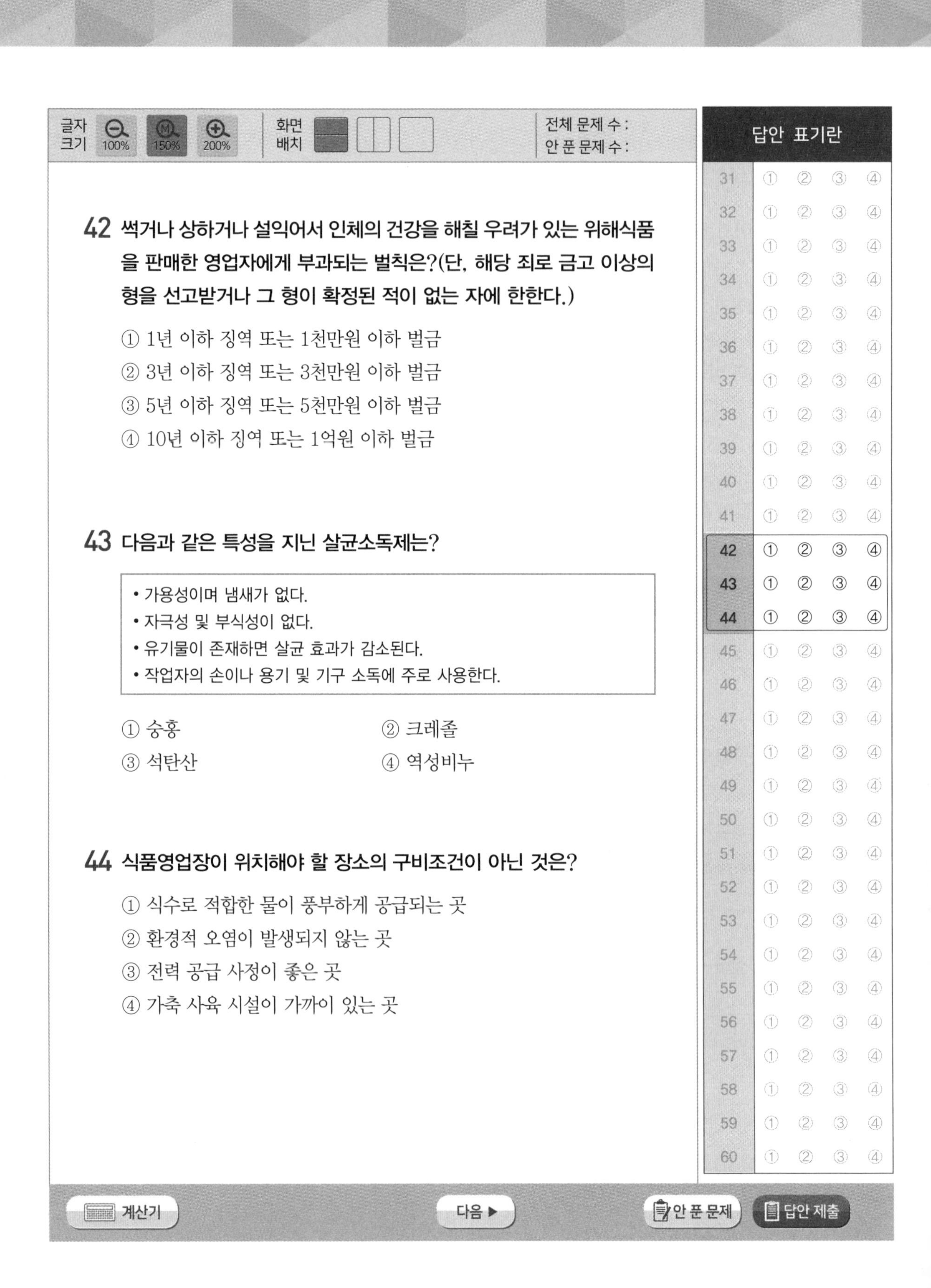

42 썩거나 상하거나 설익어서 인체의 건강을 해칠 우려가 있는 위해식품을 판매한 영업자에게 부과되는 벌칙은?(단, 해당 죄로 금고 이상의 형을 선고받거나 그 형이 확정된 적이 없는 자에 한한다.)

① 1년 이하 징역 또는 1천만원 이하 벌금
② 3년 이하 징역 또는 3천만원 이하 벌금
③ 5년 이하 징역 또는 5천만원 이하 벌금
④ 10년 이하 징역 또는 1억원 이하 벌금

43 다음과 같은 특성을 지닌 살균소독제는?

- 가용성이며 냄새가 없다.
- 자극성 및 부식성이 없다.
- 유기물이 존재하면 살균 효과가 감소된다.
- 작업자의 손이나 용기 및 기구 소독에 주로 사용한다.

① 승홍 ② 크레졸
③ 석탄산 ④ 역성비누

44 식품영업장이 위치해야 할 장소의 구비조건이 아닌 것은?

① 식수로 적합한 물이 풍부하게 공급되는 곳
② 환경적 오염이 발생되지 않는 곳
③ 전력 공급 사정이 좋은 곳
④ 가축 사육 시설이 가까이 있는 곳

글자 크기 100% 150% 200% 화면 배치 전체 문제 수 : 안 푼 문제 수 :

답안 표기란

31	①	②	③	④
32	①	②	③	④
33	①	②	③	④
34	①	②	③	④
35	①	②	③	④
36	①	②	③	④
37	①	②	③	④
38	①	②	③	④
39	①	②	③	④
40	①	②	③	④
41	①	②	③	④
42	①	②	③	④
43	①	②	③	④
44	①	②	③	④
45	①	②	③	④
46	①	②	③	④
47	①	②	③	④
48	①	②	③	④
49	①	②	③	④
50	①	②	③	④
51	①	②	③	④
52	①	②	③	④
53	①	②	③	④
54	①	②	③	④
55	①	②	③	④
56	①	②	③	④
57	①	②	③	④
58	①	②	③	④
59	①	②	③	④
60	①	②	③	④

45 **식품의 변질에 의한 생성물로 틀린 것은?**

① 과산화물　② 암모니아
③ 토코페롤　④ 황화수소

46 **봉치떡에 대한 설명으로 틀린 것은?**

① 납폐 의례 절차 중에 차려지는 대표적인 혼례음식으로 함떡이라고도 한다.
② 떡을 두 켜로 얼리는 것은 부부 한 쌍을 상징하는 것이다.
③ 밤과 대추는 재물이 풍성하기를 기원하는 뜻이 담겨 있다.
④ 찹쌀가루를 쓰는 것은 부부의 금실이 찰떡처럼 화목하게 되라는 뜻이다.

47 **다음은 떡의 어원에 관한 설명이다. 옳은 내용을 모두 선택한 것은?**

가. 곤떡은 '색과 모양이 곱다'하여 처음에는 고운 떡으로 불리었다.
나. 구름떡은 썬 모양이 구름 모양과 같다 하여 붙여진 이름이다.
다. 오쟁이떡은 떡의 모양을 가운데 구멍을 내고 만들어 붙여진 이름이다.
라. 빙떡은 떡을 차갑게 식혀 만들어 붙여진 이름이다.
마. 해장떡은 '해장국과 함께 먹었다'하여 붙여진 이름이다.

① 가, 나, 마　② 가, 나, 다
③ 나, 다, 라　④ 다, 라, 마

48 **절기와 절식 연결이 틀린 것은?**

① 정월대보름 – 약식　② 삼짇날 – 진달래화전
③ 단오 – 차륜병　④ 추석 – 삭일송편

계산기　다음 ▶　안 푼 문제　답안 제출

글자 크기 100% 150% 200% 화면 배치 전체 문제 수 : 안 푼 문제 수 :

답안 표기란

31	①	②	③	④
32	①	②	③	④
33	①	②	③	④
34	①	②	③	④
35	①	②	③	④
36	①	②	③	④
37	①	②	③	④
38	①	②	③	④
39	①	②	③	④
40	①	②	③	④
41	①	②	③	④
42	①	②	③	④
43	①	②	③	④
44	①	②	③	④
45	①	②	③	④
46	①	②	③	④
47	①	②	③	④
48	①	②	③	④
49	①	②	③	④
50	①	②	③	④
51	①	②	③	④
52	①	②	③	④
53	①	②	③	④
54	①	②	③	④
55	①	②	③	④
56	①	②	③	④
57	①	②	③	④
58	①	②	③	④
59	①	②	③	④
60	①	②	③	④

49 약식의 유래와 관계가 없는 것은?

① 백결 선생
② 금갑
③ 까마귀
④ 소지왕

50 아이의 장수복록을 축원하는 의미로 돌상에 올리는 떡이 아닌 것은?

① 누텁떡
② 오색송편
③ 수수팥경단
④ 백설기

51 삼복 중에 먹는 절기 떡으로 틀린 것은?

① 증편
② 주악
③ 팥경단
④ 깨찰편

52 통과의례에 대한 설명으로 틀린 것은?

① 사람이 태어나 죽을 때까지 필연적으로 거치게 되는 중요한 의례를 말한다.
② 책례는 어려운 책을 한 권씩 뗄 때마다 이를 축하하고 더욱 학문에 정진하라는 격려의 의미로 행하는 의례이다.
③ 납일은 사람이 살아가는 데 도움을 준 천지만물의 신령에게 음덕을 갚는 의미로 제사를 지내는 날이다.
④ 성년례는 어른으로부터 독립하여 자기의 삶은 자기가 갈무리하라는 책임과 의무를 일깨워 주는 의례이다.

계산기 다음 ▶ 안 푼 문제 답안 제출

글자 크기	100%	150%	200%	화면 배치	전체 문제 수 : 안 푼 문제 수 :

53 중양절에 대한 설명으로 틀린 것은?

① 추석에 햇곡식으로 제사를 올리지 못한 집안에서 뒤늦게 천신을 하였다.
② 밤떡과 국화전을 만들어 먹었다.
③ 시인과 묵객들은 야외로 나가 시를 읊거나 풍국놀이를 하였다.
④ 잡과병과 밀단고를 만들어 먹었다.

54 돌상에 차리는 떡의 종류와 의미로 틀린 것은?

① 인절미 : 학문적 성장을 촉구하는 뜻을 담고 있다.
② 수수팥경단 : 아이의 생애에 있어 액을 미리 막아준다는 의미를 담고 있다.
③ 오색송편 : 우주만물과 조화를 이루며 살아가라는 의미를 담고 있다.
④ 백설기 : 신성함과 정결함을 뜻하며, 순진무구하게 자라나는 기원이 담겨 있다.

55 각 지역과 향토 떡의 연결로 틀린 것은?

① 경기도 – 여주산병, 색떡
② 경상도 – 모싯잎송편, 만경떡
③ 제주도 – 오메기떡, 빙떡
④ 평안도 – 장떡, 수리취떡

56 약식의 유래를 기록하고 있으며 이를 통해 신라시대부터 약식을 먹어왔음을 알 수 있는 문헌은?

① 목은집　　② 도문대작
③ 삼국사기　　④ 삼국유사

답안 표기란

번호				
31	①	②	③	④
32	①	②	③	④
33	①	②	③	④
34	①	②	③	④
35	①	②	③	④
36	①	②	③	④
37	①	②	③	④
38	①	②	③	④
39	①	②	③	④
40	①	②	③	④
41	①	②	③	④
42	①	②	③	④
43	①	②	③	④
44	①	②	③	④
45	①	②	③	④
46	①	②	③	④
47	①	②	③	④
48	①	②	③	④
49	①	②	③	④
50	①	②	③	④
51	①	②	③	④
52	①	②	③	④
53	①	②	③	④
54	①	②	③	④
55	①	②	③	④
56	①	②	③	④
57	①	②	③	④
58	①	②	③	④
59	①	②	③	④
60	①	②	③	④

계산기　　다음 ▶　　안 푼 문제

글자 크기 100% 150% 200% 화면 배치 전체 문제 수 : 안 푼 문제 수 :

답안 표기란

57 삼짇날의 절기 떡이 아닌 것은?

① 진달래화전 ② 향애단
③ 쑥떡 ④ 유엽병

58 음력 3월 3일에 먹는 시절 떡은?

① 수리취절편 ② 약식
③ 느티떡 ④ 진달래화전

59 조선시대에 출간된 서적으로 떡과 관련된 내용을 담고 있는 서적이 아닌 것은?

① 도문대작 ② 음식디미방
③ 임원십육지 ④ 이조궁정요리통고

60 떡의 어원에 대한 설명으로 틀린 것은?

① 차륜병은 수리취절편에 수레바퀴 모양의 문양을 내어 붙여진 이름이다.
② 석탄병은 '맛이 삼키기 안타깝다'는 뜻에서 붙여진 이름이다.
③ 약편은 멥쌀가루에 계피, 천궁, 생강 등 약재를 넣어 붙여진 이름이다.
④ 첨세병은 떡국을 먹음으로써 나이를 하나 더하게 된다는 뜻으로 붙여진 이름이다.

31	①	②	③	④
32	①	②	③	④
33	①	②	③	④
34	①	②	③	④
35	①	②	③	④
36	①	②	③	④
37	①	②	③	④
38	①	②	③	④
39	①	②	③	④
40	①	②	③	④
41	①	②	③	④
42	①	②	③	④
43	①	②	③	④
44	①	②	③	④
45	①	②	③	④
46	①	②	③	④
47	①	②	③	④
48	①	②	③	④
49	①	②	③	④
50	①	②	③	④
51	①	②	③	④
52	①	②	③	④
53	①	②	③	④
54	①	②	③	④
55	①	②	③	④
56	①	②	③	④
57	①	②	③	④
58	①	②	③	④
59	①	②	③	④
60	①	②	③	④

계산기 다음 ▶ 안 푼 문제 답안 제출

기출복원모의고사 정답 및 해설

1회 기출복원모의고사

01	02	03	04	05	06	07	08	09	10
④	③	③	③	④	③	③	②	②	①
11	12	13	14	15	16	17	18	19	20
③	③	③	③	②	①	④	①	④	②
21	22	23	24	25	26	27	28	29	30
②	④	③	③	④	①	③	④	②	④
31	32	33	34	35	36	37	38	39	40
④	①	①	④	②	②	③	③	②	④
41	42	43	44	45	46	47	48	49	50
③	①	④	③	①	③	④	④	②	②
51	52	53	54	55	56	57	58	59	60
①	④	①	④	④	④	③	④	③	①

01
효소나 산에 의해 녹말이나 다당류가 가수분해되어 당으로 변하는 것을 당화라고 하는데, 이 원리를 이용하여 조청이나 물엿을 만든다.

02
좋은 보리쌀은 담황색으로 통통하며 둥글고 크기가 일정하다. 또한 묵은 냄새가 없고 쌀알이 부서져 있지 않으며 수분 함량이 14% 이하로 적당히 건조되어 있다.

03
현미의 도정률이 증가함에 따라 탄수화물의 비율이 증가하고 소화율과 밥맛은 좋아지지만, 단백질과 지방의 손실은 커진다.

04
건조 두류의 물 흡수성은 '흰 대두>검은 대두>흰 강남콩>얼룩강남콩>묵은 팥' 순으로 크다.

05
완두의 엽록소를 구리와 같은 염과 함께 가열하면 구리클로로필이 형성되며, 완두의 녹색이 유지된다.

06
호박오가리는 가을에 수확한 호박을 얇고 길게 썰어서 말린 것으로 단맛이 강하고 비타민 A가 풍부하여 호박설기, 호박범벅, 호박죽, 호박꿀단지 등을 만들어 먹는다.

07
깁체를 고운체라고 하며 중거리는 가로 · 세로 1mm이고, 도드미는 가로 1.8mm, 세로 2mm, 어레미는 가로 3mm, 세로 3.8mm의 체이다. 따라서 어레미가 가장 굵은 체이다.

08
비타민 B_1은 에너지 대사와 핵산 합성에 관여하고 신경과 근육 활동에 필요하다.

09
귀리는 보리, 호밀, 수수에 비해 지방과 단백질, 비타민 B군의 함량이 높다.

10
수분이 14% 이하가 되면 미생물의 발육이 어려워 변질을 방지할 수 있다.

11
시룻번은 시루를 안칠 때 솥과 고리 사이로 김이 새지 않도록 쌀가루나 밀가루로 만들어 붙이는 반죽을 말한다.

12
폴리염화비닐은 단독으로는 비교적 단단하고 잘 부서지지만 프탈산다이옥틸과 같은 가소제를 첨가하면 탄성을 갖게 되는데, 이때 가소제의 첨가량이 많아지면 중금속이 용출될 수 있다.

13
약밥(약식)은 신라 소지왕이 재앙을 미리 알려 자신의 생명을 구해준 까마귀에게 은혜를 갚기 위해 찰밥을 만들어 제를 지낸 데에서 유래되었다.

14
요소수지인 합성 플라스틱 용기에서 검출되는 유해물질은 포르말린이다.

15
답 : ②
칼슘(Ca)이 첨가되면 두류는 단단해진다.

16
용기나 포장은 다른 업소의 표시가 있는 것을 사용하여서는 아니 된다.

17
떡에 고물을 묻히는 이유는 떡의 맛과 멋, 영양을 살리고 노화를 막기 위해서이다.

18
식품, 식품첨가물, 기구 또는 용기 · 포장의 위생적 취급에 관한 기준은 총리령으로 정한다.

19
콜레라, 세균성 이질, 장티푸스, 파라티푸스 등은 식중독이 아니라 수인성 감염병에 해당한다.

20
감수성지수(접촉감염지수)는 감수성이 있는 환자와 접촉했을 때 감염되는 확률이다. 천연두와 홍역이 95%로 가장 높고, 백일해가 60~80%로 그다음, 성홍열이 40%, 디프테리아가 10%로 가장 낮다.

21
보존료는 미생물의 발육을 억제하여 부패를 방지하고 식품의 선도를 유지하기 위해 사용되는 식품첨가물이다.

22
알레르기(Allergy)성 식중독의 원인균은 프로테우스 모르가니(Proteus morganii)라는 세균으로, 히스티딘(Histidine) 함유량이 많은 붉은살 생선을 섭취했을 경우 발열과 두드러기 증상을 일으킨다.

23
표시는 식품, 식품첨가물, 기구 또는 용기 · 포장에 적는 문자, 숫자 또는 도형을 말한다.

24
자가품질검사에 관한 기록서는 2년간 보관하여야 한다.

25
분석 결과 및 위해평가 활용 원칙에 따라서 위해요소를 제거하거나 제어, 또는 허용 수준 이하로 감소시켜 해당 제품의 안전성을 확보할 수 있는 중요한 공정이나 단계를 결정하는 것을 HACCP의 중요관리점(CCP ; Critical Control Point) 결정이라 한다.

26
역성비누액에 일반비누액을 섞어 사용하면 살균 효과가 떨어진다.

27
폴리오(소아마비)는 국내 제2군 법정전염병으로 예방접종(생균백신)을 통하여 면역력을 가지게 한다.

28
주방의 바닥 조건
- 산 · 알칼리 · 습기 · 열에 강해야 한다.
- 물매는 100분의 1 정도가 적당하다.
- 고무타일, 합성수지타일 등 잘 미끄러지지 않는 소재를 사용해야 한다.

29
영업신고를 하여야 하는 업종
즉석판매제조 · 가공업, 식품운반업, 식품소분 · 판매업, 식품냉동 · 냉장업, 용기 · 포장류제조업(자신의 제품을 포장하기 위하여 용기 · 포장류를 제조하는 경우는 제외한다), 휴게음식점영업, 일반음식점영업, 위탁급식영업, 제과점영업

30
아플라톡신(Aflatoxin)은 간장독을 일으킨다.

31
식품의약품안전처장, 시 · 도지사, 시장 · 군수 · 구청장은 판매를 목적으로 하거나 영업상 사용하는 식품 및 영업시설 등 검사에 필요한 최소량의 식품 등을 무상으로 수거하거나 영업에 관계되는 장부 또는 서류를 열람할 수 있다.

32
황색포도상구균의 특징
- 통성혐기성세균
- 엔테로톡신(enterotoxin) 생성
- 독소형 식중독 유발
- 화농성 질환의 원인균
- 70℃에서 2분간 가열하면 사멸

33
고압증기멸균은 2기압, 121℃에서 15~20분간 증기열로 멸균하는 방법으로 아포형성균의 멸균에 가장 효과적이다.

34
젖은 행주는 행주 내의 수분으로 열이 이동함에 따라 화상을 입을 수 있으므로 마른 수건을 이용해야 한다.

35
발효는 미생물이 탄수화물을 이용하여 우리 생활에 유용한 유기산과 알코올을 생성하는 것이다.

36
무시루떡은 나복병이라고도 하며, 무가 맛있는 10월 상달에 많이 만들어 먹는다.

37
원나라의 문헌인 거가필용에 밤설기떡인 율고가 기록되어 있다.

38
유두일은 새로 나온 과일을 조상을 모신 사당에 올리고 동쪽으로 흐르는 물에 머리를 감으면 불길한 것이 씻겨 내려간다고 하여 물가에서 더위를 피하며 즐기던 풍습이다.

39
중양절은 음력 9월 9일로, 국화가 한철이라 국화전을 먹고 국화주를 마셨다.

40
백탕과 병탕은 떡국을 일컫는 말로, 멥쌀가루를 찐 다음 쳐서 둥글고 길게 늘인 가래떡으로 만든다.

41
태음력법에서는 일 년을 입춘부터 시작해서 24절기로 나누었는데 동지는 대설과 소한 사이에 있으며 22번째의 절기이다.

42
서여향병은 조선 말기의 규합총서에 만드는 법이 처음 나와 있다.

43
땡감은 탄닌 성분이 많이 들어 있는, 덜 익고 떫은맛을 가진 감으로, 소금물에 담가 떫은맛을 제거한 후 껍질과 씨 부분을 도려내고 얇게 썰어 바싹 말려서 감 가루를 만든다.

44
① 남방애 : 나무절구를 말하는 제주도의 방언
② 매판 : 불린 콩이나 곡식을 맷돌에 넣고 갈 때 음식물이 한곳에 모이도록 맷돌에 올려 놓는 Y형 기구
④ 과반 : 차나 과일, 과자를 담는 그릇

45
삘기송편은 멥쌀가루에 띠의 어린 새순인 삘기를 절구에 찧어 섞어서 빚은 전라도 송편이다.

46
혼돈병에는 찹쌀가루, 승검초가루, 건강(말린 생강), 후춧가루, 밤, 대추, 황률, 거피팥고물, 밤채, 대추채, 통잣이 들어간다.

47

깨찰편은 찹쌀가루에 설탕과 소금을 넣고 고물은 깨를 볶아 갈아서 체에 내려 켜로 안친 켜떡이다.

① 잡과병 : 멥쌀가루에 과일과 견과류를 넣고 찌는 설기떡
② 율고 : 찹쌀가루에 삶은 밤을 으깨어 체에 내려 만든 밤고물에 설탕과 계핏가루를 섞어서 시루에 안치고 잣으로 고명을 올린 후 쪄내는 밤설기떡
③ 행병 : 익은 살구를 찌고 으깨어 체에 거른 다음 녹말을 넣고 끓여 꿀을 쳐서 만든 설기떡.

48

녹두를 거피할 때는 제물(녹두를 담갔던 물)에서 비벼야 껍질이 잘 벗겨지며, 부칠 때는 식용유를 넉넉히 두르고 반숙을 저어 가며 떠서 번철 위에 올려 부친다.

49

②는 분질감자의 특성이다.

50

②는 과당에 대한 설명이다. 과당은 천연의 과일과 꿀에 존재하며 단맛은 설탕의 1.5~1.8배 정도이다.

51

약밥(약식)은 신라 소지왕이 재앙을 미리 알려 자신의 생명을 구해준 까마귀에게 은혜를 갚기 위해 찰밥을 만들어 제를 지내면서 유래된 것으로 알려져 있는데, 이는 삼국유사에 기록되어 있다.

52

찹쌀가루가 너무 곱거나 찹쌀가루를 눌러 안치면 김이 위로 오르지 못해 떡이 익지 않으며, 너무 오래 익힐 경우 떡이 질어진다.

53

복령은 소나무의 뿌리에서 기생하여 성장하는 균류이며 백복령과 적복령이 있다.

54

오미자의 다섯 가지 맛은 단맛, 신맛, 쓴맛, 매운맛, 짠맛이다.

55

서리태는 검은색인 겉과 달리 속은 푸른색이어서 속청태라고도 하며 흑대두에 속한다.

56

식품의 냉장효과로 식품의 보존 기한을 다소 연장할 수는 있지만 그 기한은 냉동과 달리 며칠 수준으로 다소 짧은 편이며, 식품의 세균을 멸균 또는 사멸시킬 수는 없다.

57

식품의약품안전처장은 국민보건을 위하여 필요하면 판매를 목적으로 하는 식품 또는 식품첨가물에 관한 제조 · 가공 · 사용 · 조리 · 보존 방법에 관한 기준과 성분에 관한 규격 사항을 정하여 고시한다.

58

화농성질환자에 의한 감염은 우리나라에서 가장 높은 비율의 감염 발생 경로이며, 따라서 식품의 취급 및 영업 등이 금지된다.

59

① 승홍 0.1% : 부식성이 강해 비금속기구 소독에 사용
② 석탄산 3% : 살균력이 강해 변소, 하수도, 진개 등의 오물 소독에 사용
④ 치아염소산나트륨 : 물에 희석하여 과일, 채소, 식기, 조리도구 등의 소독에 사용

60

식품위생법 제93조 3항을 위반하여 제조 · 가공 · 수입 · 조리한 식품 또는 식품첨가물을 판매하였을 때에는 소매가격의 2배 이상 5배 이하의 벌금을 병과한다.

2회 기출복원모의고사

01	02	03	04	05	06	07	08	09	10
④	③	①	①	④	③	②	③	①	①
11	12	13	14	15	16	17	18	19	20
①	④	③	③	②	③	①	③	③	①
21	22	23	24	25	26	27	28	29	30
③	①	④	②	③	①	①	③	①	④
31	32	33	34	35	36	37	38	39	40
①	③	④	①	③	②	④	③	①	②
41	42	43	44	45	46	47	48	49	50
①	③	②	③	③	③	②	②	①	①
51	52	53	54	55	56	57	58	59	60
④	①	③	③	①	②	④	④	②	③

01

떡을 포장할 때에는 비닐(폴리에틸렌)을 가장 많이 사용한다.

① 폴리스티렌 : 고온에서 형체가 변형되어 사용이 부적당하다.

② 종이 : 내수성, 내습성, 내유성이 약하다.

③ 폴리플로필렌 : 불투명하며 저분자량 성분이 유지에 녹으면 인체에 유해하다.

02

포장의 기능으로는 정보 제공과 안정성, 계량의 기능, 식품 보존의 기능, 식품의 유통 기능, 판매 촉진의 기능이 있다.

03

서속(黍粟)은 기장과 조를 말하는데, 기장의 크기는 조보다 약간 크다. 참고로 조에는 차조와 메조가 있다.

04

혼례 때 신부 집에서 만드는 봉채떡(봉치떡)의 재료는 찹쌀 3되와 붉은팥 1되로 하여 시루에 2켜로 안친다. 맨 위 가운데에 대추 7개와 밤을 둥글게 올렸다. 찹쌀가루를 쓰는 것은 부부의 금실이 찰떡처럼 화목하게 잘 합쳐지라는 뜻이다. 대추와 밤은 자손의 번창을 의미하고 붉은팥은 액을 면하게 한다는 의미가 있다.

② 신부 쪽에서 함이 들어올 때 만드는 떡이다.

05

호염균은 염분의 농도가 비교적 높은 곳에서 발육, 번식하는 세균으로, 장염비브리오 식중독을 일으킨다.

① 살모넬라 식중독 : 감염원은 우유, 닭, 달걀, 육류 등이며 잠복기는 6~48시간으로 두통과 구역, 복통, 설사 등이 일어난다.

② 캠필로박터 식중독 : 닭고기나 돼지고기의 조리가 불충분한 상태이거나 균에 오염된 식품을 섭취했을 때에 일어나며, 잠복기는 2~5일이고 발열과 두통, 심한 복통, 설사 등이 일어난다.

③ 황색포도상구균 식중독 : 토양, 하수 등의 자연계에 널리 분포하며 장독소(enterotoxin)를 함유한 식품(육류 및 그 가공품과 유제품, 김밥, 소스, 어육연제품 등)을 섭취할 때 일어나는 독소 형식 중독으로, 어지러움, 위경련, 구토, 발열 및 설사 등이 일어난다. 따라서 식품 취급자는 손을 청결히 해야 하며, 손에 창상 또는 화농이 있거나 신체 다른 부위에 화농이 있으면 식품을 취급해서는 안 된다.

06

메밀에는 루틴이 풍부하게 들어있다. 루틴은 모세혈관을 튼튼하게 해 고혈압, 동맥경화, 당뇨병 환자에게 효과가 있다.

07

켜떡은 쌀가루나 찹쌀가루에 고물(팥, 녹두, 깨 등)을 얹고 시루에 켜를 지어 찌는 떡을 말한다. 잡과병(雜果餠)은 멥쌀가루에 여러 과일을 섞어 만든 무리떡(설기떡)이다.

08

조리는 물에 담근 쌀에서 돌을 일굴 때 사용하는 도구이다.

09

웃기떡은 장식하는 떡으로 화전, 단자, 산병, 부꾸미, 주악, 색절편 등을 말한다.

10

석이편은 석이버섯을 곱게 가루 내어 멥쌀가루에 섞어 찐 떡으로 석이병이라고도 한다. 고명으로 채 썬 석이채와 비늘잣을 얹는 고급 떡이다.

11

백미는 탄수화물의 함량이 79.3% 정도로 가장 높다. 백미는 현미를 도정하여 쌀겨층과 씨눈을 완전히 제거했기 때문에 탄수화물의 함량이 높다.

12

고수레떡은 멥쌀가루를 고수레하여 시루에 찐 뒤 안반에 놓고 떡메로 친 떡으로, 가래떡, 개피떡, 경편, 산병, 절편 등이 있다. 참고로 고수레란 멥쌀가루로 흰떡을 만들 때에 반죽을 하기 위하여 쌀가루에 끓는 물을 훌훌 뿌려서 물이 골고루 퍼져 섞이게 하는 일을 말한다.

13

고려시대에 떡이 수록된 책과 가요는 다음과 같다.

- 〈해동역사〉, 〈거가필용〉 : 밤설기떡인 율고가 기록됨
- 〈지봉유설〉 : 청애병이 기록됨
- 〈목은집〉 : 수단, 차전병, 점서 등이 기록됨
- 〈고려가요〉 : 상화병(상애병)이 기록됨

① 율고 : 찹쌀가루에 삶아 으깬 밤을 넣어 버무린 후 잣을 고명으로 얹어 찐 떡으로, 중양절의 절식, 밤떡 또는 밤가루 설기라고도 부름
② 청애병 : 쑥을 넣어 만든 떡
④ 상애병 : 상외떡, 상애떡, 상화병이라고도 하며 부풀려 찌는 떡

14

세균성 감염에는 디프테리아, 장티푸스, 파라티푸스, 백일해, 콜레라, 결핵, 세균성 이질 등이 있다.

①, ④ 바이러스성 감염 : 폴리오, 급성회백수염, 홍역, 유행성이하선염, 인플루엔자
② 기생충성 감염 : 아메바성 이질

15

돌상에는 백설기, 무지개떡, 인절미, 오색송편, 붉은팥찰수수경단 등을 올린다.

16

책례는 학생이 서당에서 책을 한 권씩 뗄 때마다 행하던 의례로, 어려운 책을 끝낸 것에 대한 자축 및 축하, 격려의 의미로서 스승과 동료들에게 오색송편을 나누었다.

17

전문의 호정화는 전분에 물을 가하지 않고 160~180℃ 가열하면 가용성의 덱스트린을 형성하는 현상으로, 황갈색을 띠고 용해성이 증가되며 점성은 약해지고 단맛은 증가한다. 뻥튀기, 미숫가루, 누룽지, 구운 식빵의 표면 등이 이에 해당된다.

18

도행병은 찹쌀가루에 복숭아, 살구 즙을 많이 묻혀 버무린 후 볕에 말리어 기름종이에 보관하였다가 가루로 만들어서 설탕이나 꿀을 넣고 버무린 뒤 볶은 꿀팥소를 넣고 삶아 잣가루를 묻혀 단자로 만든 떡을 말한다. 이때 유자는 들어가지 않는다.

② 규합총서(1815) : 도행병은 복숭아, 살구가 무르익은 것을 씨 없이 체에 거른다. 멥쌀가루, 찹쌀가루를 복숭아, 살구 즙에 각각 많이 묻혀 버무려 볕에 말리어 유지(기름종이) 주머니에 넣어 상하지 않게 둔다. 가을이나 겨울에 이것을 다시 가루로 만들어 사탕가루나 꿀에 버무려 대추, 밤, 잣, 후추, 계피 등 속으로 고명하여 멥쌀가루를 시루에 안쳐 찐다. 완자모양으로 빚어 볶은 꿀팥소를 넣어 삶아 잣가루를 묻혀 단자의 형태로도 만들어 먹었다.

19

잣은 송자, 백자, 실백이라고도 하며, 비타민 B가 많고 철분과 불포화지방산, 칼륨이 풍부하다.

20

트리할로메탄은 상수원의 오염이 심하거나 살균제로 사용하는 염소의 양이 과다할수록, 또는 살균 과정의 반응 과정이 길수록 많이 생성된다. 또한 수소이온농도(pH)가 높을수록, 송수관에서 머무는 기간이 길수록 더욱 활발하게 생성되는 발암성 물질이다.

21

승검초가루는 녹색이나, 석이버섯가루는 검정색이다.

- 노란색 : 치자, 울금, 송화, 단호박, 홍화
- 주황색 : 피멘톤(파프리카) 가루, 황치즈가루
- 빨간색 : 오미자, 백년초, 비트, 지치, 딸기, 홍국쌀
- 녹색 : 쑥, 녹차, 솔잎, 파래, 연잎, 승검초, 클로렐라, 새싹보리
- 갈색 : 도토리, 대추, 감, 송기, 계피, 코코아가루, 커피가루

• 보라색 : 포도, 오디, 자색고구마
• 검정색 : 석이버섯, 흑임자, 흑미

22

봉채떡은 찹쌀 3되로 만든다.

② 복령떡 : 복령을 말려 가루로 낸 뒤 멥쌀가루와 섞어 거피팥고물을 두고 한 무리로 쪄내는 설기떡으로, 전라도 지방의 떡이다.
③ 색떡 : 흰떡에 물을 들여 여러 모양으로 만든 떡을 색떡이라고 하며 주로 잔칫상의 장식용으로 쓰인다.
④ 석탄병 : 멥쌀가루에 감가루를 섞어 여러 가지 고물과 녹두고물을 얹어 찐 떡으로, 차마 삼키기 아까울 정도로 맛이 있다고 하여 붙여진 이름이다.

23

상화병은 고려시대 원나라에서 전해 온 음식으로 상애병, 상외병으로도 불리며, 밀가루를 생막걸리로 발효시켜 팥소를 넣고 만든 떡이다. 쌍화점의 쌍화는 일반적으로 만두를 의미하는 것으로 알려져 있다.

24

오염물질이란 식품에 비의도적으로 첨가된 물질을 의미하며 이는 생산 및 제조, 가공, 준비, 처리, 포장, 운송, 저장의 결과로 식품에 나타나거나 환경오염의 결과로 나타난다. 생식품류의 재배, 사육 단계에서 발생할 수 있는 1차 오염은 자연 환경에서의 오염이다.

25

보리개떡은 춘궁기에 먹던 애환이 담긴 떡이다.

26

② 떡의 노화는 수분 30~60%, 온도 0~4℃에서 가장 빠르다.
③ 멥쌀의 아밀로스는 찹쌀의 아밀로펙틴보다 노화가 빠르게 진행된다.
④ 부재료를 넣는 이유는 맛과 영향과 향도 증진시키지만 떡의 노화를 늦추기 때문이다.

27

플라스틱 필름은 투명하고 내구성이 좋아 식품 포장용으로 가장 많이 쓰인다. 또한 가소성이 좋아 다양한 형태로 성형이 가능하며 가볍고 가격이 저렴하다.

② 금속은 식품 포장용으로 가장 안전하고 오래 보관할 수 있으나 열접착성, 열성형성은 좋지 않다.
③ 종이는 내수성, 내습성, 내유성 등에서 취약하다.
④ 유리는 인체에 무해하고 식품 포장에 적합한 면이 많으나 이동 시 파손되기 쉽고 무거운 것이 단점이다.

28

익반죽이란 곡류가루에 끓는 물을 넣어 반죽하는 것으로 끓는 물이 전분의 일부를 호화시켜 점성이 생기게 한다. 참고로 날반죽은 곡류 가루에 차거나 미지근한 물을 넣어 반죽하는 것으로, 날반죽은 한 덩어리로 잘 뭉쳐지지 않아 오래 치대어 주어야 한다. 오래 치대는 만큼 식감이 더 쫄깃하다.

29

추석 때는 햅쌀로 송편과 시루떡을 만들어 먹었는데 올벼로 빚어 오려송편이라고도 한다. 중화절의 노비송편(삭일송편)과는 그 의미가 다르다.

30

동구리는 대나무 줄기나 버들가지를 촘촘히 엮어서 만든 상자(바구니)로 아래위 두짝으로 되어 있다. 참고로 안반, 떡메, 절구는 떡을 칠 때 쓰는 도구이며, 절굿공이는 가루를 만들거나 떡을 칠 때 쓰는 도구이다.

31

팥에 있는 사포닌 성분으로 인한 설사를 예방하고 떫은 맛을 제거하기 위해 팥을 삶은 첫물은 버리고 다시 물을 부어 삶아준다.

32

오미자는 더운물에 우리면 떫은맛이 나기 때문에 찬물에 서서히 우리는 것이 좋다.

33

잡과병은 멥쌀가루에 밤, 대추, 호두, 잣 등의 견과류와 유자청건지를 섞어 시루에 찐 설기떡이다.

① 무시루떡 : 멥쌀가루에 채 썬 무를 넣고 팥고물을 켜로 올려 찌는 켜떡
② 유자단자 : 찹쌀가루와 다진 유자청 건더기를 섞어 쪄서 꽈리가 일도록 친 후 네모나게 썰어 잣가루를 묻힌 떡으로 치는 떡에 속함

③ 송편 : 멥쌀가루를 반죽하여 팥, 콩, 밤, 대추, 깨 따위로 소를 넣고 반달이나 조개 모양으로 빚어서 솔잎을 깔고 찌는 떡

34

약식은 약밥, 약반이라고도 하며, 찹쌀에 밤, 대추, 잣, 황설탕, 계핏가루, 진간장, 참기름 등을 넣어 만든다.

35

치는 떡(도병)에는 인절미류, 절편류, 가래떡류, 개피떡류, 단자류 등이 있다.

① 삶는 떡(경단) : 찹쌀경단, 감자경단, 꿀물경단, 오메기떡, 잣구리
② 지지는 떡(전병) : 화전류, 주악류, 부꾸미류, 산승, 빙떡, 노티떡, 메밀총떡
④ 찌는 떡(증병) : 설기떡류, 켜떡류, 송편류, 시루떡류, 혼돈병, 깨찰편, 증편, 상화

36

식품포장재는 위생성, 안정성, 경제성, 보호성, 간편성, 상품성 등의 조건을 갖추어야 한다.

37

베로독소(verotoxin)는 장관출혈성 대장균이 생산하는 단백질 독소로 요독성 요로감염증과 신부전증을 유발한다. 장관출혈성 대장균은 어린이나 노년층이 주로 감염되고, 대개 감염된 소로부터 생산된 생우유와 치즈, 소시지, 날소고기 등을 먹었을 경우 감염된다.

38

① 토란병(토지병) : 삶아서 으깬 토란을 찹쌀가루에 넣고 화전처럼 동글납작하게 빚은 떡
② 승검초단자 : 짓찧어 놓은 승검초잎을 찹쌀가루와 섞어 반죽하여 끓는 물에 삶아낸 다음 절구에 꿀을 넣어 가며 쳐서 거피팥 소를 넣고 둥글게 빚어 잣고물을 묻힌 떡
④ 백설고(백설기, 흰무리) : 멥쌀가루에 설탕물과 꿀을 내려 시루에 안쳐 찌는 가장 기본이 되는 떡

39

포장용기 표시사항으로는 제품명, 식품의 유형, 유통기한, 원재료명, 성분명 및 함량, 영양성분, 내용량 및 내용량에 해당하는 열량, 용기 · 포장재질, 품목보고번호, 영업소의 명칭(상호) 및 소재지, 보관방법, 주의사항 등이 있다.

40

가래떡은 멥쌀가루를 쪄서 안반에 놓고 친 다음 둥글고 길게 만든 것이다. 한해의 무탈을 빌며 태양처럼 동글게 썰어 만든 태양떡국과 허리처럼 가운데가 잘록한 조랭이 떡국을 먹었으며 떡국을 백탕, 첨세병, 병탕이라고도 불렀다.

41

구름떡은 견과류를 섞어 찐 찰떡에 팥앙금이나 흑임자고물을 묻혀 불규칙하게 사각틀에 넣어 굳힌 떡이다.

② 쇠머리떡 : 모두배기 · 모듬백이라고도 부르며 찹쌀가루에 콩, 밤, 대추, 팥 등을 섞어 찐 떡
③ 깨찰편 : 시루에 젖은 면포를 깔고 참깨가루, 찹쌀가루, 흑임자가루 순으로 켜켜이 안쳐 찐 떡
④ 꿀찰떡 : 고물과 찹쌀가루를 깔고 흑설탕을 뿌리고 다시 찹쌀가루와 고물을 안쳐 찐 떡

42

이타이이타이병은 도금이나 광산 폐수에 함유되어 있는 카드뮴에 의하여 일어나는 병으로 골연화증을 가져온다.

43

백자병은 찹쌀가루를 익반죽하여 잣가루와 꿀로 만든 소를 넣고 다식판에 박아 기름에 지진 떡이고, 강병(생강떡)은 생강을 두드려 찹쌀가루를 섞은 다음 꿀을 섞어 반죽하여 기름에 지져서 잣가루를 묻힌 떡이다.

- 가피병(계피떡, 바람떡) : 멥쌀가루를 쪄서 꽈리가 일도록 친 다음 소를 넣고 종지로 눌러 반달 모양으로 만든 떡
- 인병(인절미, 은절병) : 찹쌀가루를 찐 후 떡메로 쳐서 고물을 묻힌 떡
- 마제병(환떡, 환병) : 멥쌀가루에 송피(소나무 속껍질)와 청호(제비쑥)를 섞어 오색으로 만드는 말굽 모양의 둥글고 큰떡
- 골무떡(골무병) : 멥쌀가루를 쪄서 친 다음 가래를 만들어 손을 세워 잘라 골무 모양으로 만든 떡
- 떡수단(수단) : 멥쌀가루를 익반죽하여 경단 모양으로 빚어 끓는 물에 삶아 건진 후 찬물에 식혀 꿀물에 띄운 음료
- 재증병 : 멥쌀가루를 쪄서 절구에서 친 다음 소를 넣고 송편 모양으로 빚어 솔잎을 깔고 다시 찐 떡

44

푸른 녹두를 맷돌에 타서 물에 담가 불려 껍질을 벗긴 후 찜솥에 푹 쪄서 한김이 나가면 소금을 넣고 어레미에 내려서 사용한다.

45

더 이상 가수분해되지 않는 단순한 당을 단당류라고 하며 포도당, 과당, 갈락토오스 등이 있다.

① 유당(젖당) : 포도당과 갈락토오스가 결합한 이당류이다.
② 자당(설탕) : 포도당과 과당이 결합한 이당류이다.
④ 맥아당(엿당) : 포도당 2개가 결합한 이당류이다.

46

웃기떡으로는 단자, 주악, 산승 등이 쓰였으며 각색편은 고임떡이다.

④ 산승 : 가루를 익반죽하여 꿀을 넣고 둥글납작하게 지지는 떡

47

쇠머리찰떡은 충청도의 향토음식으로 모두배기 · 모듬백이라고도 부르며, 콩, 밤, 대추, 팥 등을 찹쌀가루에 섞어 찐 떡이다.

48

서여향병은 마를 썬 다음 쪄서 꿀에 담갔다가 찹쌀가루를 묻혀서 기름에 지져내어 곱게 다진 잣가루를 입힌 떡이다.

① 상실병(도토리떡) : 껍질을 벗겨내고 물에 우려 떫은 맛을 없앤 도토리를 갈아서 가라앉은 앙금을 말려 만든 가루를 멥쌀가루나 찹쌀가루에 넣고 섞어서 붉은 팥고물을 두고 시루에 찌는 충청도 지방의 떡
③ 남방감저병 : 고구마(감저)를 껍질째 통으로 씻어 말려 가루로 만들어 찹쌀가루에 섞어 찐 떡
④ 청애병 : 어린 쑥잎을 쌀가루에 섞어 쪄서 만든 쑥설기

49

색떡(웃기떡)은 멥쌀가루를 물에 버무려 찌고 몇 덩이로 나누어 각각의 색을 들이고 오래도록 친 떡으로, 치대는 떡(도병)이다.

② 각색편 : 멥쌀가루에 설탕물, 꿀과 진간장, 승검초가루를 넣고 대추, 밤, 석이버섯, 백잣을 고물로 얹어 찐다. 이 세 가지 백편, 꿀편, 승검초편을 따로 찌기도 하고 같은 고물을 중간에 깔아 켜를 지어 안치기도 한다.
③ 팥시루떡 : 팥고물을 켜켜이 얹어 찐 떡
④ 찰편 : 가루에 설탕물을 내린 후 켜를 고물로 만들어 찐 떡

50

체는 가루를 곱게 치거나 액체를 거르는 데 쓰는 도구로, 고운체로는 견사나 말총으로 엮은 체로서 쳇불 구멍이 지름 0.5~0.7mm 정도인 깁체가 있다.

- 깁체, 가루채, 고운체 : 지름 0.5~0.7mm
- 중간체, 중거리 : 지름 2mm
- 굵은체, 도드미, 어레미 : 지름 3mm

51

에틸알코올은 70~80%가 가장 살균력이 강하고 미생물에 대해 단시간에 작용하며 독성이 적고 세정력이 있어 손과 피부의 소독에 쓰인다. 95%의 에틸알코올은 물과 희석하여 70% 에틸알코올로 만들어 소독에 사용한다.

52

가난 때문에 세모에 떡방아를 찧어 음식을 마련할 수 없음을 부인이 한탄하자 백결 선생이 거문고로 방아 소리를 내어 위로했다는 이야기가 삼국사기에 기록되어 있다.

53

쌀을 물에 불리면 부피가 1.3배 정도로 증가하므로 6컵 반이 나온다.

54

경구감염병은 면역성이 있다.

구분	경구감염병	세균성 식중독
균량	소량	대량
발병경로	균에 오염된 물, 식품을 섭취	식중독균에 오염된 식품을 섭취
2차 감염	된다	거의 안 된다
잠복기	길다	짧다
예방접종	가능	불가능

55

중화절에는 '삭일송편', '노비송편'이라 하여 농사가 시작되는 절기에 노비들의 사기를 북돋아 주려고 송편을 커다랗게 빚어 노비들에게 나이 순서대로 주었다.

② 약밥, 오곡밥 : 정월대보름
③ 쑥떡 : 한식
④ 느티떡, 장미화전 : 초파일

56

미량원소는 미량이지만 생물의 존재에 있어서 반드시 필요한 금속원소를 말하며, 철(Fe), 망간(Mn), 붕소(B), 구리(Cu), 몰리브덴(Mo), 염소(Cl) 및 아연(Zn)이 있다.

※ 다량원소 : 수소, 탄소, 산소, 질소, 인, 칼륨, 칼슘, 마그네슘, 황

57

포도상구균에 대한 설명이다.

포도상구균 식중독(독소형 식중독)	
원인균	황색 포도상구균
원인독소	장독소인 엔테로톡신
감염원	토양이나 하수 등의 자연계에 널리 분포
원인식품	육류 및 그 가공품, 유제품, 밥, 김밥, 도시락, 두부, 달걀
잠복기	1~6시간
증상	구역질, 구토, 복통, 설사
예방법	5℃ 이하 냉장보관, 화농성 질환자의 식품 취급 금지, 조리기구의 청결

58

대두에 들어있는 아미노산은 아르기닌이 풍부하고 메티오닌이 부족하다.

59

식품 변질(부패)의 주요 요인으로는 미생물의 증식, 효소작용, 수분, 온도, 산소, 광선, 금속이 있다. 압력은 식품 변질과 큰 관련이 없다.

60

조리장의 조명은 220룩스(lx) 이상이 되도록 한다. 다만, 검수구역은 540룩스(lx) 이상이어야 한다.

조리장의 시설 설비기준

- 조리장은 침수될 우려가 없고, 먼지 등의 오염원으로부터 차단될 수 있는 등 주변 환경이 위생적이며 쾌적한 곳에 위치하여야 한다.
- 조리장은 작업 과정에서 교차오염이 발생되지 않도록 전처리실, 조리실 및 식기구세척실 등을 벽과 문으로 구획하여 일반작업구역과 청결작업구역으로 분리한다.
- 조리장은 급식설비 · 기구의 배치와 작업자의 동선 등을 고려하여 작업과 청결 유지에 필요한 적정한 면적이 확보되어야 한다.
- 내부벽은 내구성, 내수성(耐水性)이 있는 표면이 매끈한 재질이어야 한다.
- 바닥은 내구성, 내수성이 있는 재질로 하되, 미끄럽지 않아야 한다.
- 천장은 내수성 및 내화성(耐火性)이 있고 청소가 용이한 재질로 한다.
- 바닥에는 적당한 위치에 상당한 크기의 배수구 및 덮개를 설치하되 청소하기 쉽게 설치한다.
- 출입구와 창문에는 해충 및 쥐의 침입을 막을 수 있는 방충망 등 적절한 설비를 갖추어야 한다.
- 조리장 출입구에는 신발 소독 설비를 갖추어야 한다.
- 조리장 내의 증기, 불쾌한 냄새 등을 신속히 배출할 수 있도록 환기시설을 설치하여야 한다.
- 조리장의 조명은 220룩스(lx) 이상이 되도록 한다. 다만, 검수구역은 540룩스(lx) 이상이 되도록 한다.
- 조리장에는 필요한 위치에 손 씻는 시설을 설치하여야 한다.
- 조리장에는 온도 및 습도 관리를 위하여 적정 용량의 급배기시설, 냉 · 난방시설 또는 공기조화시설(空氣調和施設) 등을 갖추도록 한다.

3회 기출복원모의고사

01	02	03	04	05	06	07	08	09	10
②	①	①	③	④	④	③	②	③	①
11	12	13	14	15	16	17	18	19	20
④	③	④	③	④	①	④	④	①	④
21	22	23	24	25	26	27	28	29	30
④	③	④	③	②	③	③	②	③	③
31	32	33	34	35	36	37	38	39	40
②	④	④	③	④	③	②	②	③	④
41	42	43	44	45	46	47	48	49	50
③	④	④	④	③	③	①	④	①	①
51	52	53	54	55	56	57	58	59	60
③	③	④	①	④	④	④	④	④	③

01
증병(甑餠)은 찌는 떡을, 도병(擣餠)은 치는 떡을 말한다. 유병(油餠)과 전병(煎餠)은 기름에 지져서 만든 떡으로 유전병(油煎餠)이라고도 한다.

02
팥에는 비타민 중에서도 B_1이 풍부하다.

03
조리는 가느다란 대오리나 싸리 등을 이용하여 쌀을 일거나 물기를 뺄 때 사용하는 도구이다.

04
쌀의 수침 시간이 증가하면 조직이 연화되어 입자의 결합력이 감소한다.

05
쌀의 수침 시 수분흡수율에 영향을 주는 요인은 쌀의 품종, 쌀의 저장 기간, 수침 시의 물의 온도, 건조도 등이다.

06
불용성 섬유소란 물에 녹지 않아 젤 형성 능력이 낮으며 대장에서 미생물에 의해서도 분해되지 않는 섬유소로, 셀룰로스(cellulose), 리그닌(lignin), 헤미셀룰로스(hemicellulose) 등이 있다.

07
골무떡은 치는 떡이다.

08
두류 중 팥은 B_1이 풍부하여 각기병의 예방에 좋다.
① 대두에 있는 사포닌은 설사병을 유발한다.
③ 검은콩은 금속 이온과 반응 시 색이 진해진다.
④ 땅콩은 지질, 필수지방산이 풍부하다.

09
떡을 칠 때 나무로 만든 받침대를 안반이라 하고 내리칠 때 사용하는 몽둥이를 떡메라고 한다.

10
떡살은 절편류에 문양을 넣기 위해 사용하는 도구이다.

11
찬물로 하는 날반죽은 많이 치대야 하므로 쫄깃한 떡이 되는 반죽이 된다.

12
어레미는 가로 3mm, 세로 3.8mm의 굵은체이다. 주로 콩을 껍질과 분리하거나 팥고물을 내릴 때 사용한다.

13
떡의 주재료는 찹쌀과 멥쌀, 보리, 밀, 조, 수수 등이 있다.

14
찹쌀가루를 사용하여 떡을 찔 때는 멥쌀가루보다 아밀로펙틴을 많이 함유하고 있어 수분 함량을 적게 해야 한다.

15
떡의 노화를 지연시키려면 식이섬유의 첨가, 설탕 첨가, 유화제 첨가, 0℃ 이하로 동결, 80℃ 이상으로 급속 건조, 수분 함량 15% 이하로 조절 등의 방법이 있다.

16
수분을 많이 갖고 있는 식품의 경우 완만 동결 시 그 수분이 식품 조직 내에서 얼음결정을 만들 때 냉동 속도가 느림에 따라서 세포와 세포 사이에 커다란 얼음결정을 만든다. 그로 인해 세포의 조직에 상처를 입히게 되고 해동 시에 상처가 생긴 세포조직에서 드립이 발생, 상품의 맛과 품질, 색, 모양 그리고 영양을 떨어트리는 결과를 낳는다.

17
여름철에는 떡이 식어서 굳기 전에 급속냉동하여 보관한다.

18
캐러멜 소스를 만들 때에는 물과 설탕을 넣고, 거품이 나고 갈색이 될 때까지 젓지 않고 끓이다가 가장자리가 타기 시작하면 불을 줄이고 저으면서 끓는 물 또는 물엿을 넣어 섞어준다.

19
설기떡은 멥쌀을 8~12시간 정도 불린 후 고운체로 내려야 맛이 좋고, 찜기에 올릴 때는 김이 오른 상태에서 올리며, 뜸은 5~10분 정도 들이는 것이 좋다.

20
쑥개떡은 찌는 떡이다.

21
가래떡 제조과정은 '쌀가루 만들기 – 안쳐 찌기 – 성형하기 – 용도에 맞게 자르기' 순이다.

22
인절미를 인병, 은절병, 인절병이라고도 한다.

23
'약(藥)'자가 들어간 음식은 약식동원(藥食同源)을 기본으로 몸에 이롭다는 뜻을 포함하고 있으며, 주로 꿀과 참기름을 많이 넣은 음식에 붙였다.

24
멥쌀가루에 요오드 용액을 떨어뜨리면 산도가 낮아 청자색(진보라색)으로 색이 변한다.

25
전통적인 약밥은 불린 찹쌀을 시루에 찐 뒤에 꿀, 흑설탕, 참기름, 대추, 진간장, 밤, 대추고 등을 넣고 다시 시루에 쪄서 만든다.

26
떡을 안칠 때에는 쌀가루 사이로 수증기가 통할 수 있게 쌀가루를 부드럽게 안친다.

27
완전 동결 상태에서는 효소 활성이 저하되므로 식품의 변질을 막을 수 있다.

28
쇠머리떡은 찹쌀로만 했을 경우 아밀로펙틴 때문에 처지기 쉬우므로 멥쌀을 섞으면 빨리 굳는다.

29
팥시루떡은 켜떡이다.

30
식품 등의 표시 · 광고에 관한 법률은 떡류 포장 표시의 기준을 포함하고, 소비자의 알 권리를 보장하고 건전한 거래질서를 확립함으로써 소비자 보호에 이바지함을 목적으로 한다.

31
쌀에는 밀과 같은 글루텐이 없어 반죽하였을 때 점성이 형성되지 않으므로 익반죽을 한다.

32
고체지방은 계량컵에 빈 공간이 없도록 눌러서 계량한다.

33
식품 등의 기구 또는 용기 · 포장의 표시기준은 재질, 영업소 명칭 및 소재지, 소비자 안전을 위한 주의사항, 그 밖에 소비자에게 해당 기구 또는 용기 · 포장에 관한 정보를 제공하기 위하여 필요한 사항(총리령)이다.

34
떡의 노화를 지연시키기 위해서는 –18℃ 냉동고에 급속냉동시켜 보관하는 것이 가장 좋다.

35
떡살은 절편에 문양을 찍을 때 필요한 도구이다.

36
위생장갑은 작업 변경 시마다 교체하여 교차오염을 방지한다.

37

① 노로바이러스 : 오염된 물과 식품으로 감염되며 겨울철에 발생한다. 12~48시간의 잠복기를 가지며 구토, 설사, 복통의 증상을 보인다.
③ 캠필로박터균 : 닭이나 돼지, 소 등 동물의 장에 있는 균으로, 3~5일의 잠복기를 가지며 복통, 설사, 두통, 발열의 증상을 보인다.
④ 살모넬라균 : 원인식품은 육류 및 그 가공품과 어류, 우유, 및 유제품, 채소, 샐러드 등이며, 급격한 발열과 두토, 복통, 설사, 구토가 주 증상이다.

38

구리의 녹청과 산의 결합으로 인한 증상으로 구토, 오심, 호흡 곤란 등이 일어날 수 있다.

39

화학물질은 가연성 물질과 접촉하거나 물 외의 다른 물질과 섞이지 않도록 조심해야 한다.

40

베네루핀은 모시조개, 굴, 바지락 등에 들어 있는 독소이다.

41

역성비누 소독은 화학적 살균 · 소독 방법이다.

42

썩거나 상하거나 설익어서 인체의 건강을 해칠 우려가 있는 위해식품을 판매한 영업자에게는 10년 이하의 징역 또는 1억원 이하의 벌금이 부과된다.

43

역성비누(양성비누)

과일 · 야채 · 식기 · 손소독에 원액의 200~400배를 희석하여 사용하며, 먼저 세제로 씻고나서 역성비누를 사용한다.

44

식품영업장의 건물 위치는 축산폐수, 화학물질 기타 오염물질 발생 시설로부터 식품에 나쁜 영향을 주지 않는 정도의 거리를 두어야 한다.

45

토코페롤은 비타민 E로 지용성이며 항산화 작용을 한다.

46

봉치떡에서 밤과 대추는 자손의 번창을 의미한다.

47

다. 오쟁이떡 : 찹쌀가루로 인절미를 만들어 팥소를 넣어 작은 고구마 크기로 빚어 콩고물을 입힌 떡
라. 빙떡 : 메밀가루로 만든 얇은 전병 가운데 삶아서 양념한 무채를 소로 넣어 말아서 지진 떡

48

추석에는 송편(오려송편)과 시루떡을 먹었다.

49

백결 선생은 신라 자비왕 때 거문고로 떡방아 소리를 낸 것으로 유명하다. 약식과는 무관하다.

50

돌상에 올리는 떡으로는 백설기, 무지개떡, 인절미, 오색송편, 수수팥경단이 있다.

51

삼복에는 날씨가 더워서 음식이 잘 쉬기 때문에 팥이 들어간 음식은 삼갔다.

52

통과의례란 사람이 태어나서 죽을 때까지 거치는 탄생, 성년, 결혼, 장례와 같은 의식이나 의례를 말한다.

53

중양절에는 국화전을 먹으며 조상께 제사를 지냈다.

54

인절미는 끈기있는 사람이 되라는 기원을 담고 있다.

55

평안도의 향토떡으로는 조개송편, 찰부꾸미, 노티떡, 송기절편, 골무떡, 꼬장떡 등이 있다.

56
삼국유사에는 약식의 유래에 대해 기록되어 있다.

57
유엽병은 느티떡을 말하며, 초파일에 만들었다.

58
음력 3월 3일은 삼짇날로 진달래화전(두견화전)을 먹었다.

59
조선시대에 출간된 떡 관련 서적으로는 도문대작, 음식디미방, 증보산림경제, 임원십육지, 규합총서, 조선무쌍신식요리제법, 성호사설, 열양세시기 등이 있다.

60
약편은 대추편이라고도 하며 멥쌀가루에 막걸리와 대추고, 설탕을 넣고 밤채, 대추채, 석이채를 위에 얹어 찐 충청도의 향토떡이다.

MEMO

PART 7

Craftsman Tteok Making
떡 제 조 기 능 사

CHAPTER **01**

콩설기떡 / 경단

[시험시간] 120분(콩설기떡 · 경단)

콩설기떡

쌀가루에 콩을 섞어서 한 덩어리로 찐 떡을 콩설기라 하며, 주로 풋콩이나 서리태를 사용한다.

조리준비

재료 및 시험의 요구사항

필요한 도구 대나무찜기, 물솥, 시루망, 계량스푼, 전자저울, 스텐볼, 냄비, 중간체(스텐 쌀가루체), 손잡이체, 타이머, 칼, 계량스푼, 계량컵, 스크레이퍼

재료 및 분량

재료명	비율(%)	무게(g)
멥쌀가루	100	700
설탕	10	70
소금	1	7
물	–	적정량
불린 서리태	–	160

콩설기 떡을 만들어 제출하시오.

1) 떡 제조 시 물의 양은 적정량으로 혼합하여 제조하시오.
   (단, 쌀가루는 물에 불려 소금 간을 하지 않고 2회 빻은 것이다.)
2) 불린 서리태를 삶거나 쪄서 사용하시오.
3) 서리태의 1/2은 바닥에 골고루 펴 넣으시오.
4) 서리태의 1/2은 멥쌀가루와 골고루 혼합하여 찜기에 안치시오.
5) 찜기에 안친 쌀가루반죽을 물솥에 얹어 찌시오.
6) 완성된 콩설기를 전량 제출하시오.

조리순서

[시험시간] 120분(콩설기떡 · 경단)

01

재료를 계량하여 준비한다.

02

불린 서리태를 20분 정도 삶는다.

※ 콩을 삶을 때는 냄비 뚜껑을 열고 삶아야 콩의 비린내가 나지 않는다.

03

찜기에 물을 반 정도 넣어 끓인다.

04

서리태에 간할 소금을 빼고 쌀가루에 나머지 소금을 넣는다.

05

물을 넣고 고루 수분을 준 다음 쌀가루를 체에 내린다.

06

삶은 콩을 체에 건져 물기를 뺀 후 소금간을 한다.

07

소금간을 한 서리태를 2등분 한다.

08

시루망을 깔고 서리태 1/2을 깔아준다.

09

설탕과 남은 서리태를 쌀가루에 가볍게 섞어준다.

10

시루의 가장자리를 물에 적셔 꼭 짠 행주로 닦아 준 다음 시루망에 깔아 놓은 서리태 위에 서리태를 섞은 쌀가루를 가볍게 올린다.

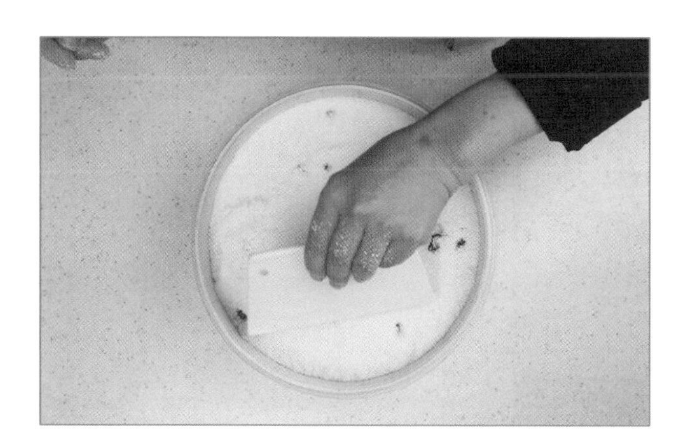

11

스크레이퍼를 사용하여 윗면을 평평하게 한다.

12

김이 오른 찜기에 25분 정도 찌고 불을 끈 뒤 5분간 뜸을 들인다.

13

완성 사진

- 시루에 시루망을 깔고 설탕을 살짝 뿌려주면 떡을 떼기가 쉽다.
- 떡의 윗면은 튀어나온 콩을 살짝 누른 후 스크레이퍼로 윗면을 고르게 한다.
- 접시를 떡이 쪄진 찜기 위에 뒤집어 놓고 가슴 쪽을 향하여 뒤집으면 떡이 부서지는 것을 막을 수 있다.
- 바닥에 깔린 콩이 위쪽에 보이도록 담아낸다.

MEMO

[시험시간] 120분(콩설기떡 · 경단)

경단

삶는 떡의 대표적인 떡으로 찹쌀가루나 찰수숫가루를 익반죽한 후 둥글게 빚어 끓는 물에 삶아 건져서 여러가지 고물을 묻힌 떡으로, 고물로는 콩고물, 팥고물, 깨고물, 녹두고물, 대추채, 밤채, 석이채, 잣 등을 쓴다.

조리준비

재료 및 시험의 요구사항

필요한 도구 전자저울, 스텐볼, 냄비, 손잡이체, 타이머, 면장갑, 위생장갑, 칼, 계량스푼, 계량컵, 스크레이퍼

재료 및 분량

재료명	비율(%)	무게(g)
찹쌀가루	100	200
소금	1	2
물	–	적정량
볶은 콩가루	–	50

경단을 만들어 제출하시오.

1) 떡 제조 시 물의 양은 적정량으로 혼합하여 제조하시오.
   (단, 쌀가루는 물에 불려 소금 간을 하지 않고 2회 빻은 것이다.)
2) 찹쌀가루는 익반죽하시오.
3) 반죽은 직경 2.5~3cm정도의 일정한 크기로 20개 이상 만드시오.
4) 경단은 삶은 후 고물로 콩가루를 묻히시오.
5) 완성된 경단은 전량 제출하시오.

조리순서

[시험시간] 120분(콩설기떡 · 경단)

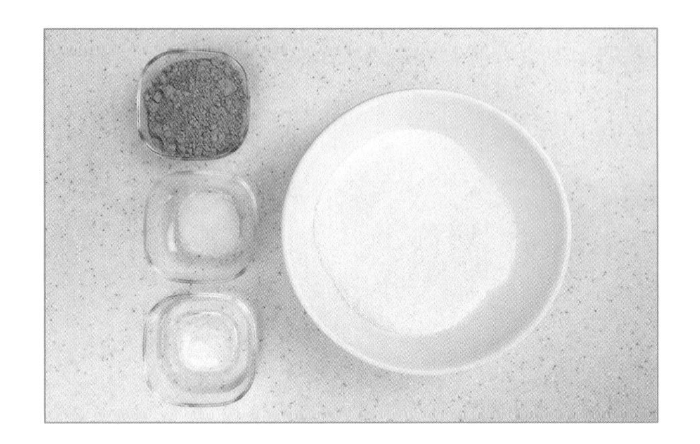

01

재료를 계량하여 준비한다.

02

익반죽할 물을 끓인다.

03

찹쌀가루에 소금을 넣고 끓는 물로 익반죽을 한다.

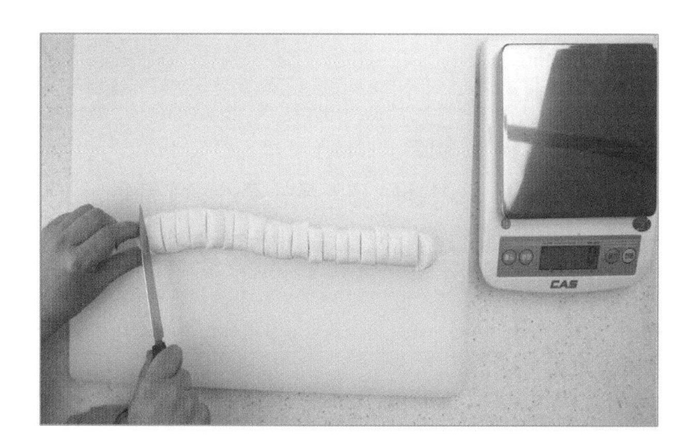

04

일정한 크기와 무게로 20개 정도로 분할한다.

05

지름 2.5~3cm 크기로 둥글린다.

06

끓는 물에 경단을 삶는다.

07

경단을 삶을 동안 콩가루에 물을 2/3큰술 넣어 고루 비빈 다음 체에 내린다.

08

삶은 경단을 찬물에 식혀서 물기를 제거한다.

09

콩가루가 담긴 접시에 경단을 넣어 굴려서 20개 이상을 담는다.

10

완성 사진

TIP!

- 경단을 삶을 때는 떠오르고 나서 1~2분 정도 뜸을 들였다가 건져낸다.
- 콩가루에 물을 넣어 체를 치면 콩가루를 묻혔을 때 색이 고르게 나고 접시에 담았을 때 콩가루가 떨어지지 않는다.
- 익반죽을 할 경우에는 쌀가루에 뜨거운 물을 넣은 후 먼저 젓가락으로 저어주고 나서 반죽하면 화상을 방지할 수 있다.
- 20개 이상의 경단을 전량 그릇에 담아낸다.

PART 7

Craftsman Tteok Making
떡 제 조 기 능 사

CHAPTER 02

송편 / 쇠머리떡

[시험시간] 120분(송편 · 쇠머리떡)

송편

멥쌀가루를 익반죽하여 반죽을 떼어 둥글게 한 다음 가운데를 파서 소를 넣고 오므려 반달모양으로 빚어 솔잎을 깔고 쪄낸 음식으로, 넣는 소에 따라 깨송편, 팥송편, 밤송편, 콩송편, 녹두송편 등이 있다.

조리준비

필요한 도구 대나무찜기, 물솔, 시루망, 계량스푼, 계량컵, 칼, 스크레이퍼, 스텐볼, 냄비, 중간체(스텐 쌀가루체), 손잡이체, 기름솔, 전자저울, 타이머

재료 및 분량

재료명	비율(%)	무게(g)
멥쌀가루	100	200
소금	1	2
물	–	적정량
불린 서리태	35	70
참기름	–	적정량

송편을 만들어 제출하시오.

1) 떡 제조 시의 물의 양은 혼합하여 제조하시오.
   (단, 쌀가루는 물에 불려 소금 간을 하지 않고 2회 빻은 것이다.)
2) 불린 서리태는 삶아서 송편소로 사용하시오.
3) 쌀가루는 익반죽하시오.
4) 송편은 완성된 상태가 길이 5cm, 높이 3cm 정도의 반달 모양(⌓)으로 오므려 집어 송편 모양으로 만들어 12개 이상을 만드시오.
5) 송편을 찜기에 쪄서 참기름을 발라 제출하시오.

조리순서

[시험시간] 120분(송편 · 쇠머리떡)

01

재료를 계량하여 준비한다.

02

익반죽할 물을 끓인다.

03

뚜껑을 열고 불린 서리태를 20분 정도 삶는다.

04

멥쌀가루에 소금과 뜨거운 물을 넣어 익반죽한다.

05

비닐봉지에 넣어 숙성시킨다.

06

숙성시킨 익반죽을 12개로 분할한다.

07

자른 반죽을 둥글게 한 뒤, 가운데를 파서 서리태를 넣어준다.

08

서리태를 넣고 나서 꼭꼭 쥐어 공기를 빼준다.

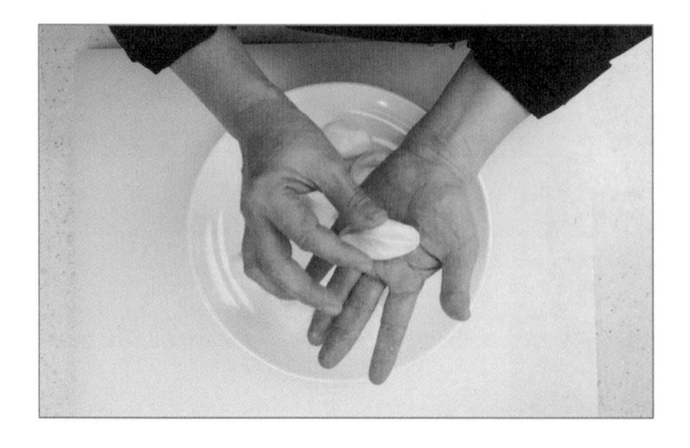

09

길이 5cm, 높이 3cm로 성형한다.

10

물솥에서 김이 오르면 찜기에 넣고 20분 정도 찐다.

11

찐 송편을 찬물에 살짝 씻는다.

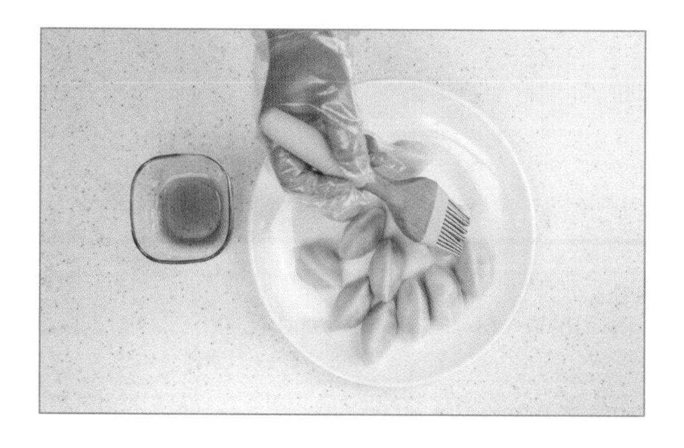

12

참기름을 솔로 발라준다.

13

완성사진

- 서리태를 넣고 꼭꼭 쥐어 주어야 송편을 쪘을 때 터지지 않는다.
- 송편을 만들 때는 물기를 꼭 짠 면보로 덮어 놓아야 반죽이 건조해지지 않는다.
- 서리태는 5개 이상 넣도록 한다.
- 익반죽을 할 경우에는 쌀가루에 뜨거운 물을 넣은 후 먼저 젓가락으로 저어주고 나서 반죽하면 화상을 방지할 수 있다.

MEMO

[시험시간] 120분(송편 · 쇠머리떡)

쇠머리떡

찹쌀가루에 콩 · 팥 · 밤 · 대추 · 호박고지 등을 섞어서 찐 떡으로, 굳혀서 썰은 모양이 쇠머리편육과 흡사하다고 하여 붙여진 이름이다. 지역에 따라 모듬백이 또는 모두배기로 불리기도 한다.

조리준비

재료 및 시험의 요구사항

필요한 도구 대나무찜기, 물솥, 면보, 계량스푼, 계량컵, 칼, 스텐볼, 냄비, 중간체(스텐 쌀가루체), 손잡이체, 기름솔, 비닐, 전자저울, 타이머

재료 및 분량

재료명	비율(%)	무게(g)
찹쌀가루	100	500
설탕	10	50
소금	1	5
물	–	적정량
불린 서리태	–	100
대추	–	5(개)
깐밤	–	5(개)
마른 호박고지	–	20
식용유	–	적정량

쇠머리 떡을 만들어 제출하시오.

1) 떡 제조 시 물의 양은 혼합하여 제조하시오.
   (단, 쌀가루는 물에 불려 소금 간을 하지 않고 2회 빻은 것이다.)
2) 불린 서리태는 삶거나 쪄서 사용하고, 호박고지는 물에 불려서 사용하시오.
3) 밤, 대추, 확고지는 적당한 크기로 잘라서 사용하시오.
4) 부재료를 쌀가루와 잘 섞어 혼합한 후 찜기에 안치시오.
5) 떡반죽을 넣은 찜기를 물솥에 얹어 찌시오.
6) 완성된 쇠머리 떡은 15×15cm 정도의 사각형 모양으로 만들어 자르지 말고 제출하시오.

조리순서

[시험시간] 120분(송편 · 쇠머리떡)

01

재료를 계량하여 준비한다.

02

뚜껑을 열고 불린 서리태를 20분 정도 삶아서 소금에 살짝 버무린다.

03

찹쌀가루에 소금과 물을 넣고 체에 내린다.

04

호박고지는 따뜻한 물로 불린다.

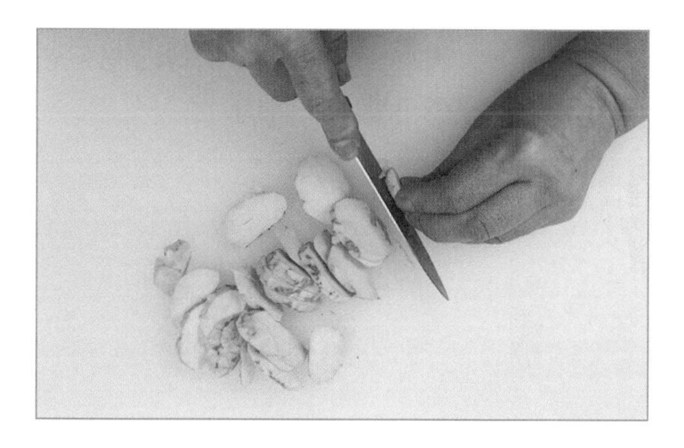

05

밤은 5~6등분한다.

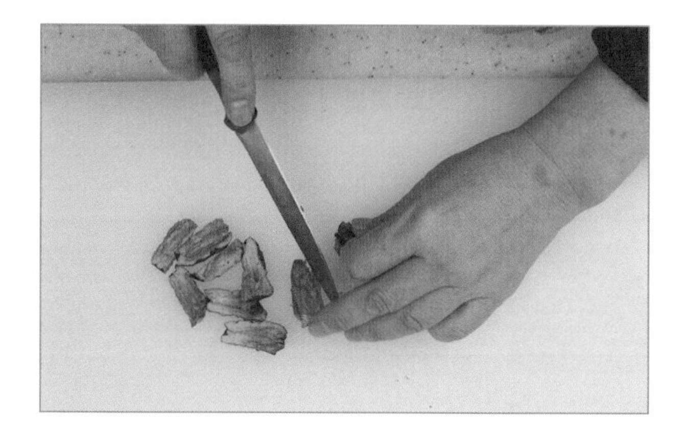

06

대추는 돌려깎기하여 5~6등분한다.

07

물기를 제거한 호박고지는 2cm로 잘라 설탕에 버무린다.

08

체에 친 쌀가루에 부재료와 설탕을 넣어 가볍게 섞어준다.

09

찜기에 젖은 면보를 깔고 쌀가루를 손으로 가볍게 쥐어 얹는다.

10

김이 오른 물솥 위에 찜기를 얹어 25분~30분 정도 찐다.

11

비닐에 식용유를 바른다.

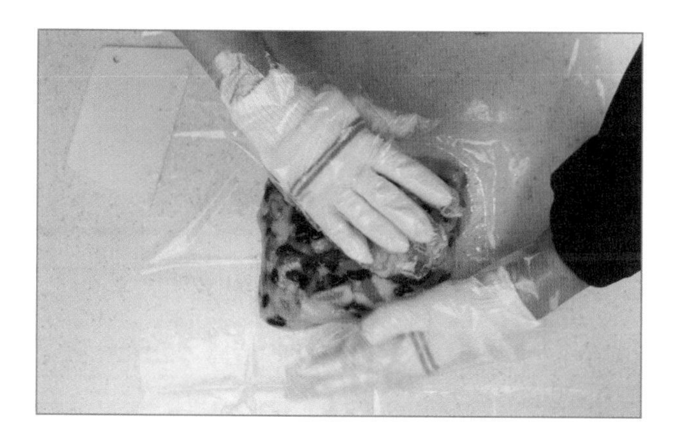

12

떡을 비닐에 쏟아 15cm×15cm로 모양을 잡아서 식힌 후 접시에 담는다.

13

완성 사진

TIP!

- 부재료를 약간 시루망에 깐 다음 나머지 부재료와 쌀가루 섞은 것을 위에 올리면 더욱 보기가 좋다.
- 모양을 성형할 때는 반드시 면장갑 위에 비닐장갑을 껴서 화상을 입지 않도록 주의한다.
- 반죽이 질어진 경우에는 조금 식혔다가 성형하도록 한다.
- 쇠머리 떡은 찌는 떡이기 때문에 떡을 접어서 성형을 하면 치는 떡이 되어 탈락하게 된다.

MEMO

PART 7

Craftsman Tteok Making
떡 제 조 기 능 사

CHAPTER **03**

무지개떡 / 부꾸미

[시험시간] 120분(무지개떡·부꾸미)

무지개떡(삼색무리병)

색편이라고도 하며 멥쌀가루에 천연색소로 물을 들여 층층이 안쳐 찌는 아름다운 무리떡으로 주로 경사스러운 잔칫상에 올렸다.

조리준비

재료 및 시험의 요구사항

필요한 도구 대나무찜기, 물솥, 시루망, 전자저울, 스텐볼, 중간체(스텐 쌀가루체), 타이머, 칼, 계량스푼, 계량컵, 스크레이퍼

재료 및 분량

재료명	비율(%)	무게(g)
멥쌀가루	100	750
설탕	10	75
소금	1	8
물	–	적정량
치자	–	1(개)
쑥가루	–	2
대추	–	3(개)
잣	–	2

무지개떡(삼색)을 만들어 제출하시오.

1) 떡 제조 시 물의 양은 적정량으로 혼합하여 제조하시오.
   (단, 쌀가루는 물에 불려 소금간하지 않고 2회 빻은 멥쌀가루이다.)
2) 삼색의 구분이 뚜렷하고 두께가 같도록 떡을 안치고 8등분으로 칼금을 넣으시오.
4) 대추와 잣을 흰쌀가루에 고명으로 올려 찌시오.
   (잣은 반으로 쪼개어 비늘잣으로 만들어 사용하시오.)
5) 고명이 위로 올라오게 담아 전량 제출하시오.

조리순서

[시험시간] 120분(무지개떡 · 부꾸미)

01

재료를 계량하여 준비한다.

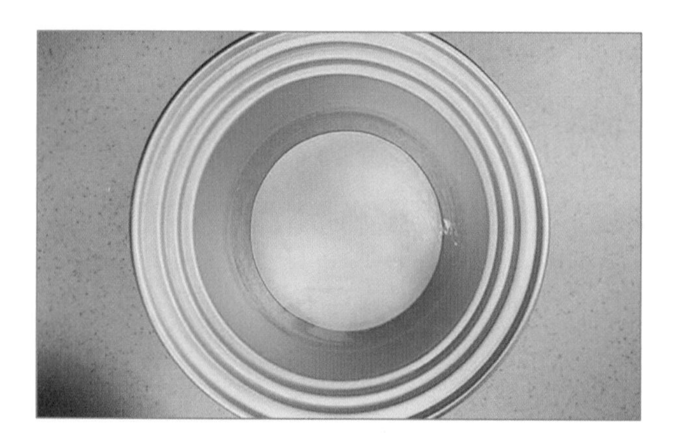

02

물솥에 물을 넣고 끓인다.

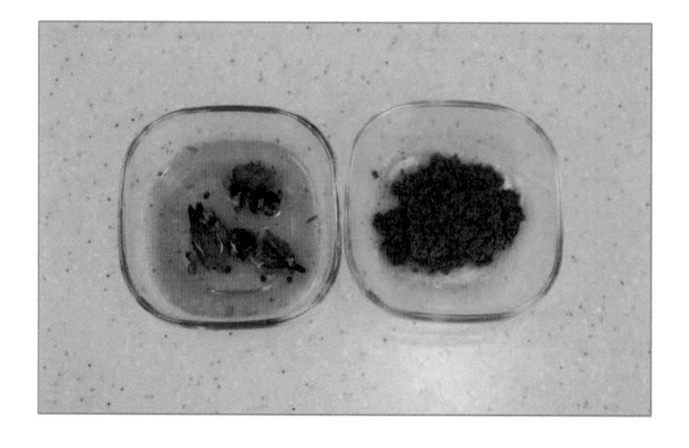

03

따뜻한 물 3큰 술에 치자를 부수어 넣고 우러나면 체에 거른다. 쑥가루도 준비한다.

04

쌀가루에 소금을 넣고 체에 내린다.

05

쌀가루를 250g 정도씩 삼등분한다.

06

삼등분한 쌀가루에 치자 물과 쑥가루로 색을 내고 물을 준 다음 고루 비벼 체에 내려준다.

- 흰색 : 쌀가루에 물 3큰술을 넣어 비빈 후 체에 내린다.
- 노란색 : 쌀가루에 치자물 3큰술을 넣어 비빈 후 체에 내린다.
- 쑥색 : 쌀가루에 물 3.5큰술과 쑥가루를 넣고 비빈 후 체에 내린다.

07

각색의 쌀가루에 설탕을 2.5큰술씩 넣고 가볍게 섞어준다.

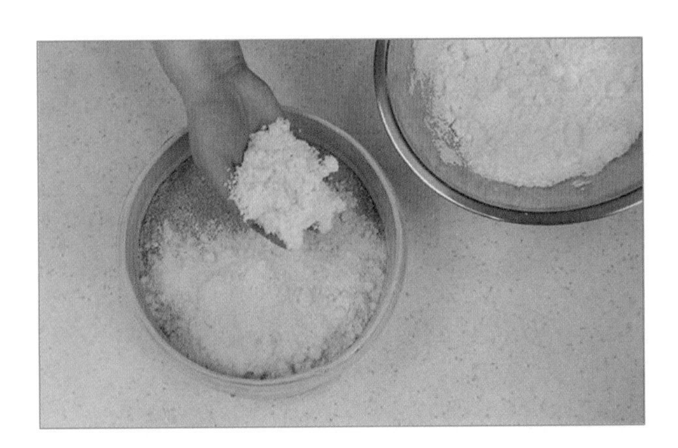

08

시루의 가장가리를 물에 적셔 꼭 짠 행주로 닦아 준 다음 시루에 시루 밑을 깔고 쑥색, 노란색, 흰색 순서대로 삼색의 쌀가루를 시루에 안친다.

09

스크래퍼로 윗면을 정리하고 방사선 모양으로 8등분하여 칼금을 낸다.

10

대추는 돌려깎기를 하여 돌돌 말아서 썰고 잣은 반으로 잘라 비늘 잣을 만든다.

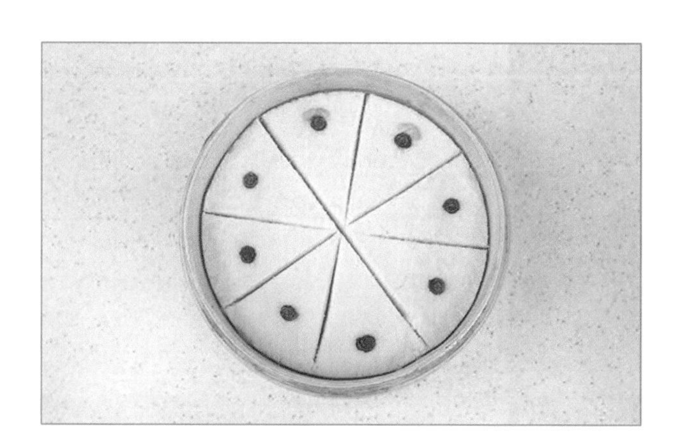

11

8등분한 떡 위에 꽃대추와 비늘잣으로 장식한다.

12

- 김이 오른 찜기에 시루를 안쳐 20분간 찌고 불을 끈 뒤 5분간 뜸을 들인다.
- 떡이 익으면 두 번 뒤집어서 고명 올린 면이 위쪽으로 오도록 하여 완성 접시에 제출한다.

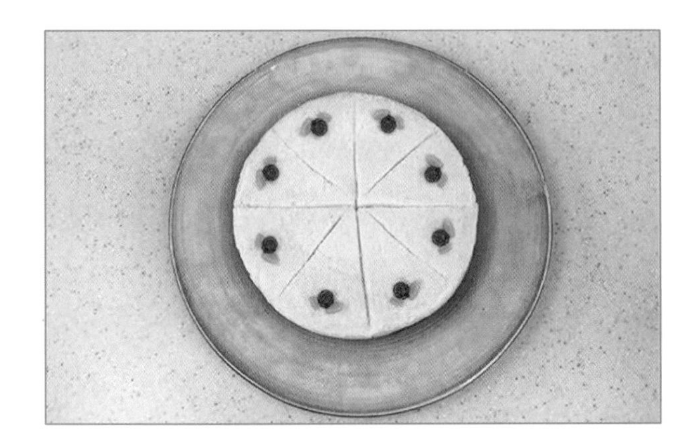

13

완성 사진

- 쑥가루를 섞은 떡가루에 물을 줄 때에는 쑥가루가 수분을 흡수하므로 다른 색보다 약간 더 수분을 주도록 한다.
- 치자 색이 우러나면 체에 걸러 가만히 윗물을 따라서 그 물로 수분을 준다.
- 물 50g 정도에 치자 한 개를 부수어 진하게 우린다.
- 떡을 완성하였을 때 삼색의 두께가 같도록 쌀가루를 삼등분한다.
- 떡을 찌고 나면 색이 더욱 진해지므로 가루를 섞었을 때 색이 진해지지 않도록 한다.

MEMO

[시험시간] 120분(무지개떡·부꾸미)

부꾸미

찹쌀가루나 차수숫가루를 익반죽하여 화전처럼 동글납작하게 하여 지지다가 팥소를 넣고 반으로 접어서 붙인 떡으로 1943년 「조선무쌍신식요리제법」에 처음 소개되었다.

조리준비

필요한 도구 대나무찜기, 물솥, 시루망, 전자저울, 스텐볼, 중간체(스텐 쌀가루체), 타이머, 칼, 계량스푼, 계량컵

재료 및 분량

재료명	비율(%)	무게(g)
찹쌀가루	100	200
백설탕	15	30
소금	1	2
물	–	적정량
팥앙금	–	100
대추	–	3(개)
쑥갓	–	20
식용유	–	20ml

부꾸미를 만들어 제출하시오.

1) 떡 제조 시 물의 양을 적정량으로 혼합하여 반죽을 하시오.
   (단, 쌀가루는 물에 불려 소금간 하지 않고 1회 빻은 찹쌀가루이다.)
2) 찹쌀가루는 익반죽하시오.
3) 떡반죽은 직경 6cm로 지져 팥앙금을 소로 넣고 반으로 접으시오.
4) 대추와 쑥갓을 고명으로 사용하고 설탕을 뿌린 접시에 부꾸미를 담으시오.
5) 부꾸미는 12개 이상으로 제조하여 전량 제출하시오.

01

재료를 계량하여 준비한다.

02

냄비에 물을 넣고 끓인다.

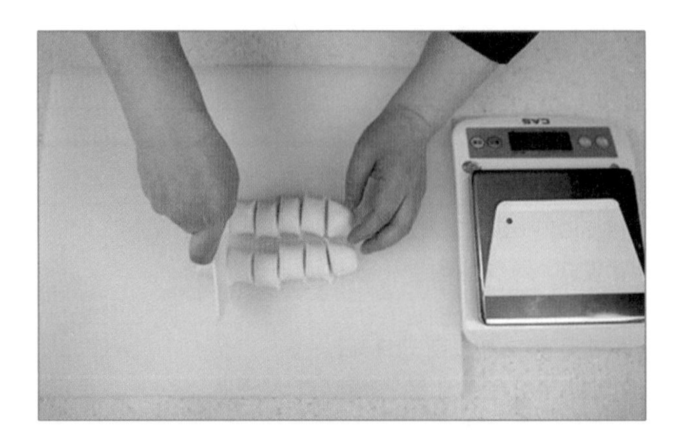

03

찹쌀가루에 소금을 넣고 끓는 물로 익반죽하여 치댄 다음 지름 6 cm 정도로 동글납작한 반대기를 12개 빚어 놓는다(마르지 않도록 젖은 면보로 덮어 둔다.).

04

팥앙금은 7g 정도로 떼어 둥근 막대형으로 만들어 소를 준비한다.

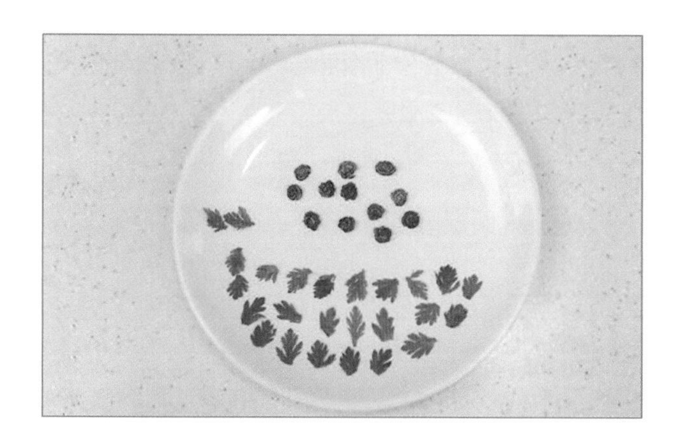

05

대추는 돌려깎기를 하여 돌돌 말아 썰어 놓고, 쑥갓은 씻어 물에 담가 싱싱하게 두었다가 작게 잎을 떼어 놓는다.

06

팬에 식용유를 두르고 약한 불에서 반대기를 지진 후 팥앙금 소를 넣고 반으로 접어 서로 붙도록 다시 지져준다.

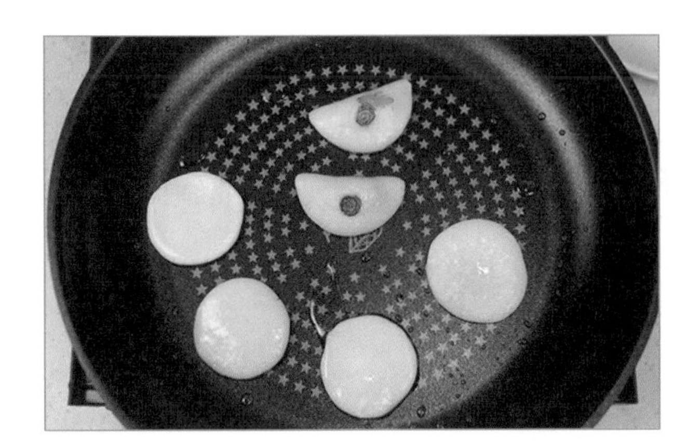

07

익힌 부꾸미에 대추와 쑥갓으로 장식한다.

08

접시에 설탕을 뿌리고 지진 부꾸미를 올린다.

09

완성 사진

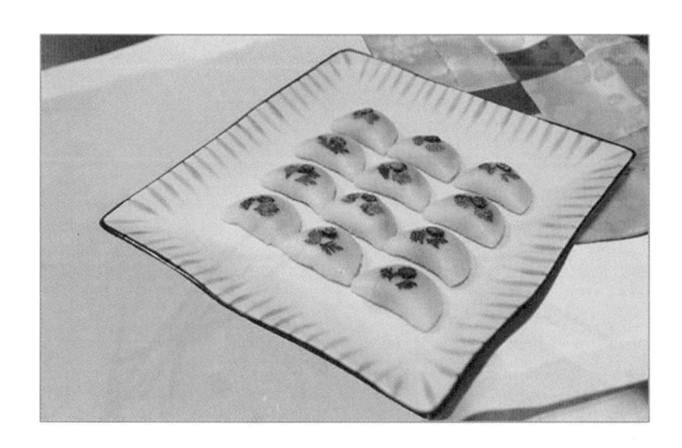

- 찹쌀가루로 반죽해 빚은 것은 익으면 늘어지므로 크게 빚지 않는다.
- 반으로 접어 익힐 때에는 숟가락으로 가장자리를 눌러주며 익혀야 벌어지지 않는다.

PART 7

Craftsman Tteok Making
떡 제 조 기 능 사

CHAPTER **04**

백편 / 인절미

[시험시간] 120분(백편 · 인절미)

백편

멥쌀가루에 대추채, 밤채, 석이버섯채, 잣 등을 고명으로 얹어 쪄낸 떡으로 꿀편, 승검초편과 함께 잔칫상에 올렸다.

조리준비

재료 및 시험의 요구사항

필요한 도구 대나무찜기, 물솥, 시루망, 전자저울, 스텐볼, 중간체(스텐 쌀가루체), 타이머, 칼, 계량스푼, 계량컵, 스크레이퍼, 행주

재료 및 분량

재료명	비율(%)	무게(g)
멥쌀가루	100	500
설탕	10	50
소금	1	5
물	–	적정량
깐밤	–	3(개)
대추	–	5(개)
잣	–	2

1) 떡 제조 시 물의 양은 적정량으로 혼합하여 제조하시오.
   (단, 쌀가루는 물에 불려 소금간하지 않고 2회 빻은 멥쌀가루이다.)
2) 밤, 대추는 곱게 채썰어 사용하고 잣은 반으로 쪼개어 비늘잣으로 만들어 사용하시오.
3) 쌀가루를 찜기에 안치고 윗면에만 밤, 대추, 잣을 고물로 올려 찌시오.
4) 고물을 올린 면이 위로 오도록 그릇에 담고 썰지 않은 상태로 전량 제출하시오.

조리순서

[시험시간] 120분(백편 · 인절미)

01

재료를 계량하여 준비한다.

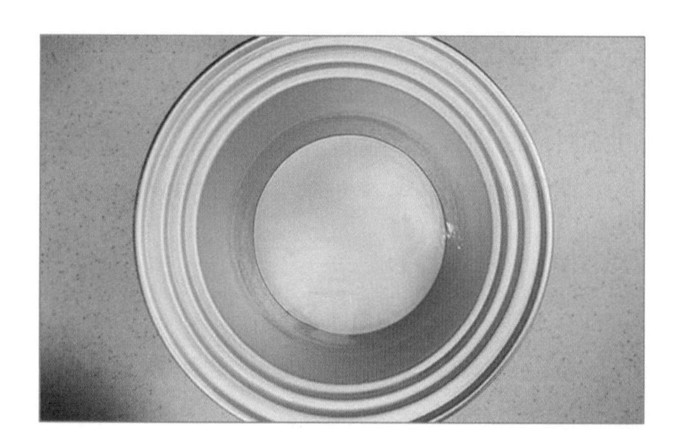

02

물솥에 물을 반 정도 되게 넣고 물을 끓여준다.

03

쌀가루에 소금과 물 5큰술을 넣고 비벼준 후 중간체에 내린다.

04

밤은 얇게 편썰어 곱게 채를 썰어 주고, 대추는 돌려깎아 밀대로 밀어준 후 곱게 채썬다. 잣은 세로로 반을 갈라 비늘잣을 만든다.

05

쌀가루에 설탕을 넣고 가볍게 골고루 섞어준다.

06

시루의 가장자리를 물에 적셔 꼭 짠 행주로 닦아 준 다음 찜기에 쌀가루를 안친다.

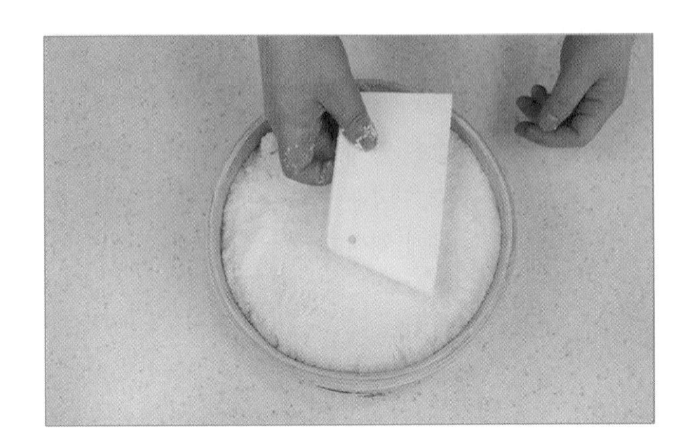

07

스크래퍼로 윗면을 평평하게 정리한다.

08

밤채, 대추채를 섞어서 시루에 안친 쌀가루 위에 골고루 뿌려 준 후 비늘잣을 올린다.

09

끓는 물솥에 찜기를 올려 20분간 찌고 불을 끈 뒤 5분간 뜸을 들인다.

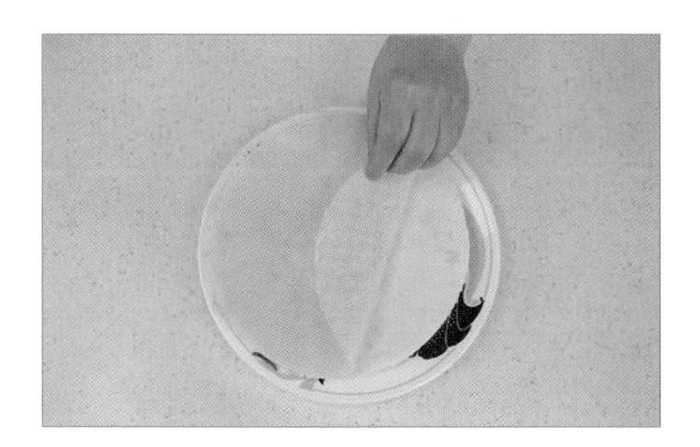

10

찜기를 꺼낸 후 찜기 윗면에 접시를 대고 뒤집는다.

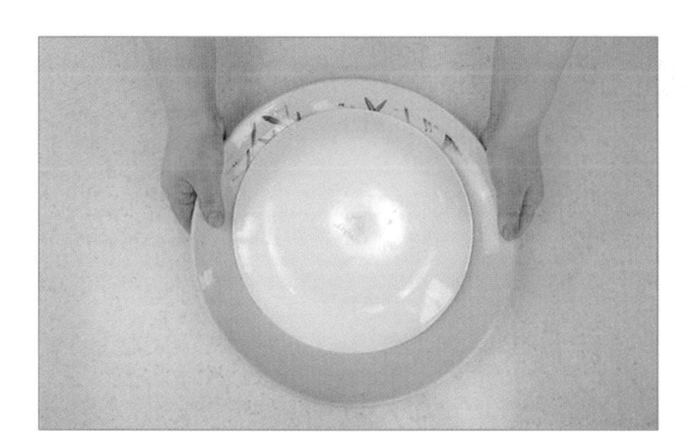

11

다시 뒤집어 장식한 면이 위로 오도록 한다.

12

완성 사진

- 밤과 대추채는 곱게 썰고 비늘잣을 올리면 모양이 좋고 떡에 잘 달라붙는다.
- 대추채를 많이 넣으면 떡 색깔이 예쁘지 않다. 일부는 남겨 놓았다가 꺼내기 3분 전에 올리면 색이 진하지 않게 나온다.

MEMO

[시험시간] 120분(백편 · 인절미)

인절미

은절병, 인병, 인절병이라고도 하며 불린 찹쌀이나 찹쌀가루를 시루에 찐 다음 떡메로 쳐서 적당한 크기로 잘라 고물을 묻힌 떡이다.

조리준비

재료 및 시험의 요구사항

필요한 도구 대나무찜기, 물솥, 시루망, 전자저울, 스텐볼, 중간체(스텐 쌀가루체), 타이머, 칼, 계량스픈, 계량컵, 밀대, 비닐, 면포, 면장갑, 위생장갑

재료 및 분량

재료명	비율(%)	무게(g)
찹쌀가루	100	500
설탕	10	50
소금	1	5
물	–	적정량
볶은 콩가루	12	60
식용류	–	5
소금물용 소금	–	5

인절미를 만들어 제출하시오.

1) 떡 제조 시 물의 양을 적정량으로 혼합하여 제조하시오.
   (단, 쌀가루는 물에 불려 소금간하지 않고 1회 빻은 찹쌀가루이다.)
2) 익힌 찹쌀반죽은 스테인리스볼과 절굿공이(밀대)를 이용하여 소금물을 묻혀 치시오.
3) 친 인절미는 기름 바른 비닐에 넣어 두께 2cm 이상으로 성형하여 식히시오.
4) 4×2×2cm 크기로 인절미를 24개 이상 제조하여 콩가루를 고물로 묻혀 전량 제출하시오.

조리순서

[시험시간] 120분(백편 · 인절미)

01

재료를 계량하여 준비한다.

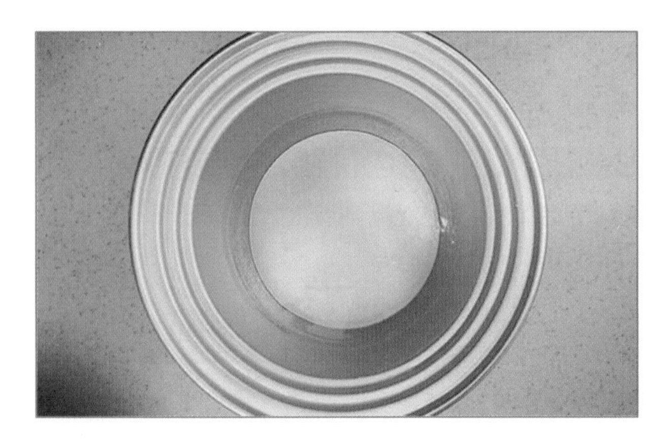

02

물솥에 물을 올려준다.

03

찹쌀가루에 소금과 물 3큰술 정도를 넣어 섞어준 후 체에 내린다.

04

찹쌀가루에 설탕을 넣어 고루 섞어준다.

05

찜기에 젖은 면보를 깔고 설탕을 뿌린다.

06

찹쌀가루를 가볍게 주먹 쥐어 찜기에 안친다.

07

물이 끓으면 찜기를 올려 30분간 찐 후 5분간 뜸을 들인다.

08

볼에 식용유를 바른 후 찐 떡을 넣고 밀대에 소금물(물 1/2컵에 소금 1/2 작은술을 섞음)을 묻혀 가며 꽈리가 일도록 친다.

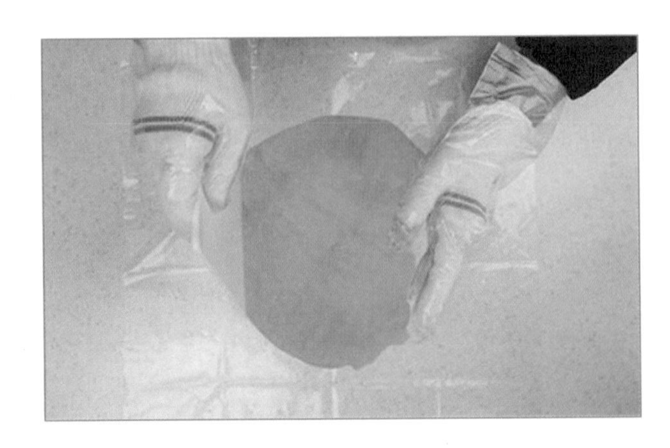

09

비닐에 식용유를 바르고, 친 찰떡을 2cm 이상의 두께로 네모지게 성형하여 식힌다.

10

콩가루는 물 1큰술을 넣어 비빈 다음 체에 내려준다.

11

식힌 찹쌀떡을 스크래퍼로 2×2cm 크기로 24개 썰어 콩고물을 묻힌다.

12

완성 사진

- 찹쌀가루는 멥쌀가루보다 물을 적게 넣는다.
- 젖은 면보에 설탕을 뿌려야 찐 후 잘 떨어진다.
- 비닐에 식용유를 바른 후 찐 떡을 넣고 손에 장갑을 끼고 눌러 가며 꽈리가 일도록 치대주기도 한다.
- 밀대로 떡을 칠 때, 소금물을 너무 많이 묻히면 떡이 질어질 수 있으므로 주의한다.
- 인절미에 볶은 콩가루를 묻히면 여름철에 잘 쉬지 않는다.
- 고물은 깨고물, 팥고물, 동부고물, 녹두고물 등을 사용한다.

MEMO

MEMO

MEMO

대한민국 조리기능장의 손으로 쓰고 빚은

떡제조기능사 필기/실기 통합본

초판발행 2019년 9월 20일
개정3판1쇄 2022년 3월 10일

저 자 전순주
발 행 인 정용수
발 행 처 예문사
주 소 경기도 파주시 직지길 460(출판도시) 도서출판 예문사
T E L 031) 955 – 0550
F A X 031) 955 – 0660

등록번호 11-76호

정 가 21,000원

홈페이지 http://www.yeamoonsa.com

ISBN 978-89-274-4434-3 [13590]